T0239485

# Entwicklung Eingebetteter Systeme

Ralf Gessler

# Entwicklung Eingebetteter Systeme

Vergleich von Entwicklungsprozessen
für FPGA- und Mikroprozessor-Systeme
Entwurf auf Systemebene

2., aktualisierte und erweiterte Auflage

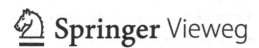 Springer Vieweg

Ralf Gessler
Campus Künzelsau
Hochschule Heilbronn
Künzelsau, Deutschland

ISBN 978-3-658-30548-2      ISBN 978-3-658-30549-9   (eBook)
https://doi.org/10.1007/978-3-658-30549-9

Die Deutsche Nationalbibliothek verzeichnet diese Publikation in der Deutschen Nationalbibliografie; detaillierte bibliografische Daten sind im Internet über http://dnb.d-nb.de abrufbar.

© Springer Fachmedien Wiesbaden GmbH, ein Teil von Springer Nature 2014, 2020, korrigierte Publikation 2020
Das Werk einschließlich aller seiner Teile ist urheberrechtlich geschützt. Jede Verwertung, die nicht ausdrücklich vom Urheberrechtsgesetz zugelassen ist, bedarf der vorherigen Zustimmung des Verlags. Das gilt insbesondere für Vervielfältigungen, Bearbeitungen, Übersetzungen, Mikroverfilmungen und die Einspeicherung und Verarbeitung in elektronischen Systemen.
Die Wiedergabe von allgemein beschreibenden Bezeichnungen, Marken, Unternehmensnamen etc. in diesem Werk bedeutet nicht, dass diese frei durch jedermann benutzt werden dürfen. Die Berechtigung zur Benutzung unterliegt, auch ohne gesonderten Hinweis hierzu, den Regeln des Markenrechts. Die Rechte des jeweiligen Zeicheninhabers sind zu beachten.
Der Verlag, die Autoren und die Herausgeber gehen davon aus, dass die Angaben und Informationen in diesem Werk zum Zeitpunkt der Veröffentlichung vollständig und korrekt sind. Weder der Verlag, noch die Autoren oder die Herausgeber übernehmen, ausdrücklich oder implizit, Gewähr für den Inhalt des Werkes, etwaige Fehler oder Äußerungen. Der Verlag bleibt im Hinblick auf geografische Zuordnungen und Gebietsbezeichnungen in veröffentlichten Karten und Institutionsadressen neutral.

Springer Vieweg ist ein Imprint der eingetragenen Gesellschaft Springer Fachmedien Wiesbaden GmbH und ist ein Teil von Springer Nature.
Die Anschrift der Gesellschaft ist: Abraham-Lincoln-Str. 46, 65189 Wiesbaden, Germany

# Vorwort

Das Buch liefert in Theorie und Praxis eine durchgehende und vollständige Dar-  **Titel**
stellung des Entwicklungs-Prozesses von Eingebetten Systemen mit den Phasen Analyse, Entwurf, Implementierung und Test. Die Schwerpunkte liegen im
Entwurf auf Systemebene und im Vergleich der Entwicklung von FPGA- und
Mikroprozessor-Systemen.

Die Arbeit dient auch der technischen und ökologischen Entscheidungshilfe.
Zahlreiche Praxis-Beispiele, -Aufgaben, Einstiegshilfen und Literaturhinweise  **Didaktik**
zur weiteren Vertiefung runden das Werk ab.

Der Buchtext ist einheitlich in deutscher Sprache verfasst. Fußnoten übersetzen  **Stil**
und erklären viele englischsprachige Begriffe und Abkürzungen. Viele englischsprachige Fach-Begriffe wurden, wenn es sinnvoll war, ins Deutsche übersetzt.
Ansonsten wurden diese mittels Anführungszeichen hervorgehoben.

Die 2. Auflage beinhaltet die neuen Kapitel „Grundlagen Hardware-Architek-  **2. Auflage**
turen", „Hardware-Software-Codesign", „Eingebettete Architekturen: ARM", „Eingebettete Betriebssysteme", „Fallstudien" und „Trends". Hierbei wurden neue
Erkenntnisse aus Technik und Lehre verarbeitet. Zudem optimiert die 2. Auflage Inhalte und korrigiert Fehler. Des Weiteren wurde in der 2. Auflage die
Kapitelstruktur optimiert.

Ich möchte mich bei Herrn Günther Hunn für die sprachliche Überprüfung des  **Danksagung**
Manuskriptes bedanken. Herrn Dapper und Frau Brossler vom Springer Vieweg
Verlag gilt mein Dank für das Lektorat. Des Weiteren danke ich den Studieren-
den des Studienganges „Elektrotechnik" und „Automatisierungstechnik/Elektro-
Maschinenbau" der Hochschule Heilbronn am Campus Künzelsau. Sie haben
durch zahlreiche Projektarbeiten, Bachelor- und Masterthesen das vorliegende
Buch maßgeblich geprägt.

Mein besonderer Dank gilt meinen verstorbenen Eltern Ingrid und Paul Gessler, die mir das Elektrotechnik-Studium ermöglicht haben sowie Prof. Pfleiderer für die Betreuung meiner Doktorarbeit.

**Internet**  Weiterführende Hinweise zum Buch „Entwicklung Eingebetteter Systeme" finden sich auf der Verlagsseite[1] im Internet (URL[2]).

**Literatur**  Das Buch „Hardware-Software-Codesign" [GM07] kann als Grundlagenwerk für den „Entwurf Eingebetteter Systeme" gelten. Weitere Applikationen im Bereich Eingebettete Funksysteme zeigt das Buch „Wireless-Netzwerke für den Nahbereich" [GK15a].

Ravensburg, im Juli 2020

Ralf Gessler

---

[1]URL: http://www.springer.com
[2]URL = Uniform Resource Locator

---

Die Originalversion des Buchs wurde revidiert. Ein Erratum ist verfügbar unter
https://doi.org/10.1007/978-3-658-30549-9

# Inhaltsverzeichnis

# Abkürzungsverzeichnis

ADAS . . . . . . . . . **A**dvanced **D**river **A**ssistance **S**ystems

ADC . . . . . . . . . . **A**nalog **D**igital **C**onverter *(deutsch: Analog-Digital-Wandler)*

AHB . . . . . . . . . . **A**dvanced **H**igh-**P**erformance **B**us

ALU . . . . . . . . . . **A**rithmetical **L**ogical **U**nit *(deutsch: Arithmetische Logische Einheit)*

AMBA . . . . . . . . **A**dvanced **M**icrocontroller **B**us **A**rchitecture

AMS . . . . . . . . . . **A**nalog **M**ixed **S**ignal

APB . . . . . . . . . . **A**dvanced **P**eripheral **B**us

API . . . . . . . . . . . **A**pplication **P**rogramming **I**nterface *(deutsch: Programmierschnittstelle)*

APU . . . . . . . . . . **A**pplication **P**rocessing **U**nit

ARM . . . . . . . . . . **A**dvanced **R**ISC **M**achines

ASB . . . . . . . . . . **A**dvanced **S**ystem **B**us

ASIC . . . . . . . . . . **A**pplication **S**pecific **I**ntegrated **C**ircuit *(deutsch: Anwendungsspezifische Integrierte Schaltung)*

ASIP . . . . . . . . . . **A**pplication **S**pecific **I**nstruction Set **P**rocessor

ATB . . . . . . . . . . **A**dvanced **T**race **B**us

AXI . . . . . . . . . . . **A**dvanced **EX**tensible **I**nterface

BIOS . . . . . . . . . . **B**asic **I**nput **T**he **O**utput **S**ystem

BIST . . . . . . . . . . **B**uild **I**n **S**elf **T**est

BSP . . . . . . . . . . . **B**oard **S**upport **P**ackage

CAE . . . . . . . . . . **C**omputer **A**ided **E**ngineering

CAN . . . . . . . . . . **C**ontroller **A**rea **N**etwork

CASE .......... **C**omputer **A**ided **S**oftware **E**ngineering

CBSE ......... **C**omponent **B**ased **S**oftware **E**ngineering

CFG .......... **C**ontrol **F**low **G**raph

CIS ........... **C**omputing **I**n **S**pace

CIT ........... **C**omputing **I**n **T**ime

CLA .......... **C**arry **L**ookahead **A**ddierer

CLB .......... **C**omplex **L**ogic **B**lock

Clk ........... **Cl**o**ck**

CMOS ........ **C**omplementary **M**etal-**O**xid-**S**emiconductor

CORDIC ....... **CO**ordinate **R**otation **DI**gital **C**omputing

COTS ......... **C**ommercial **O**ff-**T**he-**S**helf *(deutsch: Kommerzielle Produkte aus dem Regal)*

CPI ........... **C**lock **C**ycles **P**er **I**nstruction

CPLD ......... **C**omplex **P**LD

CPU .......... **C**entral **P**rocessing **U**nit *(deutsch: Zentrale Verarbeitungseinheit)*

CRC .......... **C**yclic **R**edundancy **C**heck *(deutsch: Zyklische Redundanzprüfung)*

DAC .......... **D**igital **A**nalog **C**onverter *(deutsch: Digital-Analog-Wandler)*

DFT .......... **D**esign **F**or **T**estability

DIN ........... **D**eutsches **I**nstitut für **N**ormung

DMA ......... **D**irect **M**emory **A**ccess

DNF .......... **D**isjunktive **N**ormal**F**orm

DRAM ........ **D**ynamic **RAM**

DS* ........... **D**igitale **S**chaltungen (aus VDS und KDS) ohne CPU

DSC .......... **D**igital **S**ignal **C**ontroller

DSP .......... **D**igital **S**ignal **P**rocessor

DUT . . . . . . . . . . **D**evice **U**nder **T**est

E/A . . . . . . . . . . **E**in-/**A**usgabe

EDA . . . . . . . . . . **E**lectronic **D**esign **A**utomation

EEMBC . . . . . . . . **Emb**Edded **M**icroprocessor **B**enchmark **C**onsortium

EEPROM . . . . . . **E**lectrically **E**rasable **PROM**

ELF . . . . . . . . . . . **E**xecutable **L**inking **F**ormat

eMMC . . . . . . . . . **E**mbedded **M**ulti **M**edia **Card**

EMV . . . . . . . . . . **E**lektro**M**agnetische **V**erträglichkeit

EN . . . . . . . . . . . . **EN**able

ESL . . . . . . . . . . . **E**lectronic **S**ystem **L**evel

FET . . . . . . . . . . **F**eld**E**ffekt-**T**ransistor

FF . . . . . . . . . . . . **F**lip-**F**lop

FFT . . . . . . . . . . **F**ast-**F**ourier-**T**ransformation

FinFET . . . . . . . . **Fin F**ield **E**ffect **T**ransistor

FIR . . . . . . . . . . . . **F**inite **I**mpulse **R**esponse (**f**ilter) *(deutsch: Filter mit endlicher Impulsantwort)*

FMC . . . . . . . . . . **F**PGA **M**ezzanine **C**ard

FPGA . . . . . . . . . **F**ield **P**rogrammable **G**ate **A**rray

FPU . . . . . . . . . . **F**loating **P**oint **U**nit

FSM . . . . . . . . . . **F**inite **S**tate **M**achine

GPIO . . . . . . . . . **G**eneral **P**urpose **I**n-/**O**utput

GPP . . . . . . . . . . **G**eneral **P**urpose **P**rocessor *(deutsch: Universalprozessor)*

GPS . . . . . . . . . . **G**lobal **P**ositioning **S**ystem

GPU . . . . . . . . . . **G**rafic **P**rocessing **U**nit

GUI . . . . . . . . . . . **G**raphical **U**ser **I**nterface *(deutsch: graphische Benutzerober-fläche)*

HDL . . . . . . . . . . **H**ardware **D**escription **L**anguage *(deutsch: Hardware-Beschrei-bungssprache)*

HLS . . . . . . . . . . **H**igh **L**evel **S**ynthesis

HMI . . . . . . . . . . **H**uman **M**achine **I**nterface

HW . . . . . . . . . . . **H**ard**W**are

I/O . . . . . . . . . . . **I**n-/**O**utput *(deutsch: Ein-/Ausgabe (E/A))*

IC . . . . . . . . . . . . **I**ntegrated **C**ircuit *(deutsch: Integrierter Schaltkreis)*

IDE . . . . . . . . . . . **I**ntegrated **D**evelopment **E**nvironment

IEEE . . . . . . . . . . **I**nstitute **O**f **E**lectrical **A**nd **E**lectronic **E**ngineers

IIR . . . . . . . . . . . . **I**nfinite **I**mpulse **R**esponse

IOB . . . . . . . . . . . **IO**-**B**lock

IoT . . . . . . . . . . . **I**nternet **O**f **T**hings

IP . . . . . . . . . . . . **I**ntellectual **P**roperty

IPU . . . . . . . . . . . **I**mage **P**rocessing **U**nit

IR . . . . . . . . . . . . **I**nstruction **R**egister

ISA . . . . . . . . . . . **I**nstruction **S**et **A**rchitecture

ISE . . . . . . . . . . . **I**ntegrated **S**oftware **E**nvironment

ISO . . . . . . . . . . . **I**nternational **S**tandard **O**rganisation

ISR . . . . . . . . . . . **I**nterrupt **S**ervice **R**outine

IT . . . . . . . . . . . . **I**nformations**T**echnik

JTAG . . . . . . . . . . **J**oint **T**est **A**ction **G**roup

JVM . . . . . . . . . . **J**ava **V**irtual **M**achine *(deutsch: Java virtuelle Maschine)*

KDS . . . . . . . . . . . **K**onfigurierbare **D**igitale **S**chaltung

KI . . . . . . . . . . . . **K**ünstliche **I**ntelligenz

KNF . . . . . . . . . . **K**onjunktive **N**ormal**F**orm

KNN . . . . . . . . . . **K**ünstliches **N**euronales **N**etz

LFSR . . . . . . . . . **L**inear **F**eedback **S**hift **R**egister *(deutsch: linear rückgekoppeltes Schieberegister)*

LPDDR . . . . . . . . **L**ow **P**ower **D**ouble **D**ata **R**ate

XIV

LSB . . . . . . . . . . **L**east **S**ignificiant **B**it *(deutsch: niederwertiges Bit)*

LTE . . . . . . . . . . **L**ong **T**erm **E**volution

LUT . . . . . . . . . . **L**ook **U**p **T**able

MAC . . . . . . . . . . **M**ultiplication **AC**cumulation

MBSD . . . . . . . . **M**odel **B**ased **S**oftware **D**evelopment

MC . . . . . . . . . . . **M**ikro**C**ontroller

MDSD . . . . . . . . **M**odel **D**riven **S**oftware **D**evelopment

MFLOPS . . . . . . . **M**illion **FL**oating Point **O**perations **P**er **S**econd

MIMD . . . . . . . . **M**ultiple **I**nstruction **M**ultiple **D**ata

MIPS . . . . . . . . . **M**illion **I**nstructions **P**er **S**econd

MMU . . . . . . . . . **M**emory **M**emory **U**nit

MOPS . . . . . . . . **M**illion **O**perations **P**er **S**econd

MP . . . . . . . . . . . **M**ikro**P**rozessor ($\mu$P)

MPSoC . . . . . . . . **M**ulti **P**rocessor **SoC**

MPU . . . . . . . . . . **M**emory **P**rotection **U**nit

MSB . . . . . . . . . . **M**ost **S**ignificiant **B**it *(deutsch: höchstwertiges Bit)*

NPU . . . . . . . . . . **N**eural **P**rocessing **U**nit

NRE . . . . . . . . . . **N**on **R**ecurring **E**ngineering *(deutsch: Einmalige Entwicklungs-kosten)*

NVRAM . . . . . . . . **N**on **V**olatile **RAM**

OMG . . . . . . . . . . **O**bject **M**anagement **G**roup

OOP . . . . . . . . . . **O**bject **O**riented **P**rogramming

OpenCL . . . . . . . . **Open** **C**omputer **V**anguage

OpenCV . . . . . . . . **Open** **C**omputer **V**ision

OS . . . . . . . . . . . . **O**perating **S**ystem *(deutsch: Betriebssystem)*

OSI . . . . . . . . . . . **O**pen **S**ystem **I**nterconnection

OTP . . . . . . . . . . **O**ne **T**ime **P**rogrammable

PAP . . . . . . . . . . **P**rogramm-**A**blauf-**P**lan

PC. . . . . . . . . . . . **P**rogram **C**ounter

PCB . . . . . . . . . . **P**rinted **C**ircuit **B**oard *(deutsch: Leiterkarte)*

PCI . . . . . . . . . . . **P**eripheral **C**omponent **I**nterconnect

PCIe . . . . . . . . . . **P**eripheral **C**omponent **I**nterconnect **E**xpress

PID . . . . . . . . . . . **P**roportional **I**ntegral **D**ifferential

PIL . . . . . . . . . . . **P**rocessor **I**n The **L**oop

PLD . . . . . . . . . . **P**rogrammable **L**ogic **D**evice *(deutsch: Programmierbarer Logikbaustein)*

Pmod . . . . . . . . . **P**eripheral **Mod**ules

PREP . . . . . . . . . **PR**ogrammable **E**lectronics **P**erformance Cooperation

PRU . . . . . . . . . . **P**rocessor **R**ISC **U**nit

PS . . . . . . . . . . . . **P**re**S**et

PSD . . . . . . . . . . **P**rogramm-**S**truktur-**D**iagramme

PSPICE . . . . . . . . **P**ersonal **S**imulation **P**rogram With **I**ntegrated **C**ircuit **E**mphasis

PWM . . . . . . . . . . **P**uls**W**eiten**M**odulation

QS . . . . . . . . . . . . **Q**ualitäts**S**icherung

RAM. . . . . . . . . . **R**andom **A**ccess **M**emory

Reg . . . . . . . . . . . **Reg**ister

RF . . . . . . . . . . . . **R**adio **F**requency *(deutsch: HF)*

RISC. . . . . . . . . . **R**educed **I**nstruction **S**et **C**omputer

ROM . . . . . . . . . **R**ead **O**nly **M**emory

RPU . . . . . . . . . . **R**ealtime **P**rocessing **U**nit

RS . . . . . . . . . . . . **R**e**S**et

RTL . . . . . . . . . . **R**egister **T**ransfer **L**evel *(deutsch: Register-Transfer-Ebene)*

RTOS . . . . . . . . . **R**eal **T**ime **O**perating **S**ystem

SBT . . . . . . . . . . **S**chaltungs**B**elegungs**T**abelle

SD . . . . . . . . . . . . **S**ecure **D**igital Memory

SD-FEC . . . . . . . . **S**oft **D**ecision **F**orward-**E**rror-**C**orrection

SDF . . . . . . . . . . **S**tandard **D**elay **F**ormat

SDK . . . . . . . . . . **S**oftware **D**evelopment **K**it

SDRAM . . . . . . . . **S**ynchronous **D**ynamic **RAM**

SIL . . . . . . . . . . . **S**oftware **I**n The **L**oop

SIMD . . . . . . . . . **S**ingle **I**nstruction **M**ultiple **D**ata

SoC . . . . . . . . . . . **S**ystem **O**n **C**hip

SOM . . . . . . . . . . **S**ystem **O**n **M**odule

SOP . . . . . . . . . . **S**um **O**f **P**roduct

SPEC . . . . . . . . . **S**tandard **P**erformance **E**valuation **C**ooperation

SPI . . . . . . . . . . . **S**erial **P**eripheral **I**nterface

SRAM . . . . . . . . **S**tatic **RAM**

SW . . . . . . . . . . . **S**oft**W**are

SysML . . . . . . . . **S**ystem **M**odeling The **L**anguage

$T_{Hd}$ . . . . . . . . . . . **H**o**l**d Time

$T_{PD}$ . . . . . . . . . . . **P**ropagation **D**elay Time

$T_{PDClk}$ . . . . . . . . **P**ropagation **D**elay Time **Cl**ock To Output

$T_{PWidth}$ . . . . . . . . **P**ulse **Width** Time

$T_{Su}$ . . . . . . . . . . . **Se**t**u**p Time

TTL . . . . . . . . . . **T**ransistor-**T**ransistor-**L**ogik

UART . . . . . . . . . **U**niversal **A**synchronous **R**eceiver **T**ransmitter

UML . . . . . . . . . . **U**nified **M**odeling **L**anguage

URL . . . . . . . . . . **U**niform **R**esource **L**ocator

USART . . . . . . . . **U**niversal **S**ynchronous **A**synchronous **R**eceiver **T**ransmitter

USB . . . . . . . . . . **U**niversal **S**erial **B**us

VDS . . . . . . . . . . **V**erdrahtete **D**igitale **S**chaltung

VHDL . . . . . . . . . **V**HSIC **H**ardware **D**escription **L**anguage

VHSIC . . . . . . . . **V**ery **H**igh **S**peed **I**ntegrated **C**ircuit

VLIW . . . . . . . . . **V**ery **L**ong **I**nstruction **W**ord

VLSI . . . . . . . . . . **V**ery **L**arge **S**cale **I**ntegration

WiFi . . . . . . . . . . **Wi**reless **Fi**delity

WWW . . . . . . . . **W**orld **W**ide **W**eb

XP . . . . . . . . . . . . E**X**treme **P**rogramming

# 1 Einleitung

Eingebettete Systeme sind Rechenmaschinen wie Mikroprozessoren und FPGAs[1], **Motivation** die, für den Anwender weitgehend unsichtbar, in elektrischen Geräten „eingebettet" sind (siehe Kapitel 2). Verglichen mit Millionen produzierter Desktop- oder Laptop-Computer werden Milliarden Eingebetteter Systeme pro Jahr produ- **Eingebettete** ziert. Die Anwendungsgebiete sind vielseitig. Die Bandbreite geht von Geräten **Systeme** im Haushalt über Medizintechnik hin zur Konsumer- und Automobilelektronik, um nur einige Beispiele zu nennen. Hieraus ergeben sich umfangreiche Randbedingungen für die Entwicklung; dies schlägt sich in der Produktivität nieder.
Auf der anderen Seite prognostiziert das „Moore'sche Gesetz" eine Verdoppelung der Transistoranzahl bei integrierten Schaltungen alle 18 Monate. Hieraus **Entwurf** ergibt sich eine „Lücke" beim Entwurf[2] von Eingebetteten Systemen (siehe Abbildung 1.1, Quelle:[3]).

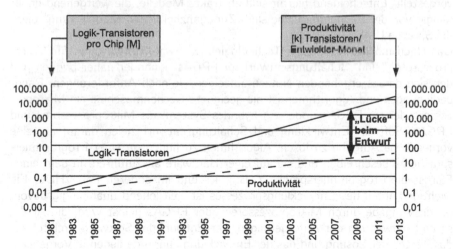

Abbildung 1.1: „Lücke" beim Entwurf zwischen den Logik-Transistoren und der Entwickler-Produktivität. Die Werte sind im logarithmischen Maßstab dargestellt.

Des Weiteren nimmt der „Software"-Anteil stetig zu und spielt eine immer grö- **Software**

---

[1]FPGA = Field Programmable Gate Array
[2]engl.: Design Gap
[3]International Technology Roadmap Semiconductors (ITRS), 1999 Edition

© Springer Fachmedien Wiesbaden GmbH, ein Teil von Springer Nature 2020
R. Gessler, *Entwicklung Eingebetteter Systeme*,
https://doi.org/10.1007/978-3-658-30549-9_1

**Ziele**

ßere Rolle bei der Entwicklung. Zur klassischen Programmierung von Mikroprozessoren mit Sprachen wie C/C++ kommt die Konfiguration von digitalen Schaltungen in FPGAs mit VHDL[4] hinzu. Für die damit verbundenen Herausforderungen, aber auch Chancen, bei der Entwicklung von Eingebetteten Systemen versucht dieses Buch Antworten, zu geben. Im Folgenden werden die Ziele im Einzelnen vorgestellt.

**Entwicklungs-Prozess**

Das Ziel der Entwicklung von Eingebetteten Systemen liegt darin, Lösungen für vorgegebene Aufgaben unter bestimmten Randbedingungen wie Rechenleistung und Energieverbrauch zu finden. Die eigentliche Entwicklungsaufgabe besteht nicht in erster Linie darin, die eine oder andere Rechenmaschine zu programmieren oder zu konfigurieren. Dies ist nur das Ergebnis eines umfassenderen Entwicklungs-Prozesses, innerhalb dessen die Anforderungen analysiert, Lösungen entworfen, implementiert und getestet werden. Das Buch stellt detailiert den Entwicklungs-Prozess mit den einzelnen Phasen Analyse, Entwurf, Implementierung und Test im Hinblick auf Eingebette Systeme vor. Hierbei wird besonders Wert auf eine durchgängige Darstellung mittels Beispielen gelegt. Der Fokus liegt auf der Systemtechnik und Software-Architektur.

**Systemebene**

Zur Beherrschung der Komplextität (Abstraktion) und Steigerung der Produktivät wird der Entwurf auf Systemebene mit Werkzeugen wie Matlab/Simulink vorgestellt. Entscheidend hierfür sind abstrakte Modelle, die weitgehend unabhängig von der Rechenmaschine sind. Zur „ganzheitlichen Modellierung" dient die Sprache UML[5].

**Vergleichender Entwurf**

Das Buch möchte die beiden Technologien „Software-Entwicklung für Mikroprozessoren" und „Schaltungsentwurf für FPGAs" einander näher bringen und den sich daraus ergebenden Nutzen aufzeigen. Je nach Anforderungen, Randbedingungen und Algorithmen ist die geeignete Rechenmaschine ein Mikroprozessor oder ein FPGA – oder ein hybrides System aus Mikroprozessoren und FPGAs. Software-Entwicklung und Schaltungsentwurf zielen darauf ab, eine vorgegebene Aufgabe zu lösen: Algorithmen zu finden, in einer Programmiersprache zu beschreiben und sie auf einer Hardware auszuführen. In dem einen Fall ist die Programmiersprache z. B. C++ und im anderen Fall VHDL. Ein

**Hardware-unabhängige Entwicklung**

wichtiger Anteil des Entwicklungsprozesses ist weitgehend unabhängig davon, ob die Aufgabe durch Mikroprozessoren oder FPGAs gelöst wird: die Analyse und Verwaltung der Anforderungen, der Entwurf der Software-Architektur, das Testen der Lösung und das der Entwicklung zugrunde liegende Vorgehensmodell. Auch der Herstellungsprozess der beiden Rechenmaschinen ähnelt sich. Mikroprozessoren und FPGAs werden beide als integrierte Schaltungen (IC[6]) auf Silizium-Halbleiterbasis hergestellt. Dem „Vergleich" wurde ein eigenes Kapitel gewidmet. Eine durchgehende Fallstudie aus dem Gebiet der Elektrotechnik zeigt die Entwicklung in den Sprachen C und VHDL.

---

[4]VHDL = VHSIC Hardware Description Language
[5]UML = Unified Modeling Language
[6]IC = Integrated Circuit *(deutsch: Integrierter Schaltkreis)*

Für besonders rechenintensive Eingebettete Systeme ist es notwendig, die unterschiedlichen Zahlenformate und Arithmetiken zu verstehen. Fest- und Fließkomma-Zahlen und deren Arithmetik werden vorgestellt und bezüglich der Rechenmaschinen (Mikroprozessoren und FPGAs) diskutiert. Anhand von Algorithmen aus den unterschiedlichen Gebieten der Elektrotechnik werden der Entwurf und die Implementierung von der zeit- und wertkontinuierlichen (analog) hin zur zeit- und wertdiskreten (digital) Domäne gezeigt. **Zahlenformate**

Das Buch dient auch der technischen und ökologischen Entscheidungshilfe. Die vorgestellten Maßzahlen und Benchmarks dienen zum qualitativen Vergleich. **Entscheidungshilfe**

Der Schwerpunkt des Buches liegt beim Entwicklungs-Prozess (Software-Architektur) für rechenintensive Applikationen. Das Buch „Hardware-Software-Codesign" [GM07] geht detailliert auf Rechenmaschinen (Hardware) wie Mikroprozessoren und FPGAs ein. Eine weitere Schnittstelle zur Vertiefung in Richtung „Eingebettete Funksysteme" stellt das Buch [GK15a] dar. Mittels der dargestellten Grundlagen aus den Gebieten Mikroprozessor-, Schaltungstechnik und Software-Entwicklung[7] werden Eingebettete Systeme detailliert besprochen, und zwar von der Theorie zur Praxis. **Abgrenzung**

Zielgruppen sind Universitäts-, Hochschulstudenten der Fachrichtung Elektrotechnik und Informatik. Des Weiteren werden als Zielgruppe Professoren und Dozenten mit Vorlesungen in Eingebetteten Systemen, Mikroprozessor- und Schaltungstechnik angesprochen. Aber auch System-, Entwicklungsingenieure und Entscheidungsträger einschlägiger Fachrichtungen gehören zur angesprochenen Zielgruppe. **Zielgruppe**

Das Buch dient jedoch nicht nur dem Entwickler von Eingebetteten Systemen, sondern auch dem Anwender im industriellen Bereich. Es vermittelt betrieblichen Entscheidungsträgern das fachliche Wissen, um fundierte und kompetente Entscheidungen treffen zu können.

Voraussetzungen sind Grundlagen bzw. Grundkenntnisse in den Fachgebieten Elektrotechnik und Informatik sowie Kenntnisse in den Sprachen C und VHDL. **Voraussetzungen**

Didaktische Stilmittel, wie Lernziele, Zusammenfassung, Defintion, Merksatz, Einstieg, Beispiele und Aufgaben, unterstützen das bessere Verständnis und die schnellere Durchdringung des Stoffes. Bei den Ausführung wurde versucht, weitestgehend auf Anglikanismen zu verzichten. Erläuterungen zu englischen Begriffen werden als Fußnote gegeben. **Stilmittel**

Das Buch baut thematisch auf dem Buch Hardware-Software-Codesign (siehe [GM07]) auf. Der Schwerpunkt liegt aber bei der Software-Entwicklung. **Literatur**

Das Buch findet auch Verwendung bei der Entwicklung von Eingebetteten Funksystemen (siehe [GK15a]). Der Aufbau des Buches ist auf diese Ziele ausgerichtet. Das Buch ist folgendermaßen gegliedert („Roter Faden"): **Aufbau**

**Kapitel 1 – „Einleitung"** zeigt die Ziele und den Aufbau des Buches.

**Kapitel 2 – „Eingebettete Systeme"** gibt eine Einführung in die Eingebette-

---

[7]engl.: Software Engineering

ten Systeme. Das Kapitel zeigt die „ganzheitliche" Software-Entwicklung – von der Aufgabenstellung mit möglichen Randbedingungen bis zur Lösung und deren Implementierung auf einer Rechenmaschine. Hierbei kann eine Rechenmaschine ein „Mikroprozessor", ein „FPGA" oder ein hybrider Baustein sein.

**Kapitel 3 – „Rechenmaschinen"** erläutert detailliert die Rechenmaschinen „Mikroprozessoren" und programmierbare Logik, insbesondere „FPGAs".

**Kapitel 4 – „Grundlagen Hardware-Architekturen"** zeigt grundlegende konkurrierende Hardware-Aspekte („magisches Dreieck") wie Energie-Effizienz und Parallelitätebenen.

**Kapitel 5 – „Eingebettete Architekturen: ARM"** gibt eine Einführung in ARM-basierte Systeme.

**Kapitel 6 – „Hardware-Software-Codesign"** gibt eine Einführung zu Hardware-Software-Codesign. Als Beispiele dienen die hybride Zynq-Familie und Entwurfs-Methoden auf Systemebene.

**Kapitel 7 – „Eingebettete Betriebssysteme"** gibt eine Einführung zum Einsatz von Eingebetteten Betriebssystemen anhand von Beispielen.

**Kapitel 8 – „Entwicklungs-Prozesse"** stellt eine Vertiefung der Software-Entwicklung für Eingebettete Systeme dar. Die Software-Entwicklung wird in den Gesamt-Entwicklungs-Prozess eingeordnet und abgegrenzt.
Das Kapitel stellt detailliert die Prozess-Modelle und die einzelnen Entwicklungs-Phasen vor. Die folgenden Kapitel „Entwurf", „Implementierung" und „Test" beschreiben detailliert die einzelnen Phasen.

**Kapitel 9 – „Entwurf auf Systemebene"** beschreibt die Methoden und Modelle zum Entwurf auf Systemebene (hoher Abstraktionsebene). Sie dienen sowohl dem Software-Entwurf für Mikroprozessoren als auch für FPGAs.

**Kapitel 10 – „Implementierung"** beschreibt Sprachen und Werkzeuge zur Implementierung der entworfenen Modelle. Der Schwerpunkt liegt bei Werkzeugen zum Entwurf auf Systemebene.

**Kapitel 11 – „Test"** gibt eine Einführung in den Test von Eingebetteten Systemen. Hierbei werden strukturelle und funktionale Test-Fälle vorgestellt.

**Kapitel 12 – „Zahlenformate und Arithmetik"** liefert Grundlagen für Zahlensysteme und Arithmetik zum effizienten Entwurf von rechenintensiven Applikationen.

**Kapitel 13 – „Auswahlkriterien"** stellt Methoden wie Maßzahlen und Benchmarks zur Bewertung oder Auswahl der Rechenmaschinen vor. Die Auswahlkriterien dienen außerdem zur Bewertung der entwickelten Lösung.

**Kapitel 14 – „Vergleichende Entwicklung"** vergleicht die Entwicklung auf Basis von Mikroprozessoren und von FPGAs miteinander.

**Kapitel 15 – „Fallstudien"** liefert durchgängige Projekte von der Analyse zum Test auf Basis von Mikroprozessoren und FPGAs.

**Kapitel 16 – „Trends"** gibt einen Ausblick auf die zukünftige Entwicklung, wie z. B. von Digitalisierung und Industrie 4.0.

Didaktische Stilmittel, wie Lernziele, Zusammenfassung, Definition, Merksatz, **Stilmittel**
Beispiel, Einstieg und Aufgaben unterstützen, das bessere Verständnis und die schnellere Durchdringung des Stoffes.

# 2 Eingebettete Systeme

*Lernziele:*

1. Das Kapitel definiert Eingebettete Systeme und deren Merkmale.

2. Es zeigt die Entwicklung von Eingebetteten Systemen – hierbei werden sowohl technische als auch wirtschaftliche Faktoren erörtert.

3. Das Kapitel erklärt Rechnerarchitekturen, Rechenbausteine und Rechenmaschinen.

4. Der Schwerpunkt liegt bei den DSPs und FPGAs.

Das folgende Kapitel stellt die Eingebetteten Systeme und deren Entwicklung mit Randbedingungen vor. Der Schwerpunkt der Ausführungen liegt bei den Mikroprozessoren (DSP[1]) und programmierbaren Logikbausteinen (FPGA[2]).

## 2.1 Definition

Wenn man von Computern spricht, denkt man zunächst an Geräte wie Personal Computer, Laptops, Workstations[3] oder Großrechner. Aber es gibt auch noch andere, weiter verbreitete Rechnersysteme: die eingebetteten Systeme[4]. Das **Eingebettete** sind Rechenmaschinen, die in elektrischen Geräten „eingebettet" sind, z. B. in **Systeme** Kaffeemaschinen, CD-, DVD-Spielern oder Mobiltelefonen.

Unter eingebetteten Systemen verstehen wir alle Rechensysteme außer den Desktop-Computern. Verglichen mit Millionen produzierter Desktop-Systeme werden Milliarden eingebetteter Systeme pro Jahr hergestellt. Vielfach findet man bis zu 50 Geräte pro Haushalt und Automobil [VG00]. Im Folgenden gilt diese Definition:

---

[1]DSP = **D**igital **S**ignal **P**rocessor
[2]FPGA = **F**ield **P**rogrammable **G**ate **A**rray
[3]Arbeitsplatzrechner mit hoher Rechenleistung
[4]engl.: Embedded Systems

© Springer Fachmedien Wiesbaden GmbH, ein Teil von Springer Nature 2020
R. Gessler, *Entwicklung Eingebetteter Systeme*,
https://doi.org/10.1007/978-3-658-30549-9_2

---

> *Definition:* **Eingebettete Systeme**
> Rechenmaschinen, die für den Anwender weitgehend unsichtbar in einem elektrischen Gerät „eingebettet" sind.

**Merkmale**  Eingebettete Systeme weisen folgende Merkmale auf:

1. Ein eingebettetes System führt eine Funktion (wiederholt) aus.

2. Es gibt strenge Randbedingungen bezüglich Kosten, Energieverbrauch, Abmessungen usw.

3. Sie reagieren auf ihre Umwelt in Echtzeit[5] (siehe Abschnitt 2.3.2).

> *Beispiel:* Eine Digitalkamera
>
> 1. führt die Funktion „Fotografieren" aus,
>
> 2. soll wenig Strom verbrauchen, kompakt und leicht sein und kostengünstig herzustellen sein,
>
> 3. soll das Foto innerhalb einer definierten Zeitschranke erstellen und abspeichern.

> *Beispiel:* Eingebettete Systeme
>
> 1. Auto: ABS[a], Motorsteuerung
>
> 2. Haushalt[b]: Wasch-/Spülmaschine
>
> 3. Infotainment: Spiel-Konsolen, DVD-/CD-Spieler
>
> ---
> [a]Anti-Blockier-System
> [b]Weiße Ware

---

[5]innerhalb einer definierten Zeitschranke

*Aufgaben:*

1. Warum ist ein portabler MP3-Player ein eingebettetes System?

2. Warum ist die Elektronik einer Kaffeemaschine ein eingebettetes System?

3. Nennen Sie drei eingebettete Systeme aus Ihrem Alltagsleben.

*Beispiel:* Die „Ulmer Zuckeruhr" ist ein portables System zur Messung und Regelung des „Zuckers" (Glukose) im Unterhautfettgewebe (subkutan). Die Einstellung des Blutzuckers ist essentiell bei der im Volksmund als „Zucker" bekannten Krankheit Diabetes mellitus [Ges00].

## 2.2 Entwicklung

Für die Entwicklung eingebetteter Systeme gibt es – wie für jede Entwicklung – einen Anlass: Kunden haben ein Bedürfnis, z. B. nach kleinen, leistungsfähigen MP3-Spielern, das wir durch unser eingebettetes System befriedigen. Am Ausgangspunkt der Entwicklung steht die Marktnachfrage, das Problem des Kunden. Unsere Aufgabe ist es nun, das Problem des Kunden zu lösen. Um diesen Auftrag ausführen zu können, wollen wir die verschiedenen, in Abbildung 2.1 dargestellten Facetten der Entwicklung eingebetteter Systeme betrachten. Die Abkürzungen KDS[6] und VDS[7] stehen für (fest) verdrahtete und konfigurierbare digitale Schaltungen. VDS kommen vorzugsweise bei ASICs[8] zum Einsatz. Die Abkürzung DS*[9] umfasst VDS und KDS.

**Problem**

Die Herausforderung in der Entwicklung besteht darin:

**Heraus-forderungen**

1. die Aufgabe oder Problemstellung zu verstehen

2. die relevanten Randbedingungen zu identifizieren

3. die „beste" Lösung für die gegebene Aufgabe unter den gegebenen Randbedingungen zu erarbeiten

---

[6]KDS = **K**onfigurierbare **D**igitale **S**chaltung
[7]VDS = **V**erdrahtete **D**igitale **S**chaltung
[8]ASIC = **A**pplication **S**pecific **I**ntegrated **C**ircuit *(deutsch: Anwendungsspezifische Integrierte Schaltung)*
[9]DS* = **D**igitale **S**chaltungen (aus VDS und KDS) ohne CPU

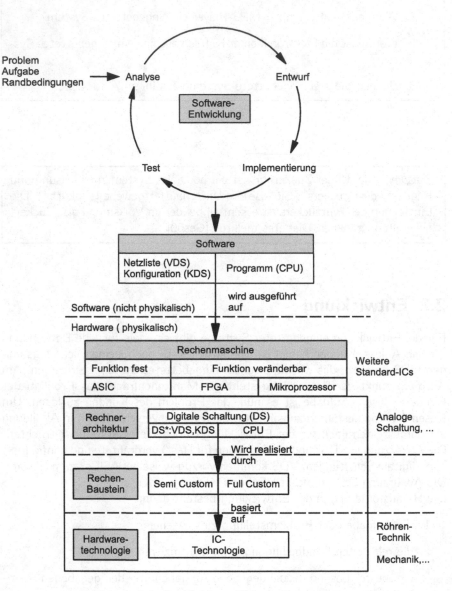

Abbildung 2.1: Entwicklung Eingebetteter Systeme

Kapitel 8 geht ausführlich auf die (Anforderungs-)Analyse ein. In dieser Analyse werden die funktionalen Anforderungen herausgearbeitet und die Randbedingungen an die Entwicklung des eingebetteten Systems deutlich (siehe auch ([GM07], Kapitel 4)). Solche Randbedingungen sind beispielsweise:

**Randbedingungen**

- technische Randbedingungen an

  **technische**

  - Datendurchsatz [Bit/s][10]: verarbeitete Datenmenge pro Zeit

  - Energieverbrauch [W]: siehe Abschnitt 2.3.1

  - Ressourcenverbrauch: Speicher [Byte], Logikgatter, Anschlüsse[11] usw.

  - Verzögerungszeit (Latenz): Zeit zwischen dem Starten und dem Beenden einer Aufgabe[12]

- system-technische Randbedingungen an

  **system-technische**

  - Zuverlässigkeit[13]: bezüglich Ausfallsicherheit

  - Pflegbarkeit[14]: kostengünstige Wartung eines Gerätes

  - Flexibilität: schnelle und kostengünstige Änderung der Funktionalität

  - Betriebs-Sicherheit[15]

  - Daten-Sicherheit[16]

  - Abmessungen und Gewicht

- ökonomische Randbedingungen

  **ökonomische**

  - einmalige Kosten der Entwicklung oder der Fertigungseinrichtung (NRE[17]-Kosten)

  - Stückkosten: laufende Fertigungskosten zur Duplizierung eines Systems

  - Entwicklungsdauer eines Prototypen

  - Entwicklungsdauer bis zur Markteinführung

- diverse Randbedingungen

  **diverse**

  - Verfügbarkeit[18]: Ausfuhrbeschränkungen

  - Markt- und Konkurrenzsituation

---

[10]aus einer Forderung an den Datendurchsatz können sich weitere Forderungen ableiten lassen, z. B. an die Taktfrequenz oder an die Anzahl der verarbeiteten Befehle pro Sekunde.
[11]engl.: Pins
[12]engl.: Task
[13]engl.: Reliability
[14]engl.: Maintainability
[15]engl.: Safety
[16]engl.: Security
[17]NRE = Non Recurring Engineering *(deutsch: Einmalige Entwicklungskosten)*
[18]engl.: Availability

    – juristische Randbedingungen, Patente

> *Aufgabe:* Erläutern Sie den Unterschied zwischen Daten- und Betriebs-
> sicherheit.

**Kompromiss**  Die Lösung wird in der Regel ein Kompromiss sein, denn häufig gibt es technische Anforderungen, die einen Spielraum erlauben und sich gegenseitig beeinflussen. Es gilt, die priorisierten Randbedingungen gegeneinander abzuwägen.
Da die unterschiedlichen Einflussfaktoren untereinander gekoppelt sein können,
kann die Verbesserung einer Produkteigenschaft zur Verschlechterung einer anderen führen.

> *Beispiel:* MP3-Spieler
>
> 1. Der MP3-Spieler soll möglichst lange spielen (mindestens 20 h).
>
> 2. Der MP3-Spieler soll möglichst leicht sein (höchstens 100 g).
>
> Die erste Forderung könnte man erfüllen, indem man eine zusätzliche Bat-
> terie einsetzt. Dies würde jedoch das Gewicht des MP3-Spielers erhöhen
> und somit der zweiten Forderung entgegenwirken.

Ein ähnliches Abwägen gilt ebenfalls für die Auswahl der Subsysteme des eingebetteten Systems, z. B. für Prozessoren, Speicher, Platinen, die häufig als
fertige Komponenten (COTS[19]) gekauft und dem System hinzugefügt werden.

Im Folgenden unterscheiden wir die drei in Abbildung 2.1 gezeigten Technologien, die für die Entwicklung eingebetter Systeme eine besondere Rolle spielen:

1. Software-Entwicklung (siehe Kapitel 8): Analyse der Anforderungen, Entwurf der Lösung unter Berücksichtigung verschiedener Randbedingungen,
   Implementierung und Test der Lösung.

2. Rechnerarchitektur (siehe auch ([GM07], Kapitel 3)): Die Software (inklusive digitaler Schaltung) wird auf einer Hardware, dem Rechenbaustein,
   ausgeführt. Die Rechenbausteine unterscheiden sich in ihren Rechnerarchitekturen.

---

[19]COTS = **C**ommercial **O**ff-**T**he-**S**helf *(deutsch: Kommerzielle Produkte aus dem Regal)*

3. Hardware-Technologie: Die Rechenbausteine werden auf Grundlage einer Hardware-Technologie (hier IC-Technologie) hergestellt (siehe auch ([GM07], Kapitel 3)).

Diese Technologien werden in den folgenden drei Abschnitten näher beschrieben.

## 2.2.1 Software-Entwicklung

In der Vergangenheit haben sich die Methoden in der Software-Entwicklung für Mikroprozessoren einerseits und des Schaltungsentwurfs für programmierbare Logikbausteine andererseits weitgehend unabhängig voneinander entwickelt. Dabei verbindet doch beide Disziplinen eine zentrale Aufgabe: die Lösung für ein technisches Problem zu liefern. Dazu müssen das Problem analysiert und die Lösung entworfen, implementiert und getestet werden. Anforderungsanalyse, Software-Entwurf, Testverfahren und die gesamte Vorgehensweise während der Entwicklung sind zum Großteil unabhängig davon, auf welcher Rechenmaschine die entstehende Software schließlich ausgeführt wird (siehe Abbildung 2.1). Kapitel 8 behandelt den in Abbildung 2.1 unter der Rubrik „Software-Entwicklung" dargestellten Themenkomplex. Hierbei werden sowohl klassische Prozess-Modelle, z. B. das Wasserfall-Modell, wie auch moderne Ansätze, z. B. die schnelle Softwareentwicklung, erläutert. Die einzelnen Phasen werden detailliert in den Kapiteln 9, 10 und 11 besprochen.

**Analyse, Entwurf, Implementierung, Test**

> *Definition.* **Hardware-Software-Codesign**
> Eingebettete Systeme würden besonders von einer im Rahmen des Hardware-Software-Codesigns vereinheitlichten Vorgehensweise profitieren, da diese häufig aus Mikroprozessoren und programmierbaren Logikbausteinen – „Hybride Architekturen" bestehen ([GM07], Kapitel 7).

## 2.2.2 Rechnerarchitekturen

Die Rechnerarchitektur legt den inneren Aufbau einer Rechenmaschine[20] fest. Eine Rechenmaschine kann eine Rechenaufgabe entweder sequentiell oder – falls die Rechenaufgabe es erlaubt – auch parallel verarbeiten (siehe Abbildung 2.2). Ein Mikroprozessor arbeitet sequentiell (CIT[21]). Er kann verschiedene Teile eines parallelisierbaren Algorithmus nicht parallel ausführen, ein programmierbarer Logikbaustein dagegen schon. Verschiedene Teile des Algorithmus werden gleichzeitig an verschiedenen Stellen des Chips ausgeführt (CIS[22]).

**CIT**

**CIS**

---

[20] kurz Rechner oder Prozessor
[21] CIT = Computing In Time
[22] CIS = Computing In Space

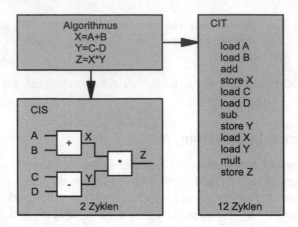

Abbildung 2.2: Ein parallelisierbarer Algorithmus kann parallel (CIS) oder sequentiell (CIT) ausgeführt werden [Rom01].

> *Aufgabe:* Nennen und erläutern Sie drei technische Randbedinungen aus Abbildung 2.2.

Abbildung 2.3 zeigt die drei prinzipiell möglichen Rechnerarchitekturen in Bezug auf ihre Universalität:

- CPU[23]: siehe CIT-Architektur in Abbildung 2.2

- Digitale Schaltung: die Architektur ist für eine Aufgabe „maßgeschneidert" (single purpose), siehe CIS-Architektur in Abbildung 2.2.

Die in der Abbildung 2.3 durch den oberen Kreis symbolisierten Anforderungen lassen sich durch die drei Rechnerarchitekturen (CPU, KDS, VDS), die ebenfalls durch geometrische Objekte symbolisiert werden, mehr oder weniger präzise überdecken. Bei der vollständigen Abdeckung durch das Quadrat (CPU) bleibt jedoch ein Teil der Fläche des Quadrats ungenutzt – und damit ein Teil der Funktionalität der CPU. Dafür lässt sich mit dem großen Quadrat leichter eine beliebige Anforderungsfläche überdecken.

**ASIP**
Applikationsspezifische Architekturen (ASIP[24]) sind eine Mischform zwischen CPU und Digitaler Schaltung.

---

[23]CPU = **C**entral **P**rocessing **U**nit *(deutsch: Zentrale Verarbeitungseinheit)*
[24]ASIP = **A**pplication **S**pecific **I**nstruction **S**et **P**rocessor

*Aufgabe:* Welche Vor- und Nachteile hätte die CPU- und DS-Rechnerarchitektur für die Entwicklung eines MP3-Spielers?

Die verschiedenen Rechnerarchitekturen werden ausführlicher ([GM07], Kapitel 3) miteinander verglichen.

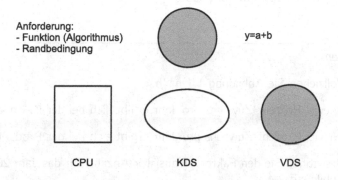

Abbildung 2.3: Geometrische Metapher für die Abdeckung von Anforderungen durch verschiedene Rechnerarchitekturen

## 2.2.3 Rechenbaustein und Hardware-Technologie

Die Transistoranzahl von integrierten Schaltungen (IC[25]) hat sich in den letzten Jahrzehnten im Mittel alle 18 Monate verdoppelt. Diese als „Moore's Gesetz" bekannte Gesetzmäßigkeit hat bereits Intel-Gründer Gordon Moore im Jahr 1965 vorhergesagt: „Die Transistoranzahl von integrierten Schaltungen verdoppelt sich alle 18 Monate". Diese Vorhersage traf in den letzten Dekaden stets zu. Abbildung 2.4 zeigt, welch kleinen Teil ein Chip aus dem Jahr 1981 auf einem Chip des Jahres 2013 einnehmen würde. Die Chip-Kapazität aus dem Jahr 2013 würde für $\approx$ 2,64.000.000 Chips des Jahres 1981 ausreichen (siehe auch Abbildung 1.1).

**Moore's Gesetz**

**IC-Technologie**

---

[25]IC = Integrated Circuit *(deutsch: Integrierter Schaltkreis)*

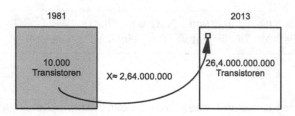

Abbildung 2.4: Moore's Gesetz: „Verdoppelung der Logik-Transistoren je Chip alle 18 Monate" [GS98]

*Aufgaben:*

1. Vollziehen Sie Abbildung 1.1 nach.

2. Wieviel Prozent Zuwachs pro Jahr ergibt sich bei der IC-Kapazität?

3. Wieviel Prozent Zuwachs pro Jahr ergibt sich bei der Produktivität?

4. Bestätigen Sie den Faktor (Transistor-Anzahl) für das Jahr 2013 aus Abbildung 2.4.

**Rechen-bausteine**

Je nachdem, „wer" eine Schaltung „wann" auf einem Chip integriert hat, unterscheiden wir zwischen zwei IC-Technologien:

**Voll nach Kunden-wunsch**

1. Voll nach Kundenwunsch[26]: Hierbei sind alle Verdrahtungen der Schaltung und die Konfiguration der Transistoren den spezifischen Anforderungen optimal angepasst. Diese Flexibilität bietet eine sehr gute Leistungsfähigkeit bei geringer Chipfläche und niedrigem Energieverbrauch. Die einmaligen Einrichtungskosten (Größenordnung: mehrere 100 kEuro) sind jedoch hoch, und der Markteintritt dauert lange. Anwendungsgebiete sind Applikationen mit hohen Stückzahlen (Größenordnung mehrere Hunderttausend). Die hohen Einrichtungskosten amortisieren sich durch hohe Stückzahlen und senken so die Gesamtkosten.

**Teilweise nach Kun-denwunsch**

2. Teilweise nach Kundenwunsch[27]: Hier sind Schaltungsebenen ganz oder teilweise vorgefertigt. Dem Entwickler bleibt die Verdrahtung und teilweise die Platzierung der Schaltung auf dem Chip. Diese Bausteine bieten eine gute Leistungsfähigkeit bei kleinen Chipflächen und geringeren Entwicklungskosten als bei einem voll nach Kundenwunsch gefertigten Rechenbaustein (Größenordnung: mehrere 10 kEuro). Die Entwicklungszeit liegt jedoch immer noch im Bereich von Wochen bis Monaten.

---

[26]engl.: Full Custom
[27]engl.: Semi Custom

Die IC-Technologien werden in ([GM07], Abschnitt 3.2) detaillierter dargestellt.

### 2.2.4 Rechenmaschine

Abbildung 2.5 vergrößert einen Ausschnitt aus Abbildung 2.1: die Realisierung einer Rechnerarchitektur auf Basis einer bestimmten Hardware-Technologie (hier IC-Technologie). Diese Realisierung nennen wir Rechenbaustein!

> *Definition:* **Rechenmaschine**
> Die Rechenmaschine besteht aus einer Rechnerarchitektur, die auf einem Rechenbaustein abgebildet wird. Der Rechenbaustein basiert auf einer Hardware-Technologie (hier IC-Technologie).

Die Darstellung konzentriert sich auf die beiden Rechenmaschinen Mikroprozessor und FPGA.
Rechnerarchitektur und Rechenmaschinen sind in der Zuordnung unabhängig voneinander. Die verschiedenen Kombinationsmöglichkeiten sind in Abbildung 2.5 gezeigt.

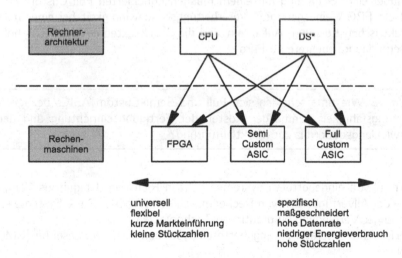

Abbildung 2.5: Die Rechnerarchitektur lässt sich auf verschiedene Rechenmaschinen abbilden.

> *Beispiele:*
>
> 1. Eine CPU kann sowohl auf einem FPGA als eingebettetes System als
>    auch als separater Baustein in Form eines Mikroprozessors realisiert
>    werden (siehe „Ein-Bit-Rechner" [Stu06], S. 15 ff.).
>
> 2. Hersteller von Prozessoren entwerfen CPUs kundenspezifisch (Full
>    Custom oder Semi Custom ASIC).

**FPGA**

Bei den FPGAs sind alle Schaltungsebenen vorgefertigt. Der Entwickler eines eingebetteten Systems kauft ein fertiges IC, bestehend aus Logikgattern und Kanälen zur Verdrahtung, bildet die digitale Schaltung auf die vorhandenen Logikgatter ab (Platzierung) und verbindet die Gatter untereinander. Aus Sicht des Entwicklers eines eingebetteten Systems sind die Entwicklungskosten einer FPGA-basierten Lösung gegenüber einem full custom ASIC gering, da der Baustein für den Entwickler unmittelbar verfügbar ist und er nur noch die gewünschte Schaltung aufprägen muss – eine reine Software-Tätigkeit. Diese Flexibilität und Anpassbarkeit eines FPGAs auf spezielle Anforderungen führt jedoch dazu, dass für eine konkrete Applikation in der Regel nicht alle Funktionalitäten des FPGAs genutzt werden können, ein Teil der Hardware also „verschwendet" wird. Gegenüber einer Schaltung mit einem maßgenschneiderten Full Custom ASIC bietet ein FPGA eine geringere Verarbeitungsgeschwindigkeit bei einer höheren elektrischen Leistung. Außerdem sind die Stückkosten eines FPGAs höher (Größenordnung: mehrere 10 Euro).

> *Aufgabe:* Wie unterscheiden sich Full und Semi Custom ASICs bezüglich
> Leistungsfähigkeit, einmaliger Kosten der Fertigungseinrichtung und der
> Entwicklungsdauer bis zur Markteinführung?

Der Trend von eingebetteten Systemen geht in Richtung „Ubiquitous Computing" – der Allverfügbarkeit von Rechenmaschinen [Wei91]. Diese Systeme stehen in enger Verbindung zu drahtlosen Technologien.
Weiterführende Literatur zu eingebetteten Systemen findet der Leser bei [GM07, VG02].

## 2.3 Lösungsraum

**Motivation**

Die Herausforderung in der Entwicklung besteht, wie im vorherigen Abschnitt detailliert ausgeführt, darin, die „beste" Lösung für die gegebene Aufgabe unter den gegebenen Randbedingungen zu erarbeiten.

Hierbei kommt es, basierend auf den Randbedingungen, zu Zielkonflikten (Wechselwirkungen) bei der Entwicklung Eingebetteter Systeme (siehe Abbildung 2.6). Vereinfacht sind hier drei wichtige Größen dargestellt, wie: **Technische Zielkonflikte**

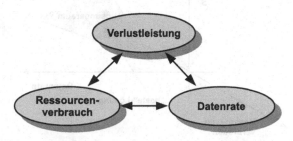

Abbildung 2.6: Wechselwirkung zwischen technischen Zielkonflikten

- Verlustleistung oder Energieverbrauch (siehe Abschnitt 2.3.1)

- Datenrate (siehe Abschnitt 9.1.2)

- Ressourcenverbrauch

Der Ressourcenverbrauch bezieht sich bei Mikroprozessoren allgemein auf die Speicher für Programm und Daten. Bei Mikrocontrollern auf die Peripherie, wie Schnittstellen, Zeitgeber, Analog-/Digitalwandler etc.. Der Ressourcenverbrauch bei FPGAs hingegen auf Logikgatter, E/A-Anschlüsse etc.. **Ressourcenverbrauch**

Die „beste Lösung" liegt dann graphisch visualisiert im Lösungsraum bestehend, aus den Achsen der Randbedingungen, wie Datenrate, Energieverbrauch etc. (siehe Abbildung 2.7). **Modell**

---

*Aufgabe:* Diskutieren Sie die Zielkonflikte bei der Entwicklung eines MP3-Spielers.

---

Neben technischen Randbedingungen spielen auch wirtschaftliche eine wichtige Rolle bei der Entwicklung Eingebetteter Systeme. Im Folgenden zwei wichtige wirtschaftliche Faktoren: **Ökonomische**

- Kosten

- Zeit

Bezüglich der Kosten unterscheidet man zwischen: **Kosten**

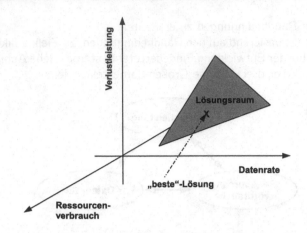

Abbildung 2.7: Lösungsraum mit „beste"-Lösung [SD02]

- NRE-Kosten (NREK): einmalige Kosten für die Entwicklung oder Fertigungs-Einrichtung.

- Stück-Kosten (SK): Material- und Fertigungskosten

- Gesamt-Kosten (GK): für Entwicklung und Fertigung

- Pro-Produkt-Kosten (PPK): Netto-Preis für Produkt

---

*Merksatz:* **Pro-Produkt-Kosten**
GK = NREK + SK * E[a]
PPK = GK / E = NREK / E + SK

---

[a]E: Einheiten

---

*Beispiel:* Im Folgenden sollen drei Rechenmaschinen miteinander verglichen werden.
A: NREK= 2.000 Euro, SK=100 Euro
B: NREK= 30.000 Euro, SK=30 Euro
C: NREK= 100.000 Euro, SK=2 Euro.
Zeichnen Sie die Gesamt-Kosten (GK) in Abhängigkeit der Einheiten für alle drei Rechenmaschinen und ermitteln Sie die Bereiche der geringsten Gesamtkosten. Abbildung 2.8 zeigt die Lösung.
Nennen Sie Beispiele für die drei Rechenmaschinen.

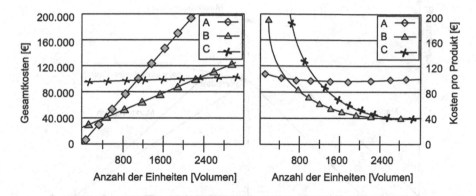

Abbildung 2.8: Kosten der unterschiedlichen Rechenmaschinen [VG02]

Bezüglich der Zeit ist der Begriff Verzögerte Markteinführung[28] besonders wichtig für die Entwicklung Eingebetteter Systeme. Abbildung 2.9 zeigt vereinfacht **Zeit** die Wertschöpfung eines Produktes. Je später das Produkt in den Markt eintritt, desto größer ist der resultierende Verlust.

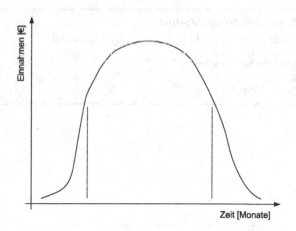

Abbildung 2.9: „Marktfenster" (vereinfachte Darstellung) [VG02]

Abbildung 2.10 zeigt eine Modell zur Berechnung des Verlustes beim verzö- **Modell** gerten Markteintritt des Produktes. Zur quantitativen Betrachtung dienen zwei Dreiecke – eines für den rechtzeitigen und eines für den verzögerten Eintritt.

---

[28]engl.: Time To Market

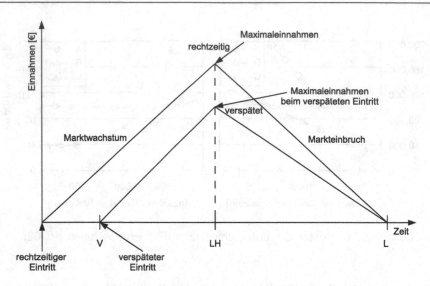

Abbildung 2.10: Verzögerte Markteinführung [VG02]

---

*Merksatz:* **Wertschöpfungs-Verlust**

$PWV^a= (V^b*(3*LH^c-V)/(2*LH^2))*100\%;L:$ Lebenszeit

---

[a]prozentualer Wertschöpfungsverlust
[b]Verzögerung
[c]halbe Lebenszeit: LH=L/2

---

*Aufgabe:* Vergleichen Sie den prozentualen Wertschöpfungsverlust zweier Produkte A und B mit einer Lebenszeit von 52 Wochen und den Verzögerungen 4 (Produkt A) und 10 Wochen (Produkt B).

*Beispiel:* Eine Möglichkeit, eine verzögerte Markteinführung zu verhindern, ist die Erhöhung der Team-Mitarbeiter. Hierbei gibt es jedoch auch Grenzen bei der Anzahl der Mitarbeiter, wie Abbildung 2.11 zeigt. Ausgangspunkt ist ein integrierter Schaltkreis mit 1.000.000 Transistoren. Ein einzelner Entwickler produziert 5.000 Transistoren pro Monat. Somit benötigt der einzelne Entwickler für den gesamten Schaltkreis 200 Monate. Jeder weitere zum Team hinzukommende Entwickler reduziert die Produktivität um 100 Transisoren. Ein Team aus 10 Entwicklern produziert 10 * 4.100 Transistoren pro Monat und kommt somit auf eine Entwicklungszeit von 24,3 Monaten.

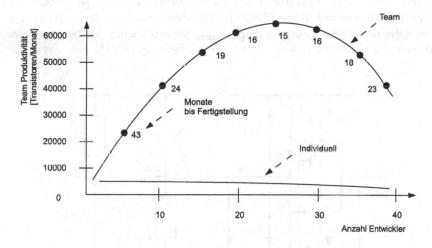

Abbildung 2.11: „Mythische Mann-Monate" [VG02]

Die folgenden Abschnitte liefern weitere Grundlagen in den Bereichen „Energieverbrauch" und Datenrate in Verbindung mir „Echtzeit-Datenverarbeitung".

## 2.3.1 Energieverbrauch

Der Energieverbrauch stellt eine der wichtigen Randbedingungen bei der Entwicklung von Eingebetteten Systemen (siehe Abschnitt 2.2) dar.
Für batteriebetriebene portable Systeme ist ein niedriger Energieverbrauch besonders wichtig.

> *Merksatz:* **Eingebettete Funk-Systme**
> Der Energieverbrauch setzt sich zum einen aus der abgestrahlten Energie der Sendeeinheit und zum anderen aus dem Verbrauch des Eingebetteten Systems, bestehend aus Mikroprozessoren, weiteren ICs etc., zusammen (siehe auch [GK15a]).

**Eingebettete Systeme**

**CMOS**

Um den Energieverbrauch Eingebetteter Systeme erklären zu können, wird im Folgenden auf die CMOS[29]-Technologie näher eingegangen. Die CMOS-Technologie ist auf dem Gebiet der modernen digitalen Hochleistungselektronik von zentraler Bedeutung. Aufgrund der Eigenschaft, dass Energie nur für die Zustandsübergänge[30] benötigt wird, ist die CMOS-Technologie die erste Wahl bei ICs[31] mit hoher Packungsdichte.

**Funktion**

Ein CMOS-Logikgatter (siehe Abbildung 2.12) arbeitet derart, dass ein „Pull-up-Netz" aus p-Typ-Transistoren mit $U_B$[32] oder ein „Pulldown-Netzwerk" aus n-Typ-Transistoren mit Masse (Gnd[33]) verbunden wird. Liegt der Pegel am Eingang nahe bei der Schwellspannung[34] $U_{tn,p}$, so leitet eines der beiden Netze, während das andere sperrt – es gibt keine Verbindung von $U_B$ zur Masse. Der

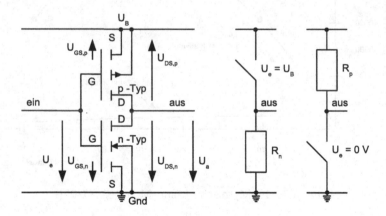

Abbildung 2.12: CMOS-Inverter

**Anteile Energieverbrauch**

gesamte Energieverbrauch von CMOS-Schaltungen setzt sich zusammen aus den drei Anteilen:

$$P = P_{Schalt} + P_{Kurz} + P_{Leck}$$

---

[29] CMOS = Complementary Metal-Oxid-Semiconductor
[30] Transitionen
[31] IC = Integrated Circuit *(deutsch: Integrierter Schaltkreis)*
[32] positive Betriebs- oder Versorgungsspannnug
[33] engl.: Ground, negative Versorgungsspannnug
[34] engl.: Threshold

- Schaltleistung ($P_{Schalt}$): verbrauchte Energie bei Laden oder Entladen der Ausgangskapazitäten. Der Energieverbrauch pro Zustandsübergang wird wie folgt bestimmt: $E = 1/2 \cdot C_L \cdot U_B^2 \approx 1$ Picojoule

- Kurzschlussleistung ($P_{Kurz}$): Wenn sich die Gattereingänge in einer Zwischenstufe befinden, können p- und n-Typ-Netzwerke leiten. Dies führt zu einem vorübergehenden Kurzschluss zwischen $U_B$ und Masse. Bei gut entworfenen Schaltungen (schnelle Übergänge) beträgt dieser Anteil nur einen Bruchteil der Schaltleistung.

- Leckstrom ($P_{Leck}$): Die Transistornetzwerke leiten auch im ausgeschalteten Zustand minimal (Bruchteil eines Nanoamperes pro Gatter). In der Regel kann der Leckstrom vernachlässigt werden.

---

*Beispiel:* Funktion CMOS-Inverter (siehe Abbildung 2.12):
  1.Fall: $U_e = 0$ V – logisch '0'
    $U_{GS,n} = 0$ V (n-Typ sperrt)
    $U_{GS,p} = -U_B < U_{tp}$ (p-Typ leitet)
  2.Fall: $U_e = U_B$ – logisch '1'
    $U_{GS,n} = U_B > U_{tn}$ (n-Typ leitet)
    $U_{GS,p} = 0$ V (p-Typ sperrt)

---

Die Gesamtleistung P, unter Vernachlässigung der Anteile Kurzschlussleistung und Leckstrom, kann wie folgt ermittelt werden:

**Gesamt-leistung**

$$P = 1/2 \cdot f_{Clk} \cdot C_L \cdot U_B^2 \cdot \sum A_G.$$

Hierbei sind $f_{Clk}$ die Taktfrequenz, $C_L$ die Lastkapazität, $U_B$ die Betriebsspannung und $A_G$ die Schalt-Aktivität der Gatter (nicht alle Gatter schalten in jedem Taktzyklus [Fur02]). Anhand der Gleichung können die Maßnahmen für eine energiesparende Schaltungen erläutert werden:

- Reduktion der Versorgungsspannung $U_B$: Aufgrund der quadratischen Abhängigkeit ist dies offensichtlich.

- Minimierung der Schaltungsaktivitäten $A_G$: Wenn Schaltungsaktivitäten nicht benötigt werden, sollten diese vermindert werden, zum Beispiel über „Clock Gating".

- Reduktion der Gatteranzahl: Einfache Schaltungen benötigen weniger Energie als komplexe (bei ansonsten gleichen Randbedingungen). Somit tragen weniger Gatter zur Summenbildung bei.

- Reduktion der Taktfrequenz $f_{Clk}$: Die Vermeidung unnötig hoher Taktfrequenzen ist sicher wichtig. Allerdings reduziert sich hierdurch auch die Rechenleistung (MIPS[35]).

**Reduktion Versorgungsspannung**
Die Verringerung der Geometrie von CMOS-Prozessen hat zwangsläufig auch eine Verringerung von $U_B$ zur Folge. Werden Transistoren kleiner, so steigt die Feldstärke bei konstanter $U_B$. Dies führt zu einer Zerstörung der Halbleiter. Wird $U_B$ verringert, so verringert sich ebenfalls die Leistung der Schaltung. Der maximale Transistorstrom $I_{sat}$ in Sättigung[36] läßt sich wie folgt bestimmen:

$$I_{sat} \propto (U_B - U_t)^2$$

Die maximale Taktfrequenz beträgt hierbei:

$$f_{max} \propto (U_B - U_t)^2/U_B.$$

Verringert man $U_B$, so verringert sich ebenfalls die Frequenz $f_{max}$. Es ist offensichtlich, dass eine Reduktion von $U_t$ zu einer Reduktion der Verlustleistung führt. Allerdings ist der Leckstrom[37] $I_{leak}$ stark von $U_t$ abhängig:

$$I_{leak} \propto exp(-U_t/35mV).$$

Bei kleiner Verringerung von $U_t$ hat dies eine deutliche Erhöhung des Leckstroms zur Folge. Der Leckstrom verursacht ein schnelleres Entladen der Batterien von inaktiven Schaltungsteilen. Daher ist auf Wechselwirkungen zwischen der Maximierung der Leistung und des Energieverbrauchs im Ruhezustand[38] zu achten.

> *Beispiel:* Aktuelle Technologien verwenden Betriebsspannungen von 1 bis 2 Volt.

**Energieeinsparung**
Abschließend noch einige Wege zur Einsparung von Energie im Allgemeinen:

- Reduktion von $U_B$: niedrigste geforderte Taktfrequenz wählen. Die Versorgungsspannung ist bei gegebener Taktfequenz soweit wie möglich zu reduzieren. Hierbei darf $U_B$ nicht so weit vermindert werden, dass die Verluste den Verbrauch im Ruhezustand stark beeinflussen.

**Schlafmodi**
- Reduktion der „On-Chip-Aktivität": Vermeidung überflüssiger Taktung von Schaltfunktionen. Dies kann zum Beispiel mittels Schlafmodi („Gated Clocks") erfolgen.

- Reduktion der „Off-Chip"-Aktivität: Minimierung von Aktivitäten außerhalb des Chips, zum Beispiel von Caches, um den Zugriff auf externe Speicher zu senken.

---

[35] MIPS = Million Instructions Per Second
[36] engl.: Saturation
[37] engl.: Leakage
[38] engl.: Standby

- Nutzung von Nebenläufigkeit (CIS): Bei Verdopplung einer Schaltung kann dieselbe Rechenleistung bei halber Taktfrequenz erreicht werden. Dies lässt sich mit einer geringeren $U_B$ erzielen ([Fur02], S. 50 ff.). Dieser Ansatz wird z. B. bei Dual-Core-Systemen genutzt (siehe auch Abschnitt 3.2.4).

---

*Aufgaben:*

1. Erläutern Sie den Zusammenhang zwischen abgestrahlter Energie und Reichweite.

2. Nennen Sie Maßnahmen zur Reduktion des Energieverbrauchs.

3. Wie werden prinzipiell „Schlafmodi" bei Mikroprozessoren implementiert?

---

*Beispiel:* Handys schalten schrittweise die Anzeige ab, um Energie zu sparen. Ein Tasten-Interrupt „weckt" dann das Gerät wieder zur Kommunikation auf.

---

*Beispiel:* Die MSP430-Familie verfügt über fünf Energiesparmodi[a]. Hierbei werden in Stufen die unterschiedlichen Taktsysteme geaktiviert (siehe [Ins13], S. 2-13 ff.).

[a]engl.: Low Power Modes (LPM)

---

## 2.3.2 Echtzeit-Datenverarbeitung

Die Echtzeit stellt eine der wichtigen Randbedingungen bei der Entwicklung von Eingebetteten Systemen (siehe Abschnitt 2.2) dar.

„Echt-Zeit" setzt sich zusammen aus der „Zeit" als physikalische Größe der Datenverarbeitung und „Echt" im Sinne von „für den Menschen als real empfundene Zeit".

Abbildung 2.13 und Tabelle 2.1 zeigen einen Vergleich zwischen Echtzeit- und **Echtzeitsystem**

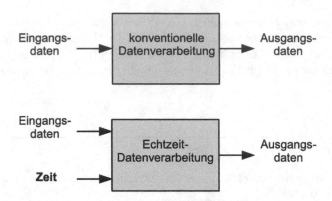

Abbildung 2.13: Echtzeit-Datenverarbeitung im Vergleich zur konventionellen Datenverarbeitung ([Wit00], S. 27)

| Kategorie | Informationssysteme | Echtzeitsysteme |
|---|---|---|
| Steuerung | datengesteuert | ereignisgesteuert |
| Datenstrukturen | komplex | einfach |
| Eingangsdaten | große Menge | kleine Menge |
| Fokusierung | Ein-/Ausgänge intensiv | rechenintensiv |
| Portierbarkeit | maschinenunabhängig | auf Hardware zugeschnitten |

Tabelle 2.1: Vergleich Informations- und Echtzeitsysteme

**Prozess**

**DV-Gerät**

**eingebettete Systeme**

konventioneller Verarbeitung. Echtzeitsystem[39] setzt sich aus den beiden Komponenten Prozess und Datenverarbeitungsgerät zusammen. Unter Prozess versteht man einen beliebigen Ablauf, der aufeinander folgende zeitliche Resultate erzeugt. Heutzutage sind Datenverarbeitungsgeräte digitale Rechner mit Kommunikations-Schnittstellen. Die Geräte bestehen aus Hard- und Software-Einheiten. Die Hardware ist kompakt und verfügt über einen hohen Integrationsgrad – man nennt diese Art von Geräten auch eingebettete Systeme.

> *Beispiele:*
>
> 1. Prozesse: Regelung des Wohnraumklimas; Ablaufsteuerung einer Waschmaschine
>
> 2. Datenverarbeitungsgeräte: Controller für Motormanagement

**harte Echtzeit**

Unter harten Echtzeitsystemen versteht man Systeme, die harte zeitliche Schran-

---

[39]engl.: Real-Time System

ken vorgeben. Die Datenverarbeitung muss gewährleisten, dass die Zeitvorgaben eingehalten werden, da es sonst zu schwerwiegenden Ausfällen kommt. Es werden keine Verstöße gegen die zeitlichen Vorgaben erlaubt. Derartige Systeme müssen im Normalfall hundertprozentig deterministisch sein (siehe auch Tabelle 3.4).

Mit weichen Echtzeitsystemen sind Systeme gemeint, die prinzipiell in Echtzeit arbeiten, aber über sehr dehnbare Zeitgrenzen verfügen. Nichtsdestotrotz muss das Echtzeitsystem deterministisch sein, wobei die vorhersagbaren zeitlichen Grenzen sehr große Toleranzen aufweisen (siehe auch Tabelle 3.4). **weiche Echtzeit**

---

*Beispiele:*

1. harte Echtzeitsysteme: Flugzeuge, Kraftwerke

2. weiches Echtzeitsystem: Bankautomat

---

Bei der Einteilung der Art, wie eine Applikation verwaltet wird, unterscheidet man zwischen synchroner und asynchroner Programmierung.

Die synchrone Programmierung, auch „Zeitscheibenprogrammierung" genannt, basiert auf einem festen Takt eines Zeitgebers – man spricht deshalb von einer Zeitsteuerung. Die Festlegung der Reihenfolge der verschiedenen Teilprogramme einer Applikation wird beispielsweise in einer Tabelle hinterlegt. Hierbei erhält jedes Teilprogramm eine bestimmte „Zeitscheibe"[40], die nicht verlängert werden kann. Die synchrone Programmierung ist somit hundertprozentig deterministisch. **synchrone Programmierung**

---

*Merksatz:* **Synchrone Programmierung**
Die Organisation des Ablaufs lässt sich mit einer Zustandsmaschine vergleichen. Im jeweiligen Zustand wird ein Programmabschnitt mit bestimmter Länge abgearbeitet.

---

Die asynchrone Programmierung reagiert flexibel auf asynchrone Ereignisse; man spricht von einer Ereignissteuerung. Aufgrund des schwer voraussagbaren zeitlichen Ablaufs ist die Determiniertheit schwerer nachzuweisen als bei der synchronen Programmierung. Systemunterbrechungen[41] werden von externen Ereignissen ausgelöst. Aufgrund der hohen Priorität wird das laufende Hauptprogramm unterbrochen. Es folgt die Abarbeitung der mit dem Interrupt fest verbundenen „Interrupt Service Routine". **asynchrone Programmierung**

---

[40] engl.: Time Slice
[41] engl.: Interrupts

---

*Merksatz:* **Polling, Interrupt**

Ereignisse können durch eine spezielle Hardware direkt Einfluss auf den Ablauf des Programms nehmen (Interrupt-Steuerung) oder durch Software-Abfrage (Polling) erkannt werden.

---

In der Praxis trifft man oft Mischsysteme aus synchroner und asynchroner Programmierung an ([Wit00], S. 26 ff.).

---

*Aufgaben:*

1. Was ist ein Echtzeitsystem?

2. Was versteht man unter asynchroner und synchroner Programmierung?

3. Was ist der Unterschied zwischen Interrupt und Polling?

---

*Beispiel:* Der Einsatz von (Echtzeit-)Betriebssystemen bei Funksystemen auf Basis der MSP430-Familie zeigt [GES13b].

---

## 2.4 Abgrenzung

Der folgende Abschnitt dient zur Abgrenzung der Buch-Themen und zur Einordnung Eingebetteter Systeme.

**System-überblick**
Abbildung 2.14 zeigt ein allgemeines Eingebettes System.

Bei der Rechenmaschine zur Algorithmenberechnung sind noch weitere Peripherieeinheiten zur Wandlung, Speicherung, Kommunikation und Spannungsversorgung notwendig. Dieses Eingebettete System besteht aus den Hauptkomponen-

**Komponenten**
ten:

- Rechenmaschine

    Mikroprozessor: MC[42], DSP[43]

    Programmierbare Logikschaltkreise: FPGA[44]

---

[42] MC = **M**ikro**C**ontroller
[43] DSP = **D**igital **S**ignal **P**rocessor
[44] FPGA = **F**ield **P**rogrammable **G**ate **A**rray

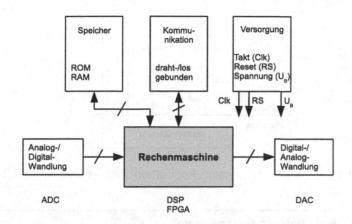

Abbildung 2.14: Systemüberblick

- Peripherie

    Wandler: ADC[45], DAC[46]

    Speicher: RAM[47], ROM[48] (siehe auch Abbildung 3.12)

    Kommunikation: seriell, parallel

    Versorgung: mit Spannung, Takt[49] (Oszillator ($f_{Clk}$)) und Reset

- Betriebssystem (siehe Abschnitt 2.3.2 und ([GM07], S. 143 ff.))

Abbildung 2.15 zeigt den Zusammenhang zwischen den unterschiedlichen Software-Ebenen und der Rechenmaschine (siehe auch Abbildung 2.1).

**Ebenen**

Ein Betriebssystem stellt eine Sammlung von Hilfsfunktionen (Software) dar, um z. B. Hardware zu steuern oder Hardware-Ressourcen zu verwalten. Ein (Geräte-)Treiber liefert die gerätespezifische Funktion der Hardware-Komponenten, wie z. B. eine USB[50]-Schnittstelle zur Verwendung im Rahmen eines Betriebssystems (siehe auch ([GM07], S. 143 ff.). Der Schwerpunkt des Buches liegt hierbei bei der Applikation.

**Betriebssystem**

**Treiber**

> *Merksatz:* **Peripherie**
> Die Infrastrukturen digitaler Systeme sind bei Mikroprozessoren und FPGAs ähnlich.

---

[45]ADC = **A**nalog **D**igital **C**onverter *(deutsch: Analog-Digital-Wandler)*
[46]DAC = **D**igital **A**nalog **C**onverter *(deutsch: Digital-Analog-Wandler)*
[47]RAM = **R**andom **A**ccess **M**emory
[48]ROM = **R**ead **O**nly **M**emory
[49]engl.: Clock (Clk)
[50]USB = **U**niversal **S**erial **B**us

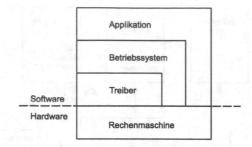

Abbildung 2.15: Software-Ebenen: Applikation, Betriebssystem und Treiber

---

*Einstieg:* **Eingebettete Funksysteme**
einen Einstieg in die drahtlose[a] Kommunikation mit Eingebetteten Funksystemen liefert [GK15a].

---

[a]engl.: Wireless

---

*Merksatz:* **Verteilte Systeme**
bestehen aus vernetzten Computern (mit Hardware und Software-Komponenten), die mittels Nachrichten-Austausch kommunizieren und die gemeinsamen Aktionen koordinieren.

---

**Vergleich**

Die Tabellen 2.2 und 2.3 (BIOS[51] siehe auch Abbildung 2.15, „Treiber") zeigen die Unterschiede zwischen Universal-Rechner und Eingebetteten Systemen ([BHK06], S. 16 ff.).

**digital**

Der Schwerpunkt der vorliegenden Arbeit liegt bei den „Digitalen Systemen". Aus diesem Grund wird zunächst in separaten Abschnitten auf „Digitale Schaltungen" und „Digitale Signalverarbeitung" eingegangen.

## 2.4.1 Digitale Systeme

**Signal**

Ein Signal ist eine physikalisch messbare Größe (Amplitude). Die zeitlichen Signaländerungen enthalten die Nutzinformationen. Elektrische Signale sind Spannungs- oder Stromwerte. In der Technik wird zwischen analogen und digitalen Signalen unterschieden.

**analog**

Analoge Signale sind wert- und zeitkontinuierlich. Digitale Signale entstehen aus anlogen durch Abtastung (Zeitdiskretisierung) und Quantisierung (Wertdiskre-

**digital**

tisierung). Hierbei wird die Amplitude durch endlich viele Stufen dargestellt (siehe Abbildung 2.18). Digitale Signale sind wert- und zeitdiskret.

**Operationen**

Der Entwickler ist mit einer Vielzahl von Signalverarbeitungsoperationen

---

[51]BIOS = Basic Input The Output System

| Kategorie | Universal-Rechner | Eingebettes System |
|---|---|---|
| Betriebssystem | Es existiert eine Grund-SW, die Programme lädt und die Ablaufsteuerung organisiert. Während des Betriebs können Programme gestartet und beendet werden. | Ein Betriebssystem ist nicht zwingend notwendig. Es gibt ein festes Programm für einen bestimmten Zweck. Das Programm wird nicht geladen, sondern liegt ablaufbereit im Festwertspeicher vor. |
| Speicher | Hauptspeicher ist erweiterbar, liegt als RAM vor. Zusätzlich Massenspeicher zur Auslagerung. | Speicher ist einmalig in bestimmter Größe als ROM (oft Flash Speicher) vorhanden und nicht erweiterbar. Nur bei sehr großen Eingebetteten Systemen ist ein Massenspeicher (Plattenspeicher) vorhanden. |
| Ein- und Ausgabe | standardisiert | nicht standardisiert, speziell nach HW/SW-Anforderugnen vorhanden. |
| Debugger | (Hochsprachen-)Debugger, ohne zusätzlichen Rechner | Debugging im Zielsystem ist aufwendig. Ein zusätzlicher Entwicklungsrechner ist notwendig. Hierbei wird das Zielsystem angekoppelt. |

Tabelle 2.2: Vergleich Universal-Rechner mit Eingebettetem System I

| Kategorie | Universal-Rechner | Eingebettes System |
|---|---|---|
| Programme und Daten | im RAM (erleichert Debugging) | während der Entwicklung meist im RAM. Im Betrieb oft im ROM (meist Flash). Ein Umladen von ROM ins RAM ist üblich. |
| Selbsttest und Diagnose | beim Einschalten durch BIOS (Hersteller) und Betriebssystem | muss als Programmmodul vorgesehen werden. Auch zum Test in der Produktionsphase notwendig. |
| Software | wird auf fertigen und realen Systemen entwickelt. | HW-/und Software werden oft gleichzeitig entwickelt (Co-Design). Beim Eintreffen der HW muss die SW weitgehend fertig sein. |
| Entwicklungssystem | = Zielsystem | ≠ Zielsystem |

Tabelle 2.3: Vergleich Universal-Rechner mit Eingebettetem System II

konfrontiert. Die Signale können verstärkt, gedämpft, moduliert, gleichgerichtet, gespeichert, übertragen, gemessen, gesteuert, verformt, rechnerisch verarbeitet und erzeugt werden.

Ein System[52] bezeichnet ein Gebilde, dessen wesentliche Elemente (Teile) so **System** aufeinander bezogen sind und in einer Weise in Wechselwirkung stehen, dass sie (aus einer übergeordneten Sicht heraus) als aufgaben-, sinn- oder zweckgebundene Einheit (d. h. als Ganzes) angesehen werden (können) und sich in dieser Hinsicht gegenüber der sie umgebenden Umwelt auch abgrenzen [Wik08].

Signale stehen in engem Zusammenhang zu Systemen (siehe Abbildung 2.16).

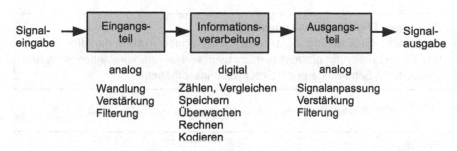

Abbildung 2.16: Prinzipieller Aufbau digitaler Systeme mit den Subsystemen Signal-Ein-/Ausgabe und Informationsverarbeitung [Sei90]

## 2.4.2 Digitale Schaltungstechnik

Analoge und digitale Schaltungen sind Systeme. Trotz eines deutlichen Trends hin zur Digitaltechnik, hervorgerufen durch Fortschritte bei den digitalen ICs, behalten analoge Schaltungen auch in Zukunft ihren Stellenwert. Viele Ope- **analoge** rationen, wie die Verstärkung kleiner Signale, die Frequenzumsetzung und die **Schaltungen** Spannungsversorgung (Regler), lassen sich digital nicht oder nicht wirtschaftlich lösen. Aktive Bauelemente der analogen Schaltungstechnik sind Transistoren und integrierte Analogschaltkreise, wie Operationsverstärker.

Der Aufbau und die Verarbeitung digitaler Systeme lassen sich verallgemeinern (siehe Abbildung 2.16). Der Informationsverarbeitungsteil kann ein FPGA oder ein Mikroprozessor sein. Signaleingabe/-ausgabe können mechanisch über Kontakte oder kontaktlos (optisch, induktiv, kapazitiv) ausgeführt werden.

Viele Sensoren wandeln die zu messende Größe in ein elektrisches Analogsignal um. Auch digitale Systeme wie Mikrocomputer benötigen analoge Einheiten zur Verarbeitung von Analogsignalen ([Sei94], S. 19 ff.; [Mül05], S. 101).

---

[52]griech.: Systema, „das Gebilde, Zusammengestellte, Verbundene"

> *Beispiel:* Operationsverstärker als invertierender Verstärker kann zur Strom-/Spannungswandlung eingesetzt werden:
>
> $$-U_a \approx I_e \cdot R_1 \approx U_e \cdot \frac{R_1}{R_2}$$

**digitale Schaltungen**

Mit digitalen Schaltungen können vielfältige Aufgaben aus dem Bereich der Informationstechnologie, -gewinnung, -übertragung und -speicherung realisiert werden.

> *Definition:* **Digitale Schaltungstechnik**
> Technische Realisierung elektrischer Schaltungen mittels digitaler Einheiten. Die Realisierung umfasst hier: Entwurfsverfahren, kombinatorische und sequentielle Schaltungen und Beschreibungssprachen.

> *Beispiele:*
>
> 1. Anwendungsgebiete für digitale Schaltungen sind: Eingebettete Systeme, industrielle Steuerungen, digitale Messwerterfassung, Digitalrechner usw.
>
> 2. Digitale Steuerung: Speicherprogrammierbare Steuerungen[a] bestehen aus einem Informationsverarbeitungsteil (Mikroprozessor/-controller) und einem Ein-/Ausgangsteil zur Ansteuerung der Leistungselektronik [Wik08].
>
> ---
> [a]SPS = Speicherprogrammierbare Steuerung

> *Beispiele:*
>
> 1. Mobilfunkgerät: siehe Abbildung 2.17
>
> 2. serielle Übertragung (RS232): Die Informationsverarbeitung (Mikroprozessor) steuert parallel (Signalpegel 3-5V) das Ausgangsteil (UART[a]-Baustein) an. Er nimmt die serielle Umsetzung vor. Es folgt ein Treiberbaustein zur Pegelanpassung (Signalpegel +/-15V) [Dem01].
>
> ---
> [a]UART = Universal Asynchron Receiver Transmitter

## 2.4.3 Digitale Signalverarbeitung

*Definition:* **Digitale Signalverarbeitung**
ist ein Verfahren zur Filterung oder Transformationen von Informationen mit Hilfe mathematischer Methoden.

Abbildung 2.17 zeigt das Anwendungsbeispiel Mobilfunk. Der Teilnehmer (Sender) spricht ins Mikrofon. Ein eingebauter A/D-Wandler setzt das analoge in ein digitales Signal um zur weiteren Verarbeitung im DSP. Der DSP führt Algorithmen der digitalen Nachrichtentechnik aus. Ein Sender- und Empfängermodul (T/R[53]) strahlt dann die Sprachdaten per Antenne ab (Pfad A)). Das Empfänger-Endgerät arbeitet Datenpfad B) ab. Der angeschlossene Lautsprecher gibt Sprachdaten wieder. Zur computerbasierten Signalverarbeitung

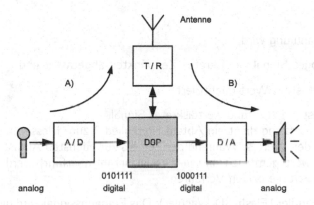

Abbildung 2.17: Anwendungsbeispiel Mobilfunkgerät

ist die Umsetzung der analogen Signale aus der Umwelt, z. B. Schallwellen, Licht, Temperatur oder chemische Konzentrationen, in digitale notwendig. Ein Analog-Digital-Wandler[54] konvertiert die analogen in digitale Signale (siehe Abbildung 2.18) und ein Digital-Analog-Wandler[55] transformiert daraus wieder ein analoges Signal.

**AD-Wandler**

**DA-Wandler**

*Aufgabe:* Ein Eingebettetes System verfügt über einen 12-Bit-ADC bei einer Betriebsspannung von $U_B = 3,3 V$. Bestimmen Sie die Auflösung des Wandlers.

---

[53]engl.: Transmit/Receive (Transceiver)
[54]ADC = **A**nalog **D**igital **C**onverter *(deutsch: Analog-Digital-Wandler)*
[55]DAC = **D**igital **A**nalog **C**onverter *(deutsch: Digital-Analog-Wandler)*

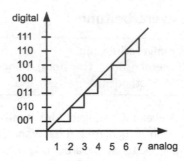

Abbildung 2.18: Beispiel einer 3 Bit-Analog/Digital-Wandlung. Aus dem kontinuierlichen analogen Wert wird ein diskreter digitaler Wert (Zwischenschritte gehen verloren).

Bei der AD-Wandlung wird

1. ein analoges Signal zu diskreten Zeitpunkten abgetastet und

2. der abgetastete Wert quantisiert.

Das Ergebnis ist ein zeit- und wertdiskretes Signal.

**Abtast-Halteglied**
Bei der AD-Umsetzung dient ein Abtast-Halteglied[56] zum Messen und Halten des zu wandelnden Wertes. Während der Zeit bis zur nächsten Abtastung muss der Spannungswert gemessen und in eine Binärzahl überführt werden. Dabei unterscheidet man die beiden Verfahren:

1. Parallelwandler (Flash-AD-Wandler): Das Eingangssignal wird gleichzeitig einer Anzahl von Komparatoren zugeführt. Durch die parallele Anordnung ist der Parallelwandler das schnellste Verfahren. Die Vergleichsspannungen der Komparatoren sind nach ihrer Auflösung abgestuft.

2. AD-Wandlung mit sukzessiver Approximation: Das Prinzip beruht auf dem schrittweisen Vergleich der Eingangs- mit der Ausgangsspannung eines DA-Wandlers. Der DA-Wandler wird im Rückkoppelungszweig mit den Zwischenergebnissen der Wandlung gesteuert.

Bei der Abtastung und Quantisierung müssen einige Randbedingungen beachtet werden, damit der bei der AD- und anschließenden DA-Wandlung die relevante Information bewahrt bleibt. Zur Vermeidung von Aliasing (Überlappung von Anteilen gespiegelter Spektren) verwendet man Tiefpassfilter, die den auswertbaren Frequenzbereich auf höchstens die Hälfte der Abtastfrequenz begrenzen[57].

**Abtast-frequenz**

---

[56]engl.: Sample & Hold

[57]Nach dem Shannon'schen Abtasttheorem muss die Abtastfrequenz mindestens doppelt so groß sein wie die größte im Signal enthaltene Frequenzkomponente, damit das Signal aus den abgetasteten Werten vollständig rekonstruiert werden kann.

Ein bandbegrenztes Signal mit der Grenzfrequenz $f_g$ wird in eindeutiger Weise durch diskrete Werte bestimmt, wenn die Abtastfrequenz $f_a \geq 2f_g$ ist.

Für verschiedene Anwendungen sind die typischen Bitbreiten in Abhängigkeit von der Abtastfrequenz in Abbildung 2.19 aufgetragen.

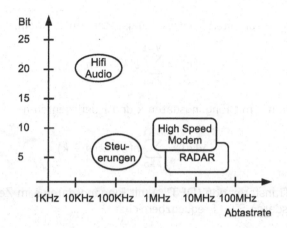

Abbildung 2.19: AD-Wandler-Bitbreite in Abhängigkeit von der Abtastfrequenz für typische Anwendungen ([Hau02], S. 11)

> *Beispiel:* Dynamikberechnung: Dynamik[dB]=$20log_{10}\left(\frac{1}{S}\right)$; $S=2^N$; N=Bit-Breite. Beispiel N=8, S=Stufen=256, Dynamik= -48.16dB.

Digitale Signalprozessoren verfügen über eine spezielle Architektur zur Beschleunigung häufig genutzter numerischer Berechnungen. Hierbei spielt die schnelle Berechnung der MAC[58]-Funktion eine wichtige Rolle. Diese Operation kommt in zahlreichen Signalverarbeitungs-Algorithmen wie FIR-Filter und FFT[59] vor ([Vor01], S. 69 ff., 71 ff.; [SS03], S. 352). Nachfolgend einige typische Signalverarbeitungs-Algorithmen:

- Digitale Filter:

  Rekursive Filter[60] mit Eingangsdaten x, Ausgangsdaten y und

---

[58] MAC = Multiplication ACcumulation
[59] FFT = Fast-Fourier-Transformation
[60] IIR = Infinite Impulse Response

Koeffizienten a, b:

$$y(n) = \sum_{k=0}^{N-1} a(k) \cdot x(n-k) - \sum_{k=1}^{N-1} b(k) \cdot y(n-k)$$

Transversal-Filter[61] mit Eingangsdaten x und Koeffizienten a:

$$y(n) = \sum_{k=0}^{N-1} a(k) \cdot x(n-k)$$

- Konvolution[62] mit Eingangsdaten x und Koeffizienten h:

$$y(n) = \sum_{k=0}^{N-1} h(k) \cdot x(n-k)$$

- Fourier-Transformation (DFT[63]) mit Eingangsdaten s im Zeitbereich und Ausgangsdaten S im Frequenzbereich:

$$S(n) = \sum_{k=0}^{N-1} s_k \cdot e^{\frac{-2 \cdot \pi \cdot k \cdot n \cdot j}{N}} ; n = 0, ..., N-1$$

- Inverse Fourier-Transformation (iDFT[64])

$$s(n) = \frac{1}{N} \cdot \sum_{k=0}^{N-1} S_k \cdot e^{\frac{2 \cdot \pi \cdot k \cdot n \cdot j}{N}} ; n = 0, ..., N-1$$

---

*Einstieg:* **Filter-Koeffizienten**

Die Koeffizienten können beispielsweise mittels des FDA[a]-Werkzeugs (Signalverarbeitungs-Modul) der Firma Mathworks ermittelt werden (siehe auch Abschnitt 10.2).

---

[a]engl.: Filter Design and Analysis

---

*Merksatz:* **FFT[a]**

ist ein Algorithmus zur effizienten Berechnung der diskreten Fourier-Transformation.

---

[a]FFT = **F**ast-**F**ourier-**T**ransformation

---

[61]FIR = **F**inite **I**mpulse **R**esponse (filter) *(deutsch: Filter mit endlicher Impulsantwort)*
[62]Faltung
[63]DFT = Diskrete Fourier-Transformation
[64]iDFT = inverse DFT

*Aufgaben:*

1. Ermitteln Sie die Impulsantwort für einen FIR-Filter mit der Länge N=3

2. Zeichnen Sie die digitale Schaltung für einen CIS-Ansatz

3. Bestimmen Sie für eine Taktfrequnenz des ADCs von 100 MHz die MOPS.

Die digitale Signalverarbeitung hat folgende Vorteile gegenüber einer analogen Verarbeitung ([Sei90], S. 25): **Vorteile**

1. weitgehende Unempfindlichkeit digitaler Schaltungen gegenüber Bauelementetoleranzen und Störsignalen

2. hohe Zuverlässigkeit (Alterung von Bauteilen)

3. hohe Genauigkeit und Auflösung der Informationsverarbeitung erreichbar

4. störunempfindliche Signalübertragung über große Entfernungen: Einsparung von Kabel- und Verkabelungskosten durch Verwendung prozessnaher digitaler Bussysteme in der Automatisierungstechnik

5. gute Weiterverarbeitbarkeit der digitalen Signale nachrichtentechnischer Algorithmen, wie Quell- und Kanalcodierung und Modulation

6. Speicherbarkeit ohne Genauigkeitseinbuße

7. gute Realisierbarkeit digitaler Schaltkreise in ICs

8. sehr gute Eignung für Steueraufgaben, Digitalrechner und automatisierte Systeme

Nachteilig sind jedoch: **Nachteile**

1. höherer Schaltungs- und Geräteaufwand für AD- und DA-Wandlung

2. AD- und DA-Wandlungsverluste

3. größerer Bandbreitebedarf bei der Signalübertragung (siehe Abtasttheorem) ([Sei90], S. 25 ff.)

*Aufgabe:* Beschreiben Sie die notwendigen Schritte vom Übergang eines analogen hin zu einem digitalen Entwurf.

*Zusammenfassung[a]:*

1. Der Leser ist vertraut mit Eingebetten Systemen und kennt deren Merkmale.

2. Er kennt die Entwicklung: die Aufgabe muss analysiert, die Randbedingungen berücksichtigt, eine Lösung muss entworfen, implementiert und getestet werden.

3. Der Leser ist in der Lage, die Begriffe Rechnerarchitekturen, Rechenbausteine und Rechenmaschinen zu erklären.

[a]mit der Möglichkeit zur Lernziele-Kontrolle

# 3 Rechenmaschinen

*Lernziele:*

1. Das Kapitel gibt einen Überblick zu den Rechenmaschinen: Mikroprozessor, FPGA und ASICs.

2. Es liefert im Detail die Grundlagen und Funktionsweise von Mikroprozessoren.

3. Das Kapitel erläutert die Grundlagen und Funktionsweise von FPGAs.

Das folgende Kapitel stellt die Rechenmaschinen zur Entwicklung von Eingebetteten Systemen vor. Der Schwerpunkt der Ausführungen liegt bei den Mikroprozessoren (DSP[1]) und programmierbaren Logikbausteinen (FPGA[2]).

## 3.1 Übersicht Rechenmaschinen

Rechenmaschinen bestehen aus einer Rechnerarchitektur und einem Rechenbaustein. Tabelle 3.1 zeigt Beispiele für Rechenmaschinen. Sie entstehen durch
die Abbildung einer Rechnerarchitektur auf einem Rechenbaustein aufgrund unterschiedlicher Randbedingungen für beispielsweise den Datendurchsatz oder die
Stückkosten (siehe Abschnitt 2.2). Die Architekturen reichen von „universell"[3]
(CPU[4]) bis „maßgeschneidert" (DS*[5]).

Rechenbausteine sind teilweise[6] oder vollständig[7] an die „beste" Lösung für
gegebene Aufgabenstellung mit gegebenen Randbedingungen angepasst (siehe
Abschnitt 2.2).

**Rechen-**
**baustein**

- Bei den Full-Custom-Bausteinen ist der Entwickler nur an die durch die

**Full Custom**

---

[1]DSP = **D**igital **S**ignal **P**rocessor
[2]FPGA = **F**ield **P**rogrammable **G**ate **A**rray
[3]engl.: General Purpose
[4]CPU = **C**entral **P**rocessing **U**nit *(deutsch: Zentrale Verarbeitungseinheit)*
[5]DS* = **D**igitale **S**chaltungen (aus VDS und KDS) ohne CPU
[6]engl.: Semi Custom
[7]engl.: Full Custom

© Springer Fachmedien Wiesbaden GmbH, ein Teil von Springer Nature 2020
R. Gessler, *Entwicklung Eingebetteter Systeme*,
https://doi.org/10.1007/978-3-658-30549-9_3

Technologie vorgegebenen Randbedingungen, die Layout-Regeln, gebunden. Die Funktion der Chips ist auf den Kundenwunsch „maßgeschneidert". Die Platzierung der Grundelemente ist frei möglich. Ein Full-Custom-Baustein wird manuell entworfen. Hieraus leiten sich die großen Nachteile dieser Methode ab: die lange Entwicklungszeit und die damit verbundenen Kosten. Es ist nicht ungewöhnlich, dass für Full Custom mehrere Dutzend oder einige hundert Mannjahre investiert werden.

**Semi Custom**

- In die Gruppe der Semi-custom-Bausteine gehören Gate Arrays, Standard- und Makrozellen.

**Gate Arrays**

- Bei den Gate Arrays bilden vorgefertigte Chips die Grundlage für den Schaltungsentwurf. Der vorfabrizierte Chip, der sogenannte Master, enthält Ein- und Ausgangsstufen und ein reguläres Muster von Logikgattern. Ein Logikgatter besteht meistens aus zwei Paaren von NMOS- und PMOS- Transistoren, die einen gemeinsamen Gate- und Drain-Anschluss aufweisen. Erst im letzten Prozessschritt wird eine bestimmte Schaltungsfunktion durch die Verdrahtung der Gatter realisiert. Man spricht von der Personalisierung des Chips. Die ältere ASIC-Technik wurde vor allem zur Miniaturisierung von Printed Circuit Boards (PCBs[8]) mit zahlreichen SSI ICs eingesetzt.

**Persona-
lisierung**

**Standardzellen**

- Bei Standardzellen sind keine vordefinierten Grundstrukturen wie bei Gate Arrays vorhanden. Der komplette Technologiezyklus wird bei der Wafer-Fertigung nach dem Entwurf der Standardzellen durchlaufen. Die Grundfunktionen, zum Beispiel Gatter, sind in Bibliotheken abgelegt.

**Makrozellen**

- Der Entwurf von Makrozellen vereint die Vorteile beider Techniken: Full und Semi Custom. Unter Makrozellen versteht man vorentworfene Module. Das Prinzip liegt in der Verwendung der jeweils am besten geeigneten Entwurfstechnik. Diese Technik erlaubt die Kombination von Standardzellen mit manuell entworfenen Blöcken und regelmäßigen, automatisch generierten Strukturen (beispielsweise RAMs). Einmal entworfene Komponenten wie Mikroprozessorkerne (Makrozelle) können wieder verwendet werden.

**Rechner-
architektur**

Die Rechnerarchitektur kann sein:

- festverdrahtet (VDS in Form einer CPU): z. B. Mikroprozessor. Die Anpassung an die Applikation erfolgt durch die Software-Architektur (Programm).

- konfigurierbar (KDS): z. B. FPGA. Die Anpassung an die Applikation erfolgt durch die Software-Architektur (Konfiguration).

**Standard-ICs**

Standard-ICs sind vorgefertigte Rechenmaschinen von IC-Hersteller. Die ICs

---

[8]PCB = **P**rinted **C**ircuit **B**oard *(deutsch: Leiterkarte)*

| | **Rechenbaustein** | |
|---|---|---|
| **Rechner-architektur** | Semi Custom | Full Custom |
| CPU | Mikroprozessor | „Spezial"-Prozessor („geringe" Komplexität), Peripherie |
| DS* | FPGA, MP3-Chip, ASIC | ASIC, Standard-Logik, Peripherie |

Tabelle 3.1: Eine Rechenmaschine entsteht durch die Abbildung einer Rechnerarchitektur auf dem Rechenbaustein. In der Tabelle sind beispielhaft Rechenmaschinen aufgeführt.

sind quasi „von der Stange" (COTS)[9] verfügbar (siehe Abbildung 3.1). Außer den typischen Rechenmaschinen, wie Mikroprozessoren und FPGAs, gibt es auch noch andere Standard-ICs: die Speicher (RAM, ROM), Standard-Logik-ICs und Standard-Analog-ICs. Bei komplex aufgebauten Standard-ICs wie

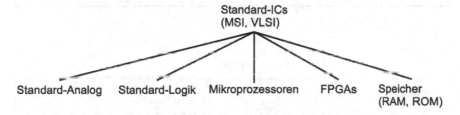

Abbildung 3.1: Überblick Standard-ICs

Mikroprozessoren spricht man im Gegensatz zu weniger komplexen Standard-Logik[10] auch von VLSI[11]. Trotz fester IC-Verdrahtung ist deren Funktion programmierbar. Der IC-Entwurf entfällt und die applikationsspezifischen Eigenschaften erfolgen per Software.

Zu den Standard-ICs gehören auch die TTL[12]- und CMOS[13]-Logikfamilien (siehe ([GM07], Kapitel 3)). Die gewünschte Kundenfunktion setzt sich aus einzelnen (diskreten) ICs zusammen. Als Realisierungsplattform dient ein Printed Board PCB[14]. Die Bausteine sind untereinander fest verdrahtet. Änderungen

**Standard-Logik**

---

[9]COTS = Commercial Off-The-Shelf *(deutsch: Kommerzielle Produkte aus dem Regal)*
[10]MSI = Medium Scale Integration
[11]VLSI = Very Large Scale Integration
[12]TTL = Transistor-Transistor-Logik
[13]CMOS = Complementary Metal-Oxid-Semiconductor
[14]PCB = Printed Circuit Board *(deutsch: Leiterkarte)*

bei den Anforderungen haben eine vollständige Neuentwicklung der Karte zur Folge. Man spricht von einem verdrahtungsorientierten Entwurf.

*Beispiele:*

1. Mikroprozessoren: Hersteller von Mikroprozessoren bilden die CPU-Architekur auf die integrierte Schaltung ab - es wird der Entwicklungs-zyklus von Abbildung 2.1 durchlaufen. Es entsteht ein Standard-IC, dessen IC-Architektur nicht mehr verändert werden kann. Die Implementierung der Applikation erfolgt durch die Software-Architektur. Sie besteht aus Programmen, die wiederum aus Befehlsfolgen bestehen.

2. FPGAs: verfügen wie die Mikroprozessoren über eine herstellerspezifische Rechnerarchitektur. Die Software-Architektur (Konfiguration) bildet die Implementierung der gewünschten Aufgabe. Die Implementierung ist eine digitale Schaltung aus kombinatorischer und sequentieller Logik.

*Aufgaben:*

1. Weshalb sind Mikroprozessoren und FPGAs Standard-ICs?

2. Wie erfolgt die Implementierung einer Applikation?

**FPGA**  FPGAs bestehen aus regulären Strukturen (Feldern). Sie verfügen über eine programmierbare Verdrahtung. Die Applikation kann modifiziert werden und es kann flexibel auf Schaltungsänderungen eingegangen werden.
Tabelle 3.2 bietet einen Überblick über die Arbeitsschritte beim Entwickler.
FPGAs und Mikroprozessoren bilden den Schwerpunkt der weiteren Ausführungen.

## 3.2 Mikroprozessoren

Die folgenden Abschnitte erläutern die grundlegende Funktionsweise und die Arten von Mikroprozessoren.

| Arbeitsschritt | FPGA |
|---|---|
| Struktur | vollständig vorentworfen und vorgefertigt |
| Entwurf | Zuweisung von FE auf Zielarchitektur (P&R) |
| Implementierung | Entwickler |
| Fertigstellung | Entwickler |

Tabelle 3.2: Einordnung der FPGAs bezüglich der Architektur, Entwurf, Implementierung und Fertigstellung [Rom01]. Unter dem Begriff „Plazieren und Routen" (P&R) versteht man das Platzieren und Verdrahten der Zellen auf einem physikalischen Baustein. Funktionselemente wie Gatter oder Flip-Flops sind mit „FE" abgekürzt.

### 3.2.1 Grundlegende Funktionsweise

Mikroprozessoren sind ein zentrales Bauelement jedes Mikrocomputer-Systems. Der Kern eines Computers ist die zentrale Verarbeitungseinheit[15] (siehe Abbildung 3.2). Sie besteht aus den Komponenten:

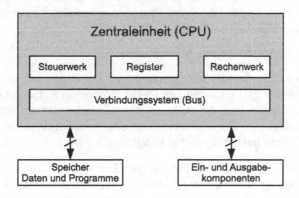

Abbildung 3.2: Prinzipieller Aufbau eines Mikroprozessors [BH01]

- Steuerwerk,

- Rechenwerk,

- Register und

---

[15]CPU = **C**entral **P**rocessing **U**nit *(deutsch: Zentrale Verarbeitungseinheit)*

• Verbindungssystem zur Ankopplung von Speicher und Peripherie (E/A[16])

Abbildung 3.3 zeigt den prinzipiellen Aufbau eines Computers.

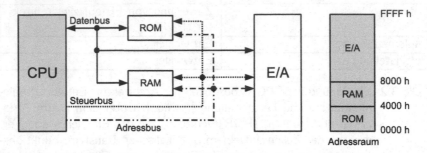

Abbildung 3.3: Einbindung eines Mikroprozessors (CPU) in einen Computer mit Daten-, Adress- und Steuerbus. Der lineare Adressraum (Beispiel) der CPU beträgt 64 kByte.

Der Programmspeicher (ROM[17]) sichert das Programm und der Datenspeicher (RAM[18]) die Daten. Der Zugriff erfolgt über den Adress- und Datenbus.

Zur Ankopplung der CPU an die Außenwelt dient ein Verbindungssystem. Typisch ist die Einteilung der Leitungen (ausgenommen Betriebsspannungszuführung) in ein Drei-Bus-System[19] aus:

**Bus**

• Datenbus: Wortbreite des Mikroprozessors

• Adressbus: Ein Bündel von meistens 16 Leitungen bei den 8-Bit-Prozessoren oder 24 Leitungen bei 16-Bit-Prozessoren. Der Mikroprozessor gibt über diesen Bus die Adresse eines Speicherplatzes oder Ein-/Ausgaberegisters aus. Der Prozessor liest oder schreibt dann die adressierten Daten (hierzu gehört auch das Programm).

• Steuerbus: Hierunter sind alle übrigen Leitungen zusammengefasst, die der Steuerung der Peripherie dienen. Die Anzahl dieser Leitungen ist variabel. Die Leitungen sind nicht so streng parallel geordnet wie die der anderen beiden Sammelschienen. Steuerleitungen sind beispielsweise $\overline{CS}$(„logisch 0 aktiv")[20], $\overline{RD}$[21] und $\overline{WR}$[22].

**Mikro-prozessor-technik**

Die Mikroprozessortechnik befasst sich mit der Architektur, der Entwicklung,

---

[16]E/A = Ein-/Ausgabe
[17]ROM = Read Only Memory
[18]RAM = Random Access Memory
[19]Bus = Sammelschiene
[20]CS = Chip Select
[21]RD = Read *(engl.)* = lesen
[22]WR = Write *(engl.)* = schreiben

der Implementierung, dem Bau, der Programmierung und dem Einsatz von Mikroprozessoren. Rechner oder Computer, bei denen Mikroprozessoren zum Einsatz kommen, werden als Mikrorechner oder Mikrocomputer bezeichnet.

---

*Definition:* **Mikroprozessor[a]**

auf einem integrierten Schaltkreis (IC) realisierte Zentraleinheit

---

[a]MP = MikroProzessor ($\mu$P)

---

*Definition:* **Mikrocontroller**

Mitte der 70er Jahre gelang es, die peripheren Komponenten zusätzlich auf einem Chip zu integrieren. Es entstand der Mikrocontroller (MC[a]). Mikrocontroller beinhalten ein vollständiges Computersystem (siehe 3.2.1 Minimalsystem) auf einem Chip. Neben den Daten- und Programmspeichern sind Peripheriekomponenten, wie Ein- und Ausgabe, Zeitgeber, Analog-/Digitalwandler (ADC[b]), integriert. Mikrocontroller werden z. B. bei eingebetteten Systemen zur Steuerung von Waschmaschinen oder des Motormanagements in Kraftfahrzeugen genutzt.

---

[a]MC = MikroController
[b]ADC = Analog Digital Converter *(deutsch: Analog-Digital-Wandler)*

---

Im Folgenden werden elementare Begriffe definiert:

- Mikrocomputer, auch Mikrorechner genannt, sind Systeme, bestehend aus Mikroprozessoren und Peripherie.

- Die Mikroprozessortechnik befasst sich mit der Architektur, der Entwicklung, der Implementierung, dem Bau und der Programmierung von Mikroprozessoren.

Zu einem funktionsfähigen System gehören außer dem eigentlichen Mikroprozessor noch weitere Schaltkreise. Eine arbeitsfähige Minimalkonfiguration besteht gewöhnlich aus:

**Minimalsystem**

- Mikroprozessor mit Taktversorgung

- Nur-Lese-Speicher (ROM) für das Programm

**Mikrocomputer**

- Schreib-/Lesespeicher (RAM) für variable Daten

- Ein-/Ausgabebaustein (Interface) von und zur Peripherie

- Stromversorgung

Ein derartig komplettes System nennt man einen Mikrocomputer.

*Aufgaben:*

1. Was ist der Unterschied zwischen Mikrocomputer und Mikroprozessor?

2. Nennen und beschreiben Sie die Funktion der Komponenten einer CPU.

3. Skizzieren Sie den prinzipiellen Aufbau eines Mikroprozessors.

4. Welche Elemente gehören zu einer Minimalkonfiguration?

**Programm**  Das Computerprogramm bestimmt durch eine Folge von Anweisungen oder Befehlen die Arbeitsweise der CPU und der Ein- und Ausgabekomponenten.

**Zentraleinheit**

**CPU**  Der Mikroprozessor ist die auf einem Chip realisierte Zentraleinheit (CPU[23]). Sie besteht aus den Komponenten Steuerwerk, Rechenwerk, Register (GPR[24]) und einem Verbindungssystem, den Bussen zur Ankopplung von Speicher und Peripherie (siehe auch Abbildung 3.2). Zunächst wird auf das Rechenwerk, gefolgt vom Steuerwerk eingegangen.

**Rechenwerk**  Die Abbildung 3.4 zeigt den prinzipiellen Aufbau eines Rechenwerks mit Register (angelehnt an die MSP430-Prozessorfamilie von Texas Instruments). Das Statusregister (SR[25]) mit seinen Steuer-Bits[26] zeigt die Ergebnisse des Rechenwerks an – Null[27] („Z"), Übertrag[28](„C"), Überlauf [29](„V") und negatives Vorzeichen(„N").

Die Aufgabe des Rechenwerks (ALU[30]) ist die arithmetische und logische Verarbeitung von Operationen. Die Funktionsblöcke werden durch externe Signale ($S_x$) gesteuert. Diese Aufgabe übernimmt das Steuerwerk. Es leitet aus dem Programm die notwendigen Steuersignale ab. Basis-Funktionen einer ALU sind neben Addition, Subtraktion, Inkrementieren, Dekrementieren und logische Funktionen, wie „Und", „Oder", „Exklusives Oder"[31] und dem Löschen und Setzen einzelner Bits, Multiplikation, Division und Schiebeoperationen.

Das Ergebnis kommt in ein spezielles „rechenfähiges" Register (Akkumulator).

---

[23]CPU = **C**entral **P**rocessing **U**nit *(deutsch: Zentrale Verarbeitungseinheit)*
[24]GPR = General Purpose Register
[25]SR = Statusregister
[26]engl.: Flags
[27]engl.: Zero
[28]engl.: Carry
[29]engl.: Overflow
[30]ALU = **A**rithmetical **L**ogical **U**nit *(deutsch: Arithmetische Logische Einheit)*
[31]XOR = Exklusives Oder

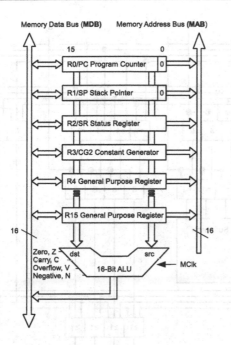

Memory Data Bus **(MDB)**     Memory Address Bus **(MAB)**

15       0

R0/PC Program Counter   0

R1/SP Stack Pointer   0

R2/SR Status Register

R3/CG2 Constant Generator

R4 General Purpose Register

R15 General Purpose Register

16        16

Zero, Z   dst     src
Carry, C          MClk
Overflow, V   16-Bit ALU
Negative, N

Abbildung 3.4: Aufbau eines Rechenwerks ([Ins13], S. 43)

Beim MSP430 gibt es 16 rechenfähige Register (Rx), die an Stelle des Akkumulators treten können. Abbildung 3.5 zeigt das Prinzip anhand einer 4-Bit-ALU. Die Eingangsvektoren sind „A" und „B". Die Steuerung erfolgt über die Signale „$S_1$" bis „$S_6$" und „$c_0$" (siehe Tabelle 3.3). Dem Ergebnisvektor „Y" ist der Ausgangsübertrag „$C_4$" zugeordnet. Der 4-Bit-Addierer besteht aus vier 1-Bit-Volladdierern. Die Schaltung eines 1-Bit-Volladdierers und deren Kurzform sind in Abbildung 3.6 gezeigt. Die Summanden der Addition sind $A_i$ und $B_i$ und ein Übertrag $C_i$ (Carry-Bit) einer möglicherweise vorausgegangenen 1-Bit-Addition. Das Ergebnis der Addition ist die Summe $S_{i+1}$ und der Übertrag $C_{i+1}$ und wird wie folgt aus $A_i, B_i, C_i$ ermittelt:     **Volladdierer**

$$S_i = (A_i \oplus B_i) \oplus C_i$$
$$C_{i+1} = (A_i \wedge B_i) \vee (A_i \wedge C_i) \vee (B_i \wedge C_i)$$

Die Abbildung 3.7 zeigt einen 4-Bit-Carry-Ripple-Addierer. Beginnend beim nullten Volladdierer wandert der Übertrag bis zur höchsten Stufe. Der Aufbau ist zwar einfach und intuitiv verständlich, aber aufgrund des langen Carry-Pfads langsam. Diesen Nachteil umgeht der Carry-Lookahead-Addierer, der jedoch mehr Gatter benötigt.     **Carry-Ripple-Addierer**

**Carry-Lookahead-Addierer**

51

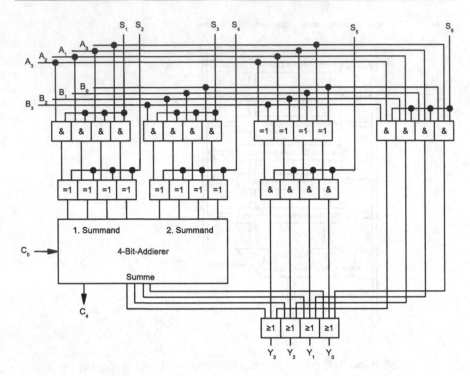

Abbildung 3.5: Prinzipieller Aufbau einer ALU. Schaltzeichen: „&": „Und", „$\geq 1$": „Oder", „$= 1$": „Exklusives Oder" (genormt)

**Idee**

Die Idee beim Carry-Lookahead[32]-Addierer[33] ist die Vorausberechung der Carry-Signale $C_i$ für alle Stellen n. Für den i-ten Volladdierer gilt:

$$C_{i+1} = \underbrace{(A_i \wedge B_i)}_{G_i} \vee \underbrace{(A_i \vee B_i)}_{P_i} \wedge C_i \qquad (3.1)$$

$G_i = (A_i \wedge B_i)$: Erzeugung
$P_i = (A_i \vee B_i)$: Ausbreitung

Die Abkürzung „G" steht für Erzeugung[34], „P" für die Ausbreitung[35] des Carry-Signals.

**4-Bit**

Exemplarisch im Folgenden die ersten vier Stellen von $C_i$:

$$C_1 \;=\; (A_i \wedge B_i) \vee (A_i \vee B_i) \wedge C_i := G_0 \vee (P_0 \wedge C_0)$$

---

[32]dt.: voraussehen
[33]CLA = **C**arry **L**ookahead **A**ddierer
[34]engl.: Generate (Und-Gatter ($\cdot$))
[35]engl.: Propagation (Oder-Gatter ($+$))

| Steuerung | | | | | | Ergebnis | |
|---|---|---|---|---|---|---|---|
| $S_1$ | $S_2$ | $S_3$ | $S_4$ | $S_5$ | $S_6$ | $C_0 = 0$ | $C_0 = 1$ |
| 0 | 0 | 0 | 0 | 0 | 0 | 0 | 1 |
| 0 | 0 | 1 | 0 | 0 | 0 | $B$ | $B+1$ |
| 0 | 0 | 1 | 1 | 0 | 0 | $\overline{B}$ | $-B$ |
| 0 | 1 | 1 | 0 | 0 | 0 | $B-1$ | $B$ |
| 1 | 0 | 1 | 0 | 0 | 0 | $A+B$ | $A+B+1$ |
| 1 | 0 | 0 | 0 | 0 | 0 | $A$ | $A+1$ |
| 1 | 0 | 0 | 1 | 0 | 0 | $A-1$ | $A$ |
| 1 | 0 | 1 | 1 | 0 | 0 | $A-B-1$ | $A-B$ |
| 1 | 1 | 0 | 0 | 0 | 0 | $\overline{A}$ | $-A$ |
| 1 | 1 | 1 | 0 | 0 | 0 | $B-A-1$ | $B-A$ |
| 0 | 0 | 0 | 0 | 1 | 0 | $A \oplus B$ | ? |
| 0 | 0 | 0 | 0 | 0 | 1 | $A \wedge B$ | ? |

Tabelle 3.3: Wahrheitstabelle zur Steuerung der ALU. Die Zeichen bedeuten: $\oplus$ (XOR); ?: irregulärer Zustand

$$C_2 = G_1 \vee (P_1 \wedge G_0) \vee (P_1 \wedge P_0 \wedge C_0)$$
$$C_3 = G_2 \vee (P_2 \wedge G_1) \vee (P_2 \wedge P_1 \wedge G_0) \vee (P_2 \wedge P_1 \wedge P_0 \wedge C_0)$$
$$C_4 = G_3 \vee (P_3 \wedge G_2) \vee (P_3 \wedge P_2 \wedge G_1) \vee (P_3 \wedge P_2 \wedge P_1 \wedge G_0) \vee$$
$$(P_3 \wedge P_2 \wedge P_1 \wedge P_0 \wedge C_0)$$

Die Carry-Signale $C_i$ lassen sich in drei Gatterlaufzeiten[36] ermitteln. Die Summe kann unabhängig von der Wortbreite N in vier Gatterlaufzeiten ermittelt werden. Abbildung 3.8 zeigt den Aufbau des 4-Bit-Carry-Lookahead-Addierers.
Der CLA verfolgt einen CIS[37]-Ansatz. Aufgrund der großen UND- und ODER-Gatter-Eingänge ist die Annahme einer einheitlichen Gatterlaufzeit unrealistisch.

*Aufgaben:*

1. Bestimmen Sie die Gatteranzahl für einen 8-Bit-Carry-Ripple- und Carry-Lookahead-Addierer.

2. Bestimmen Sie die Taktfrequenz der Eingangsdaten für beide Addierer-Typen bei einer Gatterlaufzeit von 10 ns.

---

[36] $T_{PD}$ = Propagation Delay Time
[37] CIS = Computing In Space

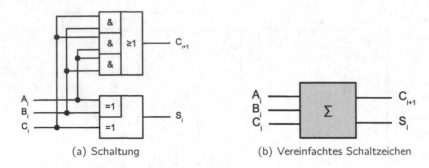

(a) Schaltung                              (b) Vereinfachtes Schaltzeichen

Abbildung 3.6: 1-Bit-Volladdierer. Schaltzeichen „&": „Und", „$\geq 1$": „Oder", „$=$ 1": „Exklusives Oder", „$\Sigma$": Summe

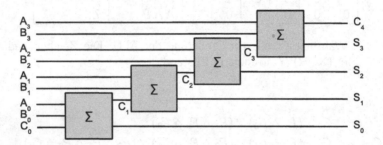

Abbildung 3.7: Aufbau eines 4-Bit-Ripple-Carry-Addierers

*Aufgabe:* Erläutern Sie die Steuerung der ALU anhand der folgenden C-Sequenz: if (a==5) then b=1; else b=0;

*Aufgaben:*

1. Skizzieren Sie ein Computersystem aus CPU, Speicher und Bussen.

2. Der Adressbus der CPU ist 16 Bit breit. Wie viele Adressen können damit angesprochen werden?

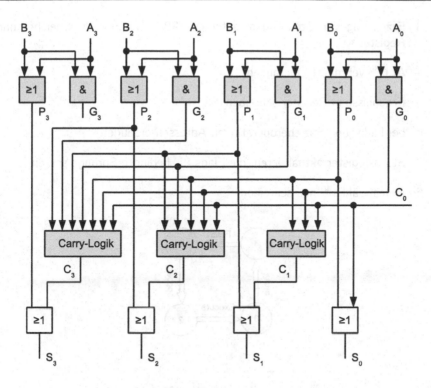

Abbildung 3.9: Aufbau 4 Bit Carry Lookahead Addierer

---

*Aufgaben:*

1. Im System werden Speicherbausteine mit jeweils 8K Speicherzellen verwendet. Wie viele Adressleitungen werden zur Auswahl der Speicherzellen benötigt?

2. Skizzieren Sie mit NAND- Bausteinen eine Dekodierschaltung für zwei Speicherbausteine (alle Steuereingänge der Speicher sind „logisch 0 aktiv").

---

Das Steuerwerk koordiniert die Operationsausführung. Die Befehlsverarbeitung erfolgt in diesen Schritten (siehe auch Abbildung 3.9):

**Steuerwerk**

1. Laden des Befehls in das Befehlsregister[38]

2. Dekodierung des Befehls durch das Steuerwerk

**Befehls-verarbeitung**

---

[38]IR = Instruction Register *(engl.)* = Befehlsregister

3. Erzeugung von Steuersignalen für die ALU, Multiplexer, Speicher und Register

4. ALU[39] verknüpft Operanden

5. Ergebnisse in Register schreiben

6. bei Lade- und Speicheroperationen Adressen erzeugen

7. Statusregister aktualisieren, die Flags für bedingte Sprünge setzen

8. Befehlszähler[40] neu schreiben

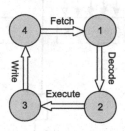

Abbildung 3.9: Vereinfachter Befehlsablauf

---

*Merksatz:* **Maschinen-Code**
Das Steuerwerk wird mittels Maschinen-Code (Bits) gesteuert. Der Maschinen-Code entsteht aus Assembler-Code (Mnemonics, wie z. B. MOV), der Assembler-Code durch Compilierung aus einer Hochsprache, wie z. B. C/C++ (siehe Abbildung 14.2).

---

*Beispiel:* Der Assemblerbefehl ADD #10, R5 steuert das Rechenwerk des MSP430, so dass zum Register R5 der Wert 10 hinzuaddiert wird.

---

[39] ALU = **A**rithmetical **L**ogical **U**nit *(deutsch: Arithmetische Logische Einheit)*
[40] PC = Program Counter *(engl.)* = Befehlszähler

## 3.2.2 Schnittstelle zwischen Hardware und Software

Der vorliegende Abschnitt beschreibt mittels eines allgemeinen Modells die Schnittstelle zwischen Hard- und Software eines Mikroprozessors.
Ein Mikroprozessor verarbeitet Maschinencode (siehe auch Abschnitt 3.2.1). Das Steuerwerk arbeitet die Befehle sequentiell ab und steuert die ALU.
Befehlszähler, Operanden und Rechenergebnisse werden in Registern und Registersätzen gespeichert. Die ISA[41] stellt die Hardware/Software-Schnittstelle einer Prozessorfamilie dar. **ISA**
Zur Ausführung einer Operation sind folgende Angaben notwendig:

1. Welche Operation soll ausgeführt werden?

2. An welchen Stellen sind die Operanden und das Ergebnis gespeichert? **Speicherarten**

   a) Register-Register-Modell: Alle Operanden und das Resultat stehen in Allzweck-Registern. Das Holen der Daten aus dem Speicher in die Register und umgekehrt übernehmen spezielle Befehle.

   b) Register-Speicher-Modell: Ein Operand steht im Speicher, der zweite im Register. Das Ergebnis liegt im Speicher oder Register.

   c) Akkumulator-Register-Modell: Der Akkumulator ist ein ausgezeichnetes Register. Der Akkumulator dient als Quelle für einen Operanden und als Ziel des Ergebnis.

   d) Stack[42]-Architektur: Beide Operanden und das Ergebnis liegen auf dem Stack.

   e) Speicher-Speicher-Modell: Beide Operanden und das Ergebnis liegen im Speicher.

3. Wie wird der Speicher adressiert?

   a) Der Operand steht als Konstante im Befehl. **Adressierungs-arten**

   b) Direkte Adressierung: Die Speicheradresse des Operanden steht als absolute Adresse im Befehl.

   c) Register-Adressierung: Die Registeradresse steht im Befehl und der Operand im Register.

   d) Registerindirekte Adressierung: Die effektive Adresse steht im Register (Zeiger) und der Operand im Speicher: Man unterscheidet Predekrement (Dekrementierung vor Benutzung), Postinkrement (Inkrementierung nach Benutzung) und Displacement (konstante Abstandsgröße).

   e) Speicherindirekte Adressierung: Die Adresse des Operanden steht im Speicher und zeigt auf den Operanden im Speicher.

---

[41]ISA = Instruction **Set** **A**rchitecture
[42]Kellerspeicher

    f) Befehlszählerrelative Adressierung: Adressierung des Programmcodes. Hierbei wird die effektive Adresse relativ zum aktuellen Befehlszählerstand gebildet.

4. Was sind die Datenformate? Byte, Wort, ...

5. Wie wird auf ein Datum zugegriffen? byteweise, wortweise, ...

6. Ist das Befehlsformat (Wortbreite) fest oder variabel?

7. Wie sind die Daten im Speicher angeordnet? Man unterscheidet zwischen „Little Endian" und „Big Endian Ordering". Bei „Little Endian" ist das Byte mit der niedrigsten Wertigkeit an der niedrigsten Adresse und das Byte mit der höchsten Wertigkeit an der höchsten Adresse. Bei „Big Endian" ist dies umgekehrt.

**Programmier-**
**modell**
Die Assemblerbefehle inklusive deren zugehörigen Registern, Adressierungsarten und Taktzyklen sind die für den Programmierer sichtbaren Teile des Prozessors. Sie bilden das Programmiermodell. Hochsprachen wie C bauen auf diesem Modell auf [TAM03, Stu04].

---

*Aufgaben:*

1. Beschreiben Sie die Schritte der Befehlsverarbeitung eines Mikroprozessors.

2. Was versteht man unter dem Programmiermodell?

---

### 3.2.3 Arten

In der Vergangenheit wurden Mikroprozessoren hauptsächlich für numerische Berechnungen eingesetzt. Heute gibt es viele neue Applikationen, zum Beispiel im Bereich der Kommunikations- und Automatisierungstechnik, in Kraftfahrzeu-
**Eingebettete**
**Systeme**
gen und bei Chipkarten. Diese eingebetteten Systeme wurden erst durch den Einsatz von hochintegrierten elektrischen Bauelementen möglich. Für bestimmte Anwendungsgebiete ist eine Spezialisierung von Mikroprozessoren erkennbar, was sich in unterschiedlichen Architekturen bemerkbar macht.
**Architekturen**
Die zunehmende Dezentralisierung (verteilte Systeme) der Mikrocomputeranwendungen und die Fortschritte bei der Hochintegration führten zu einer Spezialisierung der Mikroprozessoren für verschiedene Anwendungsbereiche:

**Standard-**
**prozessor**
- Standardprozessoren (auch Universalprozessoren genannt, GPP[43]) werden beispielsweise in PCs eingesetzt.

---

[43] GPP = **G**eneral **P**urpose **P**rocessor *(deutsch: Universalprozessor)*

- Mikrocontroller (MC[44]): Mitte der 70er Jahre gelang es, die peripheren Komponenten zusätzlich auf einem Chip zu integrieren. Es entstand der Mikrocontroller. Mikrocontroller beinhalten ein vollständiges Computer-system (siehe 3.2.1 Minimalsystem) auf einem Chip. Neben den Daten- und Programmspeichern sind Peripheriekomponenten wie Ein- und Ausga-be, Zeitgeber, Analog-/Digitalwandler (ADC[45]) integriert. Mikrocontrol-ler werden z. B. bei eingebetteten Systemen zur Steuerung von Wasch-maschinen oder des Motormanagements in Kraftfahrzeugen genutzt. **Mikro-controller**

- Digitale Signalprozessoren (DSP[46]) sind Spezialprozessoren zur sehr schnellen Verarbeitung von mathematischen Algorithmen und kommen z. B. in der Sprach- und Bildverarbeitung zum Einsatz. **Signalprozessor**

- Hochleistungsprozessoren finden beispielsweise in Großrechnern[47] Ver-wendung. Die Art von Rechner werden von der Nutzern via Terminals oder andere Rechner im Netz bedient. Des Weiteren kommen Hochleistungs-Prozessoren in Arbeitsplatzrechnern mit hoher Rechenleistung[48] vor. **Hoch-leistungs-prozessor**

Während bei Mikrocontrollern die funktionale Integration auf einem Chip im Vordergrund steht, ist bei Hochleistungsprozessoren und digitalen Signalpro-zessoren deren Verarbeitungsgeschwindigkeit von entscheidender Bedeutung ([BH01], S. 18 ff.).

---

*Beispiel:* Mikrocontroller-Familie MSP430 der Firma Texas Instruments: Anwendungsgebiete sind unter anderem portable Messgeräte für Was-ser, Gas, Heizung, Energie und Sensorik. Die Familie hat folgende Ei-genschaften: 16-Bit-RISC[a]; Peripheriemodule: E/A-Leitungen, Zeitgeber, LCD-Controller[b], ADC, DAC[c], USART[d]; sehr geringe Leistungsaufnahme: 0,1 µA „Schlafmodus" (engl.: Power Down), 0,8 µA Bereitschaftsbetrieb, 250 µA/MIPS[e] bei 3 V, 4 Stromsparmodi (engl.: Low Power Modes), <50 nA Port Leckstrom (Verluste); Spannungsbereich: 1,8 bis 3,6 V; Tempe-raturbereich: -40 bis +85 °C usw. [Stu06]. Der Stückpreis liegt für den kleinsten Baustein <1 Euro (Abnahmemenge von 1000).

[a]RISC = Reduced Instruction Set Computer
[b]LCD = Liquid Cristal Display
[c]DAC = Digital Analog Converter *(deutsch: Digital-Analog-Wandler)*
[d]USART = Universal Synchronous Asynchronous Receiver Transmitter
[e]MIPS = Million Instructions Per Second

---

[44]MC = MikroController
[45]ADC = Analog Digital Converter *(deutsch: Analog-Digital-Wandler)*
[46]DSP = Digital Signal Processor
[47]engl.: Mainframes
[48]engl.: Workstations

Tabelle 3.4 zeigt die „Artenvielfalt" eingebetteter Systeme.

|  | Wasch-ma-schine | Maus | Druk-ker | Handy | Key-board | Tele-fon-anlage | Auto | Werk-zeug-ma-schine |
|---|---|---|---|---|---|---|---|---|
| **Prozes-sor** | µC | ASIC | µP, ASIP | DSPs | µP, DSPs | µP, DSP | ≈100 µC, µP, DSP | µC, ASIP |
| **Bus [Bit]** | 8 | k. A. | 16...32 | 32 | 32 | 32 | 8...64 | ...32 |
| **Spei-cher [Bit]** | < 8 k | < 1 k | 1...64 M | 1...64 M | < 512 M | 8...64 M | 1 k ... 10 M | < 64 M |
| **Netz-werk** | k. A. | RS232 | diverse Schnitt-stellen | GSM | MIDI | V.90 | CAN,... | I²C,... |
| **Echt-zeit** | keine | weich | weich | hart | weich | hart | hart | hart |
| **Zuver-lässig-keit** | mittel | keine | gering | gering | gering | gering | hoch | hoch |

Tabelle 3.4: Artenvielfalt eingebetteter Systeme [TAM03]. Die Abkürzung „k. A." steht für „keine Angabe".

---

*Einstieg:* **Starter Kit**
Das eZ430 ist ein Entwicklungswerkzeug, bestehend aus USB-Stick mit IAR-Kickstart IDE (limitierte C-Entwicklungsumgebung) für circa 20 Euro [Ins06b].

---

*Aufgaben:*

1. Was versteht man unter Mikrocontrollern?

2. Wo werden DSPs eingesetzt?

---

*Merksatz:* **ARM-Familie**

ARM[a] ist eine weit verbreitete Prozessor-Familie im Bereich Eingebettete Systeme (siehe ([GM07], Abschnitt 3.5)). Die Firma Texas Instruments stellt für die ARM-basierte Mikrocontroller-Familie „Stellaris" eine kostenlose Schulungs-DVDs[b] des Autors zur Verfügung (siehe TI-URL: `http://e2e.ti.com/group/universityprogram/educators/w/wiki/2037.teaching-roms.aspx`).

---

[a]ARM = Advanced RISC Machines
[b]engl.: Teaching ROMs

---

Weiterführende Literatur findet man unter [Sik04b], [Ste04].

## 3.2.4 Digitale Signalprozessoren

Digitale Signalprozessoren[49] wurden Anfang der achtziger Jahre für neue Produkte im Bereich der Telekommunikation eingeführt. DSPs sind Mikroprozessoren, deren Architektur und Befehlssatz für die schnelle Verarbeitung von digitalen Signalen optimiert wurden. Die Prozessoren wurden für rechenintensive Anwendungen entwickelt und sind besonders effizient in Bezug auf Rechenleistung, Kosten und Leistungsaufnahme ([SS03], S. 338).

**Merkmale**

Die folgenden Merkmale von Signalprozessoren lassen sich anhand eines Transversal-Filters erklären (siehe auch Abschnitt 2.4.3):

$$y(n) = \underbrace{\sum_{k=0}^{N-1} a(k) * x(n-k)}_{MAC} \tag{3.2}$$

Digitale Signalprozessoren zeichnen sich durch folgende Merkmale aus:

1. Schnelle Multiplikation: Sie stellt eine wichtige Basisoperation in der digitalen Signalverarbeitung dar. Die Multiplikation steht häufig in Verbindung mit der Akkumulation von Produkten. Der TMS32010 von Texas Instruments war der erste kommerziell erfolgreiche Signalprozessor. Er verfügt über eine spezielle Hardware zur Ausführung der Multiplikation in einem Takt. Nahezu alle DSPs enthalten Spezialhardware zur Ausführung der Multiplikation in einem Zyklus. Sie ist vielfach kombiniert mit einer MAC[50]-Einheit. **Multiplikation**

2. Effizienter Speicherzugriff: Die Ausführung einer MAC-Operation in ei- **Speicherzugriff**

---

[49]DSP = Digital Signal Processor
[50]MAC = Multiplication ACcumulation

nem Takt erfordert die Fähigkeit, die Daten in einem Zyklus aus dem Speicher zu holen. Daher benötigen DSPs eine hohe Speicherbandbreite. Spezielle Speicherarchitekturen (Harvard-Architektur, siehe [GM07], Abschnitt 3.5), z. B. mehrere Speicherbänke und Busse, erlauben hierzu mehrere Speicherzugriffe in einem Zyklus.

**Adressarten**

3. Spezielle Adressierungsarten: Der Adressrechner von digitalen Signalprozessoren erzeugt Adressen für Daten im Daten- bzw. Programmspeicher. Die Einheit arbeitet parallel zum Daten- und Befehlsprozessor. Adressierungsbeispiele sind die registerindirekte Adressierung mit Postinkrement und die zirkulare Adressierung. Sie ermöglicht den wiederholten sequentiellen Zugriff auf einen Block von Daten, ausgehend von einer Anfangsadresse.

**Datenformate**

4. Datenformate: DSP sind als Festkomma- und Fließkomma-Typen verfügbar (siehe Kapitel 12).

**Schleifen-befehle**

5. Schnelle Schleifenbefehle: DSPs verfügen über spezielle Schleifenbefehle zur wiederholten Ausführung von Programmteilen. Sie erlauben die Ausführung von Schleifen ohne zusätzliche Zyklen für die Aktualisierung und für das Abfragen des Schleifenzählers zu verbrauchen.

**Peripherie**

6. Schnelle Peripherie: DSPs enthalten spezielle serielle und parallele Schnittstellen für hohe Ein- und Ausgabeanforderungen.

**Befehlssätze**

7. Spezielle Befehlssätze: DSPs haben spezielle Befehle wie MAC und FIR, um die Prozessorhardware effizient zu nutzen.

**Leistungs-verbrauch**

8. Leistungsverbrauch: Gutes Verhältnis zwischen Rechenleistung und Energieverbrauch (hohe Kennziffer MIPS[51]/W).

---

*Beispiel:* Der DSP C54x verfügt über eine Harvard-Architektur. Der Baustein hat drei separate Busse für Daten (C, D, E) und ein Programmbussystem (P). Sie bestehen jeweils aus Adress-(AB) und Datenbus (B). Hieraus ergeben sich die Programmbusse: PAB, PB und Datenbusse CAB, CB, DAB, DB, EAB, EB. Die Busse C und D sind für die Operanden und E ist für das Ergebnis zuständig.

---

[51]MIPS = Million Instructions Per Second

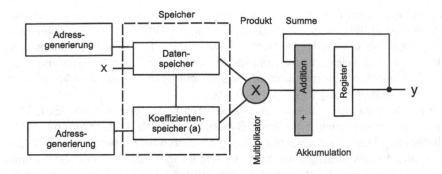

Abbildung 3.10: Aufbau MAC

---

*Merksatz:* **PID-Regler**

Ein diskreter PID[a]-Regler wird durch die Formel beschrieben:

$$u(n) = K_p * e(n) + K_i * \sum_{k=0}^{n} e(k) + K_d(e(n) - e(n-1))$$

u(n): Stellgröße; e(n): Regelabweichung
$K_p$: Proportionalteil; $K_i$: Integralteil; $K_d$: Differentialteil
Die MAC-Funktion kommt auch bei anderen Algorithmen wie dem digitalen
PID-Regler als „Basiselement" zum Einsatz.

---

[a]PID = **P**roportional **I**ntegral **D**ifferential

---

*Merksatz:* **SOP**

Eine SOP[a] wird durch die folgende Formel beschrieben:

$$y = \sum_{i=0}^{N-1} d(i) * k(i)$$

d: daten; k: koeffizienten

---

[a]SOP = **S**um **O**f **P**roduct

---

**Klassifikation**

Digitale Signalprozessoren werden bezüglich der Arithmetik in Fest- und Fließ-    **Arithmetik**
komma-Prozessoren eingeteilt (siehe Kapitel 12).
Die Festkomma-DSPs verarbeiten Daten in ganzzahligen Formaten oder Fest-    **Festkomma**

komma-Formaten. Aufgrund ihres günstigen Preisleistungsverhältnisses sind sie weit verbreitet. Ihre typische Wortbreite beträgt 16 Bit. Dies ist eine ausreichende Genauigkeit für viele Applikationen. Anwendungen finden sie in preisgünstigen Elektronik- und Telekommunikationsprodukten mit geringen Anforderungen an die Rechenleistung. Festkomma-DSPs sind schnell und billig, aber kompliziert in der Programmierung (Sättigungseffekte).

**Fließkomma** Die Fließkomma-DSPs arbeiten mit genormten Datenformaten wie IEEE 754. Sie decken dadurch einen größeren Dynamikbereich ab als Festkomma-DSPs. Fließkomma-DSPs sind einfacher zu programmieren als Festkomma-DSPs. Der Preis und die Leistungsaufnahme sind im Allgemeinen höher als bei Festkomma-DSPs. Die typische Wortbreite ist 32 Bit und typische Anwendungen liegen im Bereich wissenschaftlicher Berechnungen, Militärtechnik und Multimedia.

**Rechenleistung** Des Weiteren unterscheidet man bezüglich der Rechenleistung zwischen:

- konventionellen DSPs

- erweiterten konventionellen DSPs: Erweiterung um weitere parallel verarbeitende Einheiten

- Multiple Issue (siehe ([GM07], Abschnitt 3.5)): Bei DSPs kommen insbesondere VLIW-Architekturen[52] zum Einsatz.

- Eine weitere Leistungssteigerung erfolgt durch die MIMD-Architektur[53] (siehe ([GM07], Abschnitt 3.5)).

**konventioneller DSP** Konventionelle DSPs führen einen Befehl pro Takt aus. Sie verfügen über komplexe Multioperationsbefehle (z. B. FIR-Befehl) und über MAC, ALU und wenige weitere Einheiten. Ein typischer Vertreter dieser Klasse ist die TMS320C2000-Familie von Texas Instruments. Deren Taktfrequenz liegt zwischen 20 und 50 MHz bei geringem Leistungsverbrauch. Einsatzgebiete sind Unterhaltungselektronik und Telekommunikationsgeräte mit strengen Kosten- und Leistungsverbrauchsbeschränkungen, z. B. digitale Anrufbeantworter.

Konventionelle DSPs im mittleren Leistungsbereich haben eine höhere Taktleistung von 100-150 MHz. Die Architektur hat eine tiefere Befehlspipeline, Barrel-Shifter und Befehls-Cache-Speicher. Somit liefern diese DSPs eine höhere Rechenleistung bei niedrigem Verbrauch. Ein typischer Vertreter ist die TMS320C54x-Familie von Texas Instruments. Die Einsatzgebiete liegen im Telekommunikationsbereich.

**Erweiterung** Die Verbesserung der konventionellen DSPs liegt in der Erweiterung um parallel arbeitende Ausführungseinheiten, wie weitere Multiplizierer und Addierer. Um die zusätzlichen Ausführungseinheiten auszunützen, ist der Befehlssatz ebenfalls erweitert. Es entstehen Befehle, die mehrere gleichzeitig ausführbare Operationen beinhalten. Hierdurch wird die Assembler-Programmierung aufwendig. Die

---

[52]VLIW = Very Long Instruction Word
[53]MIMD = Multiple Instruction Multiple Data

Architektur hat eine optimierte Parallelverarbeitung und breitere Datenpfade. Die Kosten und der Leistungsverbrauch sind in der Regel höher. Ein Vertreter diener Gruppe ist die TMS320C55x-Familie mit 16 Bit Festkomma-Arithmetik und Dual-MAC.

VLIW-Architekturen bestehen aus mehreren voneinander unabhängigen Ausführungseinheiten. Jede dieser Einheiten führt einen Befehl aus. Zwischen 4-8 Befehle werden gleichzeitig pro Takt ausgeführt. Die Befehle werden gleichzeitig mit einem breiten Befehlswort geholt. Die Code-Generierungswerkzeuge entscheiden, welche Befehle gleichzeitig ausgeführt, bearbeitet werden. Diese Befehlsgruppierung erfolgt während der Übersetzung. Die Rechenleistung ist hoch, aber auch der Energieverbrauch. Der Speicherbedarf für Programme und die Systemkosten steigen. In der Regel sind mehr Befehle für die Ausführung einer Aufgabe notwendig. Der Einsatz von Compilern und Code-Generatoren ist bei VLIW-DSP verbessert. Ein typischer Vertreter ist die TMS320C6000-Familie von Texas Instruments. Anwendungsgebiete sind z. B. für xDSL[54] oder Bildverarbeitung. **VLIW**

Eine weitere Leistungssteigerung besteht in der MIMD-Architektur[55]. Bei Multiprozessorsystemen (MIMD) sind mehrere Zentraleinheiten auf eine Weise gekoppelt, dass eine Kooperation zwischen den parallelen Einheiten durch Kommunikation möglich wird (siehe auch [GM07], Abschnitt 3.5.3). Die C667x-Familie ist als Multiprozessor-Lösung erhältlich. Ein Beispiel für Applikations-Prozessoren mit Zweifach-Kernen[56] ist die OMAP-Familie von Firma Texas Instruments. Hierbei bestehen die OMAP L1x Prozessoren aus einem ARM9-Prozessor und C674x-DSP. Ein Anwendungsgebiet dieser Applikations-Prozessoren ist z. B. Mulitmedia. **MIMD**

---

*Beispiel:* TI C2000: Anwendungsgebiet: Motorsteuerung. Die Familie kombiniert Peripherie-Elemente wie PWM[a] eines Mikrocontrollers und DSP-Funktionalität auf einem Chip. Der C28x ist ein 32 Bit-Festkomma-DSP mit einem On-Chip-Flash-Speicher und bis zu 150 MIPS. Der Stückpreis liegt für den kleinsten Baustein <4 Euro (Abnahmemenge von 1000). Die DSP-Familie C2000 wird auch als DSC[b] bezeichnet.

---

[a]PWM = PulsWeitenModulation
[b]DSC = Digital Signal Controller

---

[54]xDSL = xDigital Subscriber Line
[55]MIMD = Multiple Instruction Multiple Data
[56]engl.: Dual-Core

*Beispiel:* TI C5000: Anwendungsgebiet: drahtlose Kommunikation. Der Verbrauch im Bereitschaftsbetrieb beträgt 0,12 mW und es sind bis zu 600 MIPS erreichbar. Der C54 hat eine 16-Bit-Festkomma-Architektur.

*Beispiel:* TI C6000: Anwendungsgebiet: drahtlose Kommunikation, Infrastruktur. Diese Familie verfügt über eine VLIW-Architektur. Ihre Mitglieder sind: C64x mit Festkomma-Arithmetik und C67x mit Gleitkomma-Arithmetik. VLIW mit 256 Bit Breite aus 8 x 32 Bit-Befehlen. Unterstützung von 8, 16, 32 Bit Datenformaten. Technische Daten: CMOS-Technologie, 0,15 µm, 1,5 V Kernspannung mit 3,3 V E/A-Pegeln. Die Taktfrequenz liegt zwischen 600 MHz und 1,1 GHz

*Einstieg:* **Starter Kit**
F2808 eZdsp Starter Kit mit TMS320C28x DSP und C-Entwicklungswerkzeug Code Composer Studio [Spr06].

*Merksatz:* **Schulungs-DVD**
Die Firma Texas Instruments stellt für die DSP-Familien C2000, C5000, C6000 kostenlose Schulungs-DVDs[a] zur Verfügung (siehe TI-URL: `http://e2e.ti.com/group/universityprogram/educators/w/wiki/2037.teaching-roms.aspx`).

---
[a]engl.: Teaching ROMs

**Kenngrößen**     Kenngrößen zur Bewertung und Auswahl liefert Kapitel 13.

*Beispiel:* Quellcode 3.1 zeigt ein Assemblerprogramm zur Berechnung eines FIR-Filters mit dem DSP TMS320C54. Der MAC-Befehl berechnet innerhalb einer Schleife mit dem Schleifenbefehl „RPTZ" die Produkte aus Filterkoeffizienten und Abtastwerten. Der Abtastwert steht in Register AR6 und das Ergebnis in AR7. Die beiden Register AR4 und AR5 halten die aktuellen Adressen der Koeffizienten und Abtastwerte in den beiden Ringpuffern. Desweiteren wird die kompakte indirekte Adressierung mit Postinkrement (*ARx+) verwendet und für den Ringpuffer die zirkuläre Adressierung (+%) verwendet.

Quellcode 3.1: Programm in Assemblersprache zur Berechnung eines FIR-Filters auf einem DSP TMS320C54

```
1  ; Fraktional−Bit im Statusregister ST1 muss gesetzt sein
2  ; (FRCT=1)
3  STM #m,BRC ; Schleifenzähler m laden
4  RPTBD( lbl1 −1) ; Schleife m mal durchlaufen
5   STM #(N+1),BK ; Ringpuffergröße laden
6   lbl0 : ; Start der Schleife
7    LD *AR6+,A ; Eingabe nach A schreiben
8    STL A,*AR4+% ; niederwertiges Wort von A in Ringpuffer
9    RPTZ A,#N ; Schleifenzähler für Einzelbefehl laden
10     MAC *AR4+0%,AR5+0%,A ; Multiplikation und Addition
11    STH A,*AR7+ ; Ergebnis in höherwertigem Wort von A
12  lbl1 : ; Ende der Schleife
```

*Beispiel:* Quellcode 3.2 zeigt die Implementierung eines FIR-Filters in der Sprache C [Rop06].

Quellcode 3.2: FIR-Filter

```
1  #define nc 11 // Anzahl der Filterkoeffizienten
2  int i = 0;
3  float new_sample, y, a[nc], input_buffer[nc];
4
5  // Filterkoeffizienten b[0] = a_0, ..., a[nc − 1] = b_N
6  a[0] = 0.0637;
7  a[1] = 0;
8  a[2] = −0.1061;
9  a[3] = 0;
10 a[4] = 0.3183;
11 a[5] = 0.5;
12 a[6] = 0.3183;
13 a[7] = 0;
14 a[8] = −0.1061;
15 a[9] = 0;
16 a[10] = 0.0637;
17
18 for( i = 0; i < nc; i++)
19   input_buffer[i] = 0;
20
21 // Der folgende Code wird jedes Mal ausgeführt, wenn ein
22 // neuer Eingangswert (new_sample) zur Verfügung steht
23
24 // Schiebe Werte im input_buffer nach rechts
25 for (i=nc−1; i> 0; i−−)
26   input_buffer[i] = input_buffer[i − 1];
27
```

```
28  // Schreibe neuen Eingangswert in Buffer
29  input_buffer[0] = new_sample;
30
31  // Berechne neuen Ausgangswert
32  y = 0;
33  for (i=0; i < nc; i++)
34    y += (a[i] * input_buffer[i]);
```

---

*Merksatz:* **DSP-Hersteller**
Die Firma Texas Instruments gehört zu den größten DSP-Hersteller. Weitere Hersteller sind die Firmen: Freescale (Ausgliederung des Halbleiterbereiches von Motorola), Analog Devices und Agere.

---

*Merksatz:* **FPGA**
DSP-Funktionalität (wie MAC-Funktion) kann für hochperformante Lösungen[a] mittels digitalen Schaltungen (CIS[b]) auf FPGAs implementiert werden. Hierzu wird z. B. das FIR-Filter (siehe Gleichung 2.1) „ausgerollt". Abschnitt 3.3 liefert weitere Details zum Thema FPGA. Hierbei kommen grobgranulare Architekturen ([GM07], S. 92 ff.) zum Einsatz.

---

[a]engl.: Number Cruncher
[b]CIS = Computing In Space

---

Weiterführende Literatur findet man unter [Sik04a] und [Ins06a].

## 3.3 FPGA

**Einordnung**  Schwerpunkt des vorliegenden Abschnitts bilden die FPGAs. FPGAs gehören zu den programmierbaren Logikschaltkreisen. Zum besseren Gesamtverständnis wird zunächst auf diese übergeordnete Gruppe eingegangen.
FPGAs stoßen immer weiter in die klassischen Bereiche des ASIC-Designs vor. Die Gründe liegen in der hohen Rechenleistung und im stetig wachsenden Integrationsgrad der Bausteine bei Veränderbarkeit (Konfigurierbarkeit) der Verdrahtung. Die Entwicklung geht heute aufgrund der hohen Komplexität von der
**Systemebene**  Logik- hin zur Systemebene[57] (siehe Kapitel 9).
Der Einsatz von PLDs ist bei kleineren, nicht zu komplexen Applikationen sinn-
**PLD**  voll. Aus diesem Grund ist diesen Schaltkreisen ein eigener Abschnitt gewidmet. Programmierbare Logikschaltkreise bestehen aus einzelnen Logikblöcken, die in einer regelmäßigen Struktur angeordnet sind. Die Funktionen der einzelnen Logikblöcke sind konfigurierbar. An der Peripherie des Chips sind E/A-Blöcke angeordnet, um externe Komponenten anschließen zu können.

---

[57]engl.: System Level Design

> *Merksatz:* **Programmierbarer Logikschaltkreis**
> Der Begriff programmierbarer Logikschaltkreis ist zwar weit verbreitet, eine
> bessere Begriffswahl ist „konfigurierbarer Logikschaltkreis", da im Gegensatz
> zu Mikroprozessoren kein Programm ausgeführt wird, sondern eine Konfi-
> guration geladen.

## 3.3.1 Einordnung Schaltkreise

Programmierbare Logikschaltkreise gehören zur Familie der FPD[58]. Sie lassen
sich in die folgenden Gruppen einteilen [Rom01]:

- Programmierbare Speicher: PROM[59], EPROM, EEPROM

- Programmierbare Logikschaltkreise

- Feldprogrammierbare Analogschaltkreise[60]: programmierbare analoge Komponenten, wie parametrierbare Operationsverstärker. Weiterführende Literatur findet man unter [ZH04].

Die programmierbaren Logikschaltkreise beinhalten:

- Programmable Logic Devices[61]:

    Simple PLDs[62]: PAL[63] und GAL[64]

    Complex PLDs[65]

- Field Programmable Gate Array[66]

Abbildung 3.11 zeigt die weitere Unterteilung der feldprogrammierbaren Schaltkreise. Abbildung 3.12 gibt einen detaillierteren Überblick über die verschiede-    **Speicher**
nen Speicher. Hierbei werden die folgenden Abkürzungen verschwendet: OTP[67],
SRAM[68], DRAM[69] und NVRAM[70].

---

[58]FPD = Field Programmable Device
[59]PROM = Programmable Read Only Memory
[60]FPAD = Field Programmable Analog Device
[61]PLD = Programmable Logic Device *(deutsch: Programmierbarer Logikbaustein)*
[62]SPLD = Simple PLDs
[63]PAL = Programmable Array Logic
[64]GAL = Generic Array Logic
[65]CPLD = Complex PLD
[66]FPGA = Field Programmable Gate Array
[67]OTP = One Time Programmable
[68]SRAM = Static RAM
[69]DRAM = Dynamic RAM
[70]NVRAM = Non Volatile RAM

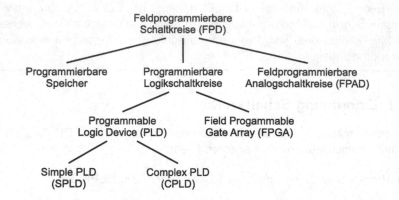

Abbildung 3.11: Einordnung der programmierbaren Logikschaltkreise

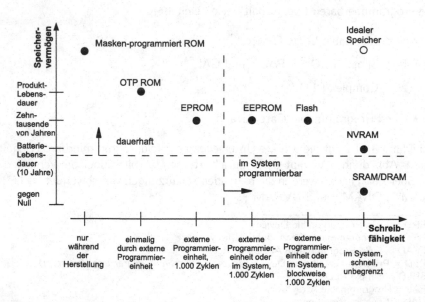

Abbildung 3.12: Überblick Speicher ([VG02]; Präsentation zum Buch, Kapitel 5, S. 5)

# 3.3.2 PLD-Architekturen

Folgender Abschnitt gibt eine Einführung in die einzelnen Architekturen von den SPLDs über die CPLDs zu den FPGAs gemäß ihrer historischen Entwicklung. Leider ist die Namensgebung irreführend. Eigentlich gehören die SPLDs, CPLDs und FPGAs zu den PLDs (programmierbaren Logikbausteinen). Streng genommen versteht man darunter aber nur die SPLDs und CPLDs.

**Namensgebung**

Die Verbindungstechnik stellt folgende gegenläufigen Anforderungen, basierend auf den Kenngrößen, an die Architekturen von programmierbaren Logikschaltkreisen:

**Anforderungen**

- möglichst viele Leitungen

- möglichst flexible Konfigurierbarkeit

- möglichst geringer Flächenaufwand

- möglichst geringe Verzögerungszeiten

Die Architekturen der unterschiedlichen PLD- und FPGA-Hersteller müssen diesen Ansprüchen gerecht werden. Allgemein verfügen programmierbare Logikschaltkreise über die folgenden Verbindungsarten:

**Verbindungsarten**

- lokale Verbindungsleitungen

- globale Verbindungsleitungen

- Spezielle Verbindungen zur Taktverteilung und zu weiteren zeitkritischen Signalen

- Leitungen für Preset[71] und Reset[72] der digitalen Schaltung

- Leitungen zur Spannungsversorgung der Logikzellen

Einfache PLDs verfügen über ein Funktionselement[73]. Die Funktionselemente bestehen aus kombinatorischer Logik und Flip-Flops[74] (sequentieller Logik). Die Anzahl der FE steigt von den CPLDs hin zu den FPGAs (>100 FEs). Hierbei unterscheiden sich ebenfalls der interne Aufbau der FEs und deren Verbindungen untereinander, und zwar von einer globalen bei den CPLDs hin zu einer lokalen Verbindungstechnik.

**Funktionselemente**

**lokal, global**

Erfolgt die Realisierung der Kombinatorik bei SPLDs und CPLDs hauptsächlich mit PALs und PLAs[75], so kommen bei FPGAs Elemente wie RAMs, Look Up

---

[71]engl.: Preset = Setzen
[72]engl.: Reset = Rücksetzen
[73]FE = Funktionselement
[74]FF = Flip-Flop
[75]PLA = Programmable Logic Array

**Konfiguration**

Table[76]und Multiplexer[77] zum Einsatz.

Dies hat ebenfalls Auswirkungen auf die Konfigurationstechnologie. Kommen bei den PLDs Speicher wie EPROMs oder EEPROMs zum Einsatz, so werden bei den FPGAs hauptsächlich Statische RAMs verwendet. Tabelle 3.5 vergleicht den Aufbau von SPLDs, CPLDs und FPGAs miteinander.

| | SPLD | CPLD | FPGA |
|---|---|---|---|
| **globale Architektur** | 1 FE | wenige FE + Verbindungen | viele FE |
| **Aufbau Funktionselement (FE)** | Kombinatorik + evtl. Flip-Flops | relativ breite Kombinatorik + viele Flip-Flops | relativ schmale Kombinatorik + Flip-Flops |
| **Aufbau Verbindung zwischen FE** | keine | vorwiegend global | vorwiegend lokal |
| **Realisierung Kombinatorik** | PAL, PLA, PROM | PAL, PLA | RAM, LUT, MUX |
| **Konfigurationstechnologie** | Fused Link: PAL; EEPROM: GAL | EPROM, EE-PROM | SRAM, Antifuse |

Tabelle 3.5: Vergleich des Aufbaus von PLDs, CPLDs und FPGAs [Rom01]

**Kombinatorik**

Die Gruppe der programmierbaren Logikschaltkreise lässt sich in die folgenden ICs mit unterschiedlichen Architekturen einteilen: SPLD (PAL und GAL), CPLDs und FPGAs. Zur Realisierung von kombinatorischer Logik bei den PLDs kommen PROMs, PALs und PLAs zum Einsatz, die im Folgenden vorgestellt werden.

**PAL**

Die PAL-Architektur besteht aus einer konfigurierbaren UND-Matrize, deren Ausgänge in eine festverdrahtete ODER-Matrize übergehen. Die Umsetzung einer kombinatorischen Schaltung erfolgt in der disjunktiven Normalform[78]. Bei dieser Darstellung werden konjunktiv verknüpfte Eingangssignale („UND"), sogenannte Produktterme disjunktiv verknüpft („ODER"). Es entsteht eine Darstellung aus Summen von Produkten („Sum-Of-Produkt"). Neben der rein kombinatorischen Logik ist noch sequentielle Logik implementiert.

**PLA**

Bei PLAs sind sowohl die UND-Ebene (konjunktiv), als auch die ODER-Ebene (disjunktiv) konfigurierbar. Hingegen ist bei PALs nur die UND-Ebene konfigurierbar. Abbildung 3.13 zeigt die Implementierung einer Schaltung mit einem PLA.

---

[76]LUT = **L**ook **Up** **T**able
[77]MUX = **M**ultiplexer
[78]DNF = **D**isjunktive **N**ormal**F**orm

*Beispiel:* Implementierung einer kombinatorischen Schaltung auf einer PLA-Architektur:
$$Y_0=X_2\vee\overline{X_0}\wedge X_1=P_0\vee P_1$$
$$Y_1=\overline{X_0}\wedge X_1\vee\overline{X_0}\wedge\overline{X_2}\vee\overline{X_0}\wedge X_1\wedge X_2=P_1\vee P_2\vee P_3$$
Abbildung 3.13 zeigt die Lösung.

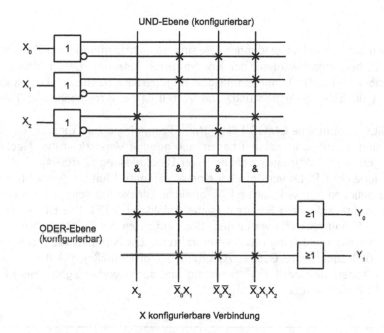

Abbildung 3.13: Aufbau der PLA-Architektur. Die mit „X" gekennzeichneten Punkte sind konfigurierbar [Hus03].

Bei den PROMs[79] ist nur die ODER-Ebene konfigurierbar. Bei EPROMs und EEPROMs erfolgt die Konfiguration über CMOS-PLA. Bei bipolaren PLAs werden Schmelzpfade getrennt[80] und dadurch irreversibel. Zustandsmaschinen[81] (siehe Kapitel 9) werden mittels Rückkopplung der Register auf den Eingang realisiert (siehe Abbildung 3.14). Simple PLDs bestehen aus PROMs, **SPLD** PALs oder PLAs mit einer Komplexität bis etwa 1000 äquivalenten Gattern. PALs sind in Bipolartechnologie gefertigt. Die Verbindungen[82] der UND-Matrize

---

[79] PROM = Programmable ROM
[80] engl.: Fusible Links
[81] FSM = Finite State Machine
[82] engl.: Fuses

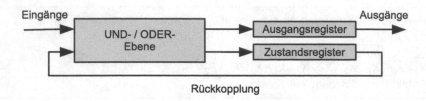

Abbildung 3.14: Implementierung von Zustandsmaschinen bei SPLDs

bestehen aus Schmelzverbindungen. Sie sind im nichtkonfigurierten Zustand leitend und bei Bedarf während der Konfiguration getrennt. Dieser Vorgang ist irreversibel und deshalb nur einmalig konfigurierbar. Nachteilig bei biploaren PALs ist die hohe Verlustleistung. Von Vorteil ist die erreichbar hohe Taktfrequenz.

**GAL** Bei GALs kommt eine CMOS-E$^2$PROM[83]-Technologie zum Einsatz. Die Bausteine sind rekonfigurierbar und haben eine geringe Verlustleistung. Nachteilig ist die geringere Taktfrequenz als bei einer Bipolarlösung ([HRS94], S. 47 ff.).

**CPLD** Die Gruppe der CPLDs verfügt über eine sogenannte Multiple Array Structure. Hierbei befinden sich viele kleine PAL-ähnliche Blöcke mit teilweise hoher Integrationsdichte auf einem Baustein (siehe Abbildung 3.15). Die Blöcke werden

**Schaltmatrix** über eine Schaltmatrix[84] verbunden. Die Laufzeiten für die Realisierung einer Schaltung sind unabhängig von der Verdrahtung. Die Komplexität beträgt mehrere 10.000 äquivalente Gatter. Aufgrund des gleichmäßigen Aufbaus ist das PLD-Verzögerungsmodell $T_{pd}$[85] konstant und somit vorhersagbar. Bei FPGAs hängt diese Zeit von der Verdrahtung[86] ab.

> *Beispiel:* CPLD-Familie Coolrunner II von Xilinx: Hierbei handelt es sich um ein schnelles stromsparendes CPLD. Es basiert auf einem 0,18 μm CMOS-Prozess. Die Core-Spannung liegt bei 1,8V und I/O-Spannungen zwischen 1,5V und 3,3V. Die Taktfrequenz liegt beim schnellsten Baustein bei 323 MHz (XC2C32A). Der Ruhestrom beträgt 16 μA und die dynamische Stromaufnahme bei 50 MHz liegt bei 2,5 mA [Xil06a]

Abbildung 3.15 zeigt den prinzipiellen Aufbau von CPLDs und FPGAs. Aufgrund des hohen Marktanteils der beiden ICs wird auf die weitere Darstellung der SPLDs verzichtet. Tabelle 3.6 vergleicht CPLDs und FPGAs.

---

[83]EEPROM = Electrically Erasable PROM
[84]engl.: Switch
[85]$T_{PD}$ = Propagation Delay Time
[86]engl.: Routing

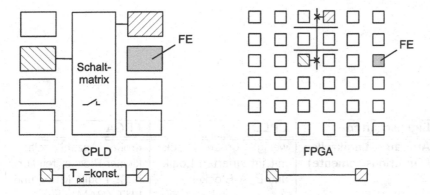

Abbildung 3.15: Vergleich der Architekuren von CPLDs und FPGAs [HRS94]. Das PLD-Verzögerungsmodell ist konstant. Bei FPGAs hängt die Verzögerungszeit von der jeweiligen Verdrahtung ab. Die Funktionselemente (FE) bestehen aus kombinatorischer und sequentieller Logik.

*Aufgaben:*

1. Erläutern Sie den Unterschied zwischen PAL und PLA-Architektur.

2. Warum können die Laufzeiten von CPLDs vorhergesagt werden? Wie sieht es bei den FPGAs aus?

*Einstieg:* **FPGA**
das Buch ([GM07], Abschnitt 3.6.5) gibt eine Einführung zum Thema.

Im Folgenden werden FPGAs mit ASICs verglichen.     **Vergleich**
Pro FPGA:

- deutlich geringere Entwicklungskosten (keine Masken mit sehr hohen Fixkosten)

- sehr kurze Implementierungszeiten     **Pro FPGA**

- einfach korrigier- und erweiterbar (rekonfigurierbar)

- geprüftes Silizium

- geringeres Designrisiko, da es nicht Monate vor der Hardwareauslieferung fertig sein muss

| Eigenschaften | CPLD | FPGA |
|---|---|---|
| **Aufbau Logikzellen (Funktionselemente)** | wenige große Blöcke mit integrierten Logik- und E/A-Blöcken | große Anzahl relativ kleiner Blöcke (feinkörnig); Logik MUX und LUT (RAM) |
| **Verbindungen** | zentrale, globale Verbindungen; keine Verdrahtung notwendig | dezentrale, lokale Verbindungen; Verdrahtung notwendig |
| **E/A** | relativ feste Konfiguration der Verbindungsleitungen zwischen Makrozellen und Pins | Ring aus frei zuordnenbaren E/A-Blöcken |
| **Signallaufzeit** | homogen; konstant, relativ kurz, vorhersagbar; Geschwindigkeit nicht von Schaltung abhängig | stark vom konkreten Signalweg abhängig; ungleichmäßig, auch hohe Werte möglich, erst durch Layoutextraktion zu bestimmen; Geschwindigkeit abhängig von der Schaltung |
| **Komplexität** | mittel | hoch |
| **Flexibilität** | mittel | hoch |
| **Flächenausnutzung** | 40%-60% | 50%-90% |
| **Stromverbrauch** | hoch bis sehr hoch | gering bis mittel |

Tabelle 3.6: Vergleich der programmierbaren Logikschaltkreise CPLDs und FPGAs [Rom01]

Contra FPGA:

- hohe Stückzahlen[87], höherer Stückpreis (Konsumer-Produkte)

- geringere Taktraten (aktuell verfügbar bis 740 MHz, typisch 20 - 250 MHz)

**Contra FPGA**

- geringere Logikdichte (ca. 5-facher Flächenbedarf (Hard-IPs[88]) gegenüber ASIC gleicher Technologie)

- höherer Leistungsbedarf für gleiche Logik

- höhere Empfindlichkeit gegen Strahlen und elektromagnetische Wellen

---

*Beispiel:* Tabelle 3.7 mit einem Überblick über die Virtex-7 von Xilinx.

---

*Beispiel:* Kapitel 16 zeigt aktuelle FPGA-Entwicklungen wie die Xilinx Zynq-Familie – ein hybrides System aus Dual-ARM-Kern und FPGA.

---

*Merksatz:* **Grobgranulare Architektur**
Bei den bisher vorgestellten FPGA-Architekturen handelt es sich um feingranulare. Zur Implementierung von DSP-Funktion kommen grobgranulare Architekturen zum Einsatz (siehe auch ([GM07], Abschnitt 3.6.5)). Sie verfügen über Hardware-Blöcke wie MACs, Block-RAMs, Kommunikations-Schnittstellen etc. (siehe Abschnitt 3.2.4). Beim Entwurf auf Systemebene entstehen mittels IPs[a] sogenannte SoC[b] (siehe auch ([GM07], S. 95 ff.)).

---

[a]IP = Intellectual Property
[b]SoC = System On Chip

---

*Einstieg:* **Eingebettete Systeme**
zur weiteren Vertiefung dienen [Mik13], [WF13b], [WF13a] und [WF13c].

---

[87]engl.: Break-Even
[88]IP = Intellectual Property

| | ARTIX | KINTEX | VIRTEX |
|---|---|---|---|
| | geringer Energieverbrauch und Kosten | bestes Preis/Leistungsverhältnis | höchste Leistungsfähigkeit |
| **Logikzellen** | 20k - 355k | 30k - 410k | 285k - 2.000k |
| **DSP-Einheiten, Anzahl** | 40 - 700 | 120 - 1540 | 700 - 3.960 |
| **Transceiver, Anzahl** | 4 | 16 | 80 |
| **Transceiver, Performance [GBit/s]** | 3.75 | 6.6, 10.3 | 10.3, 13.1, 28 |
| **Speicher, Performance [MBit/s]** | 800 | 2133 | 2133 |
| **Ein-/Ausgänge, Anzahl** | 450 | 500 | 1200 |
| **Ein/Ausgänge, Spannungen [V]** | 3,3 und kleiner | 3,3 und kleiner; 1,8 und kleiner | 3,3 und kleiner; 1,8 und kleiner |

Tabelle 3.7: Überlick Xilinx Virtex-7-Familie [Xil13]

*Zusammenfassung[a]:*

1. Er ist in der Lage, die Funktionsweise von Mikroprozessoren zu erklären.

2. Der Leser kann die verschiedenen Arten von Mikroprozessoren wie Mikrocontroller und DSPs einordnen.

3. Der Leser kann die verschiedenen Arten von Programmierbarer Logik einordnen und die Funktionsweise von FPGAs erklären.

[a]mit der Möglichkeit zur Lernziele-Kontrolle

# 4 Grundlagen Hardware-Architekturen

*Lernziele:*

1. Das Kapitel diskutiert elementare Eigenschaften von Hardware-Architekturen wie Verlustleistung, Datenrate und Ressourcen.

2. Es zeigt die Abhängigkeiten der obigen drei Parameter.

3. Die Grundlagen gelten für die Rechenmaschinen Mikroprozessoren und FPGAs[a].

[a]FPGA = Field Programmable Gate Array

Das Kapitel liefert elementare Grundlagen zu Hardware-Architekturen von Rechenmaschinen (siehe Kapitel 3). Diese sind für ein besseres Verständnis bei der Entwicklung von Eingebetteten Systemen wichtig.

## 4.1 Einleitung

Abbildung 4.1 zeigt den vereinfachten Lösungsraum bei der Entwicklung eines Eingebetteten Systems. Die Parameter „Verlustleistung", „Datenrate" und „Ressourcen" vereinflussen sich gegenseitig. Beispielsweise hat eine Steigerung der Datenrate mittels Erhöhung der Taktfrequenz eine Zunahme der Verlustleistung bei CMOS[1]-Schaltungen zur Folge.

**Kopplung**

> *Aufgabe:* Erläutern Sie die Kopplung zwischen Erhöhung der Datenrate und der Verlustleistung-Erhöhung

Die nachfolgenden Abschnitte liefern weitere Details zu den Parametern aus Abbildung 4.1.

[1]CMOS = Complementary Metal-Oxid-Semiconductor

© Springer Fachmedien Wiesbaden GmbH, ein Teil von Springer Nature 2020
R. Gessler, *Entwicklung Eingebetteter Systeme*,
https://doi.org/10.1007/978-3-658-30549-9_4

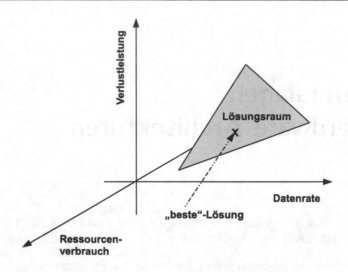

Abbildung 4.1: Lösungsraum mit „beste" Lösung

## 4.2 Energieeffizienz

**Mikro-
prozessoren**

Der Schwerpunkt des Abschnitts liegt bei der Energieeffizienz von Mikroprozessoren (siehe auch Abschnitt 2.3.1). Die Ausführungen gelten ebenfalls für die digitale Schaltungstechik.

Unter Energieeffizienz versteht man, dass die elektrische Leistungsaufnahme (im Volksmund „Stromverbrauch") in einer möglichst guten Relation zur tatsächlichen Rechenleistung des Eingebetteten Systems steht. Ein guter Energieeffizienz-Wert zeigt sich in der Masszahl [W/MIPS] (siehe Abschnitt 3.2.4).

> *Definition:* **Elektrische Leistung und Energie**
> Leistung: $P = U \cdot I$ [W]
> Energie: $E = P \cdot t$ [Ws]

**Gründe**

Im Folgenden Gründe für eine gute Energieeffizienz:

- Lange Betriebsdauer: bei akkubetriebenen Geräten, wie z. B. Smartphones ist eine möglichst lange Betriebszeit für die Akzeptanz entscheidend.

- Kühlungsaufwand: Dies geht auch einher mit der Geräuschentwicklung und den Kosten für aktive und passive Lüftungen. Die ersten PC-Prozessoren arbeiten noch ohne Kühlkörper, es folgte eine passive, dann aktive CPU-Kühlung. Heute sind sogar Grafikkarten aktiv mit eigenem Lüfter gekühlt.

- Betriebskosten: aufgrund erhöhter Energiekosten.

- Klimaschutz: in Verbindung mit einer $CO_2$-Einsparung für z. B. Kohle-Verstromung.

---

*Beispiel:* Smartphone Samsung S7 verfügt über diverse Energiesparmodi im Betriebssystem Android. Zur Erhöhung der Akku-Laufzeit kann unter anderem die Bildschirm-Helligkeit und -Auslösung reduziert werden.

---

## 4.2.1 Leistungsaufnahme integrierte Schaltungen

Die dominierende Bauweise von heutigen integrierten Schaltungen sind FETs[2], insbesondere der darauf basierenden CMOS-Schaltungen.

Die gesamte Verlustleitung $P_{total}$ von CMOS-Invertern lässt sich beschreiben:

$$P_{total} = P_s + P_d \qquad (4.1)$$

$P_s$: Statische Verlustleistung (Ursache: FET-Leckströme)
$P_d$: Dynamische Verlustleistung
  (Grund: Umladung von parasitären Kapazitäten auf dem Chip)

Die dynamische Verlustleitung ($P_d$) lasst sich wie folgt schreiben:

$$P_d = 1/2 \cdot f_{Clk} \cdot C_L \cdot U_B^2 \qquad (4.2)$$

$f_{Clk}$: Taktfrequenz (Arbeitsfrequenz)
$C_L$: Lastkapazität
$U_B$: Betriebsspannung

Die statische Verlustleistung $P_s$ ist gering und kann vernachlässigt werden. Bei Verminderung der Verlustleistung liegt die Reduktion des dynamischen Anteils ($P_d$) im Fokus (siehe auch Abschnitt 2.3.1).

---

*Aufgabe:* Erläutern Sie den Begriff Energieeffizienz. Warum ist sie notwendig?

---

[2]FET = FeldEffekt-Transistor

---

*Aufgabe:* Zeigen Sie Wege zur Reduktion der Verlustleistung bei CMOS-Schaltungen.

---

*Aufgabe:* Stellen Sie in einem Diagramm die Funktion P(f) mit $P_s$ dar.

**Möglich-keiten**
Die nachfolgenden Möglichkeiten (siehe auch Gleichung 4.2) werden in der Praxis genutzt:

- Taktfrequenz $f_{Clk}$: absenken

- Gesamtkapazität $C_L$: verringern

- Betriebsspannung $U_B$: reduzieren

**Taktfrequenz**
Die Taktfrequenz wird heute, wenn immer es möglich ist, abgesenkt. Bei Mikrocontrollern wird mit Hilfe von „Low-Power-Modes" die Frequenz reduziert und sogar ganz auf Null gesetzt. Der „Active Mode" setzt dann die Taktfrequenz wieder auf Normalwert.

**Betriebs-spannung**
Die Betriebsspannung geht quadratisch in die Verlustleistungs-Bilanz ein. Aus diesem Grund ist die Absenkung besonders effizient. Die Betriebsspannungen von Prozessoren senken sich von: 5 V; 3,3 V; 2,8 V; 2 V; $\approx$ 1 V. Bei den Speicherbausteinen war die Entwicklung ähnlich.

**Kapazität**
Die Gesamtkapazität von $C_L$ lässt sich wie folgt berechnen:

$$C_{Total} = C_{Fet} \cdot N_{Fet} + C_{Leitung} \cdot N_{Leitung}$$

Die Abkürzungen $N_{Fet}$ und $N_{Leitung}$ stehen für Anzahl an Transistoren und Leitungen. Im Betrieb lässt sich $C_{Total}$ nur durch Abschalten von Teilen des ICs[3] wie Busse vermindern. Nachfolgende Tabelle 4.1 fasst die Erkenntnisse zusammen.

Die Erreicherung einer guten Energieeffizienz liegt in der Hand der Software-Ingenieure - sie müssen über ein gutes Fachwissen bezüglich der Stromspar-Mechanismen verfügen.

## 4.2.2 Fallstudie

Für die Fallstudie „Energie-Effizienz" wird die Mikrocontroller-Familie MSP430 ([Ins20], Microcontrollers) ausgewählt. Die folgenden Eigenschaften sind besonders bezüglich der Redaktion der Verlustleistung wichtig:

---

[3]IC = Integrated Circuit *(deutsch: Integrierter Schaltkreis)*

| Methoden | Funktionsweise |
|----------|----------------|
| Optimierung Takt-Baum und Takt-Ein-/Ausschalten | zeitweise Abschaltung von unbenutzten Taktleitungen |
| Multi-Schwellspannungen | unterschiedliche Transistoren (hohe und niedrige Schaltschwellspannungen) in Logikbausteinen für mehrere Chip-Bereiche. |
| Mehrere Versorgungsspannungen | jeder Funktionsblock erhält optimale Versorgungsspannung (möglichst gering) |
| Dynamische Spannungs- und Frequenzanpassung | Anpassung Versorgungsspannung und Frequenz bei ausgewählten Chipbereichen an aktuell geforderte Leistung |
| Abschaltung Versorgungsspannung | Abschaltung nichtgenutzter Funktionsblöcke |

Tabelle 4.1: Verfahren Reduktion Leistungsaufnahme [Wüs20]

- fünf Stromspar-Modi (LPM[4] 0 - 4)

- mehrere Taktsignale zur Auswahl (für Peripheriegruppen)

- Peripheric-Module können, manchmal sogar in Teilen, einzeln abgeschaltet werden.

Die Versorgungsspannungen betragen: 1,8 V und 3,6 V und gehen quadratisch in die Leistungsaufnahme ein. Die Taktfrequenz kann zwischen 12 kHz und 16 MHz mit dem digital gesteuerten Oszillator[5] eingestellt werden. Die MSP430-Familie verfügt über die nachfolgenden Taktsignale:

- MCLK: Haupt-Takt[6]: versorgt die CPU

- ACLK: Unterstützungs-Takt[7]: versorgt Peripherie

- SMCLK: Unter-Haupt-Takt[8]

Dies ermöglicht die Einstellung von drei verschiedenen Taktsignalen, die aus vier verschiedenen Oszillatoren erzeugt werden (Wahlmöglichkeit bei Peripheriemodulen).

Mittels Stromspar-Modi können Teile des Chips gezielt abgeschaltet werden. **Stromspar-Modi**

---

[4]engl.: Low-Power-Modes (LPM)
[5]engl.: Digitally Controlled Oscillator (DCO)
[6]engl.: Master Clock (MCLK)
[7]engl.: Auxiliary Clock (ACLK)
[8]engl.: Sub Main Clock (SMCLK)

Dies wirkt sich auch positiv auf die statische Verlustleistung aus. Der Software-Entwickler können zwischen insgesamt fünf Stromspar-Modi wählen. Die Angaben zum Stromverbrauch beziehen sich auf eine Taktfrequenz 1 MHz und eine Betriebsspannung von 3 V) [Wüs20].

Tabelle 4.2 fasst die Erkenntnisse zusammen.

| Betriebsart | Funktionsweise |
|---|---|
| aktiver Betrieb (engl.: Active Mode) | alle Taktsignale aktiv; CPU arbeitet (Stromverbrauch: ca. 300 µA) |
| LPM 0 | CPU und MCLK abgeschaltet; ACLK und SMCLK aktiv (Stromverbrauch: ca. 90 µA) |
| LPM 1 | CPU und MCLK abgeschaltet; ACLK und SMCLK aktiv (DCO-Oszillator abgeschaltet, wenn nicht benötigt) |
| LPM 2 | CPU, MCLK, SMCLK abgeschaltet; DC-Generator des DCO bleibt aktiv (Stromverbrauch: ca. 25 µA) |
| LPM 3 | CPU, MCLK, SMCLK, DC-Generator des DCO abgeschaltet; ACLK bleibt aktiv (Stromverbrauch: ca. 1 µA) |
| LPM 4 | CPU, MCLK, SMCLK und ACLK abgeschaltet, DCO und Kristall-Oszillator ist gestoppt (Stromverbrauch: ca. 0,1 µA) |

Tabelle 4.2: Betriebsarten MSP430 [Wüs20]

*Beispiel:* Listing 4.1 zeigt den Aufruf eines LPM[a].

[a]engl.: Low-Power-Modes

Quellcode 4.1: LPM4 in C

```
1  ...
2  _BIS_SR(LPM4_bits + GIE); // LPM4 und global interrupt enable
3  ...
```

*Aufgaben:*

1. Nennen und erläutern Sie drei Gründe für eine gute Energie-Effizienz bei einem Laptop.

2. Wie lange kann ein Laptop mit einer Leistung von 60 W aus einem Akku mit 11,1 V Spannung und einer Kapazität von 6600 mAh arbeiten?

# 4.3 Parallelitäts-Ebenen

Der vorliegende Abschnitt diskutiert Methoden zur Erhöhung des Datendurchsatzes durch parallele Verarbeitung. Der Datendurchsatz kann ebenfalls durch eine Erhöhung der Taktrate aufgrund einer gesteigerten Transistordichte (IC-Technologie) erfolgen. Die Methoden dienen als Grundlage für die weiteren Architekturen.

*Merksatz:*
Die Parallelität kann sowohl in Hard- als auch in Software erfolgen. Allerdings gibt es in der Software nur eine „quasi" Parallelität - eine scheinbare parallele Verarbeitung.

Man unterscheidet grundsätzlich zwischen den beiden folgenden Arten der Parallelität: **Arten**

- Nebenläufigkeit: Die Ausführung der einzelnen Teilfunktionen erfolgt zeitlich parallel, da sie nicht voneinander abhängig sind.

- Pipelining: Die Bearbeitung einer Aufgabe wird in Teilschritte zerlegt. Die Teilschritte werden dann in einer sequentiellen Folge (Phasen der Pipeline) ausgeführt.

Beide Arten werden auch in der digitalen Schaltungstechnik eingesetzt. **Schaltungstechnik**

*Beispiel:* Abbildung 4.2 zeigt die Befehlsverbeitung mit vier Phasen A - D ohne und mit Einsatz von Pipelining.

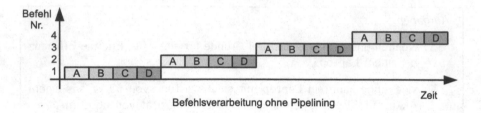

Befehlsverarbeitung ohne Pipelining

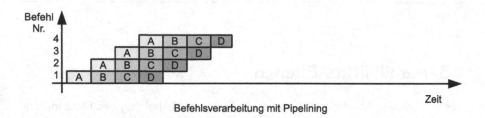

Befehlsverarbeitung mit Pipelining

Abbildung 4.2: Pipelining ([Wik20], Pipeline (Prozessor))

*Beispiel:* Quellcode 4.2 zeigt das „Loop Unrolling" zur nebenläufigen Ausführung von Operationen.

Quellcode 4.2: "Loop-Unrolling"

```
1  ...
2  \\vor loop unrolling:
3  for (i=0; i<10; i++)
4    C[i] = A[i] + B[i];
5  ...
6  \\nach loop unrolling:
7  0: C[0] = A[0] + B[0];
8  1: C[1] = A[1] + B[1];
9  2: C[2] = A[2] + B[2];
10 ...
11 9: C[9] = A[9] + A[9];
12 ...
```

*Beispiel:* Abbildung 4.2 zeigt die Befehlsverarbeitung mittels Nebenläufigkeit und Pipelining.

**Parallelitäts-ebenen**

Die Parallelität erfolgt auf unterschiedlichen Ebenen. Tabelle 4.3 zeigt die Ebenen mit Realisierung und Beispielen. Die einzelnen Abkürzungen bedeuten: MAC[9], MIMD[10], SIMD[11] und VLIW[12].

| Ebene | Realisierung | Beispiel |
|---|---|---|
| Programmebene (Multi-Tasking) | Software | Echtzeitbetriebssystem |
| Prozessebene (Multi-Threading) | Software | Compileroptimierung |
| Funktionseinheiten | Hardware | mehrere MAC-Einheiten |
| Befehl | Hardware: MIMD | VLIW |
| Daten | Hardware: SIMD | Vektorrechner |
| Bit | Hardware | Bitparallelität: 8, 16, 32 Bit Wortbreite |

Tabelle 4.3: Parallelitäts-Ebenen von Mikroprozessoren

Die Körnigkeit oder Granularität gibt das Verhältnis von Rechenaufwand zu Kommunikationsaufwand an. Programm-, Prozessebene und Funktionseinheiten werden oftmals als grobkörnig bezeichnet. Hingegen werden die Befehls-, Daten- und Bitebenen als feinkörnig bezeichnet ([Stu04], S. 10).   **Granularität**

*Beispiel:* Die Datenrate kann durch Pipelining erhöht werden. Abbildung 9.3 zeigt einen 8-Bit-Addierer, bestehend aus zwei 4-Bit-Addierern und Registern bzw. Flip-Flops ("FF").

*Beispiel:* Die Peripherie eines Mikrocontrollers, wie zum Beispiel Zeitgeber-Module[a], arbeitet nebenläufig zur CPU.

[a]engl.: Timer

---

[9]MAC = Multiplication ACcumulation
[10]MIMD = Multiple Instruction Multiple Data
[11]SIMD = Single Instruction Multiple Data
[12]VLIW = Very Long Instruction Word

---

*Aufgaben:*

1. Nennen Sie Methoden zur Erhöhung des Datendurchsatzes.

2. Skizzieren Sie eine eine schaltungstechnische Lösung zum „Loop-Unrolling" aus Code-Beispiel 4.2.

3. Skizzieren Sie eine Mikroprozessor-Lösung zum Code-Beispiel 4.2.

---

## 4.4 Systeme

Der Fokus des vorliegenden Abschitts liegt bei Hardware-Systemen, sogenannten SoC[13] mit IPs[14]. Die Rechenmaschinen sind FPGAs[15] und Semi-Custom-ASICs[16].

---

*Merksatz:* **Semi-Custom-ASIC**
,auch bekannt als „zellen-basiertes" ASIC, nutzt vorentwickelte Zellen wie AND-, OR-Gatter, Multiplexer, Flip-Flops, sogenannte Standard-Zellen. Möglich ist auch der Einsatz von größeren, komplexeren Funktionsblöcken, sogenannten Mega-Zellen wie Mikroprozessoren, Multiplizierer etc.. Die Entwicklung ist einfacher als bei Full-Custom-ASICs, aber die Freiheiten sind auch weiter eingeschränkt. Die Funktion entsteht durch Verbinden der einzelnen Standardzellen. Die Herstellungs-Vorlaufzeit beträgt um die acht Wochen.

---

Die hohen Baustein-Kapazitäten und Taktfrequenzen basieren auf Fortschritten im Fabrikationsprozess und der Baustein-Architekturen. Diese Tatsache führt zu einer Verschiebung der FPGA-Anwendungsgebiete von der früheren traditionellen Logikebene (Glue-Logic[17]) hin zur Systemebene[18].

**Systemebene** Unter dem Entwurf auf Systemebene versteht man den Einsatz hoch performanter FPGA-Systeme und Subsysteme (siehe Kapitel 9). Die Vorteile einer wachsenden FPGA-Kapazität auszunutzen und hierbei trotzdem das Ziel eines schnellen Markteintritts[19] zu erreichen, ist eine Herausforderung. Diese

**Logikebene** kann nicht immer durch traditionelle Entwurfsmethoden auf Logikebene mit Hardware-Beschreibungssprachen[20] und Synthese erreicht werden (siehe Ab-

**HDL**

---

[13]SoC = **S**ystem **O**n **C**hip
[14]IP = **I**ntellectual **P**roperty
[15]FPGA = **F**ield **P**rogrammable **G**ate **A**rray
[16]ASIC = **A**pplication **S**pecific **I**ntegrated **C**ircuit *(deutsch: Anwendungsspezifische Integrierte Schaltung)*
[17]engl.: „angeklebte" Logik für z. B. Chipselect-Signale
[18]engl.: System Level Integration
[19]engl.: Time To Market
[20]HDL = **H**ardware **D**escription **L**anguage *(deutsch: Hardware-Beschreibungssprache)*

schnitt 10.1.3). Hierbei kommen SoCs und IPs ins Spiel.

## 4.4.1 System-on-Chip

Moderne FPGAs vereinen programmierbare Logik, Speicher, Prozessorkerne und DSP-Funktionalität auf einem Chip (siehe auch Abschnitt 6.2). Es entsteht eine Einchip-Lösung eines kompletten Systems - System-on-Chip[21]. Abbildung 4.3 zeigt ein „System-on-Chip" mit analogen und digitalen IPs. Hinzu kommt der Einsatz von IP-Cores nach dem Baukastenprinzip. Vorteilhaft ist bei diesen Systemen die schnelle Marktreife[22] bei einem hohen Grad an Flexibilität. Diese Systeme verbinden die Vorteile beider Rechnerarchitekturen CPU[23] und digitale Schaltungstechnik.

**SoC**

**Baukasten-prinzip**

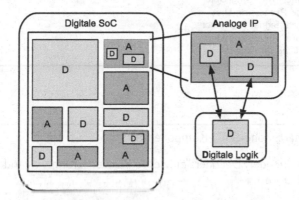

Abbildung 4.3: System-on-Chip [Wor14]

---

*Merksatz:* **Firmware**
ist eine fest implementierte Software in einem Eingebetteten System (oder technischen Gerät). Die Firmware wird auf einem Speicherchip, wie z. B. einem Flash-Speicher, abgespeichert. Die Firmware ist zum Betrieb des Gerätes (Grundfunktionen) notwendig. Sie ist fest mit der Hardware verknüpft und dient als Schnittstelle zwischen den physikalischen Komponenten des Geräts und der Anwendungs-Software. Bei PCs wird die Firmware BIOS[a] genannt.

---

[a]BIOS = Basic Input The Output System

---

[21]SoC = System On Chip
[22]Time To Market
[23]CPU = Central Processing Unit *(deutsch: Zentrale Verarbeitungseinheit)*

*Beispiel:* Smartphone-SoC: Prozessoren

- CPU[a]: „Kopf" mit z. B. Android OS[b]

- GPU[c]: Grafik – Benutzer-Schnittstelle, 2D/3D-Spiele

- IPU[d]: Daten-Konvertierung von Kamera nach Bild und Video

- DSP[e]: Rechenintensive (mathematische) Funktionen

- NPU[f]: Beschleunigung von KI[g]-Algorithmen [AA20]

[a]CPU = Central Processing Unit *(deutsch: Zentrale Verarbeitungseinheit)*
[b]OS = Operating System *(deutsch: Betriebssystem)*
[c]GPU = Grafic Processing Unit
[d]IPU = Image Processing Unit
[e]DSP = Digital Signal Processor
[f]NPU = Neural Processing Unit
[g]KI = Künstliche Intelligenz

*Beispiel:* Smartphone-SoC: Komponenten

- Video Encoder/Decoder: effiziente Konvertierung von Video-Dateien und -Formaten

- Modems: 4G[a] LTE[b], 5G, WiFi[c] und Bluetooth [AA20]

[a]xGeneration
[b]LTE = Long Term Evolution
[c]WiFi = Wireless Fidelity

*Aufgabe:* Erläutern Sie die Begriffe Software, Hardware und Firmware.

## 4.4.2 IP-Cores

Für eine wachsende Anzahl von FPGA-Benutzern sind IP[24]-Cores[25] das entscheidende Mittel, um den Anforderungen von höherer Entwurfskomplexität

[24]IP = Intellectual Property
[25]dt.: Kerne

und kürzeren Entwicklungszyklen gerecht zu werden. Tatsächlich ist die Verfügbarkeit von IP-Cores, die für zahlreiche FPGA-Architekturen optimiert sind, ein wichtiges Unterscheidungsmerkmal unter den Herstellern.

> *Definition:* **IP-Core**
> steht für geistiges Eigentum und bezeichnet in der Halbleiterindustrie, speziell beim Chip-Entwurf, eine wiederverwendbare Beschreibung eines Halbleiterbauelementes. IPs können z. B. auch Mikroprozessoren als fertige Einheit (quasi Makro) sein. Die eigene Entwicklung (ASIC- oder FPGA-Design) kann hierdurch nach dem Baukastenprinzip erweitert werden. IP-Cores existieren in Form von Quellcode wie VHDL oder als Schaltplan (Netzliste) [Wik07].

IP-Cores sind komplexe, vorentworfene und wiederverwendbare Funktionsblöcke mit typischerweise hundert bis tausend Gattern. Sie werden als Teil eines größeren Designs eingebunden. IP-Cores können eigenentwickelt oder von einem FPGA oder „Third-Party"-Hersteller gekauft werden. Um einen möglichst großen Markt anzusprechen, sind IP-Cores typischerweise für Standardfunktionen verfügbar. Die Auswahl an IP-Cores steigt stetig.

> *Beispiel:* IP-Cores sind Bus-Schnittstellen (wie PCI[a], USB[b]) und DSP-Funktionen (wie FIR- und IIR-Filter).
>
> ---
> [a]PCI = Peripheral Component Interconnect
> [b]USB = Universal Serial Bus

IP-Cores sollten für zeitkritische Aufgaben wie PCI- und USB-Busschnittstellen als Hard Cores geliefert werden. Diese beinhalten eingebettete Verdrahtungsinformationen („Routing"), die das Layout der kritischen Pfade spezifizieren. Soft Cores hingegen können wahlfrei plaziert und verdrahtet („Routing") werden. Lösungen mit IP-Cores bei FPGAs müssen Kriterien wie schneller Markteintritt und geringes Entwurfs-Risiko berücksichtigen. Idealerweise braucht ein Entwickler wenig Zeit, um ein IP-Core zu erlernen, die Implementierung auf Fläche und Zeit zu optimieren und den IP-Core nach der Implementierung zu verifizieren. Ein generischer, synthetisierbarer IP-Core, der nicht für eine bestimmte FPGA-Architektur entworfen wurde, kann typischerweise diesen Anforderungen nicht gerecht werden. IP-Cores, die für ein bestimmtes Ziel-FPGA optimiert sind, können die Architektureigenschaften, wie On-chip-Speicher, schnelle Carry-Pfade usw., optimal ausnutzen. Ein FPGA-Entwickler kann dann den gewählten IP-Core einsetzen und weiß, dass die zeitlichen und funktionalen Anforderungen erreicht werden. Hierdurch kann sich der Nutzer auf den Entwurf auf Systemebene konzentrieren.

**Hard-Core**

**Soft-Core**

**Lieferanten**    Lieferanten von IP-Cores müssen vorentworfene, vorhersagbare und voll verifizierte IP-Cores liefern, die für die Architektur des Ziel-FPGAs optimiert sind. IP-Lieferanten und Nutzer müssen hierbei drei Hauptfaktoren für eine vollständige Lösung berücksichtigen: ASIC oder FPGA, Software und Service.

IP-Cores sollten Teil eines kompletten Produktes sein. Sie sollten beinhalten ([TO98], S. 165 ff.):

- Dokumentation

- technischen Support

- Test-Szenarien[26]

- Simulationsmodelle

Abschnitt 10.2.3 zeigt den Einsatz von IP-Cores mit Matlab/Simulink und System Generator.

---

*Aufgaben:*

1. Nennen und erläutern Sie Vorteile für den Einsatz von IP-Cores.

2. Was versteht man unter Hard- und Soft-Cores?

---

*Merksatz:* **Multi-Core[a]-CPUs**

Zur Steigerung der Rechenleistung bei Mikroprozessoren wurde bisher hauptsächlich die Taktfrequenz erhöht. Nachteilig ist hierbei die höhere Leistungsaufnahme und damit verbundene Wärmeentwicklung. Alternativ zur höheren Taktfrequenz sind mehrere Rechen-Kerne[b,c]. Die einzelnen Rechen-Kerne werden deutlich geringer getaktet als der einzelne Mikroprozessor. Folglich steigt die Rechenleistung bei gleichzeitig geringerem Leistungsverbrauch.

---

[a]dt.: Mehr-Kern
[b]CPU = Central Processing Unit *(deutsch: Zentrale Verarbeitungseinheit)*
[c]engl.: Core

---

*Beispiel:* Die Rechnenmaschine Zynq MPSoC stellt ein System-On-Chip dar. Hard-IP-Cores sind unter anderem die ARM-Prozessoren (PS-Teil). Weitere Details liefert Abschnitt 6.2.

---

[26]engl.: Testbenches

*Zusammenfassung[a]:*

1. Der Leser kann die wichtigsten Hardware-Parameter wie Verlustleistung, Datenrate und Ressourcen einorden und kennt deren Abhängigkeiten.

2. Er kennt die Methoden der Parallelität und kann sie anwenden.

3. Der Leser kennt den Aufbau moderner Hardware-Architekturen, bestehend aus SoC und IP-Cores.

[a]mit der Möglichkeit zur Lernziele-Kontrolle

# 5 Eingebettete Architekturen: ARM

*Lernziele:*

1. Das Kapitel zeigt ARM-Architekturen wie ARMV7-R.

2. Es zeigt den Aufbau von ARM-basierten SoC-Systemen.

3. Das Kapitel liefert einen Überblick zu weit verbreiteten ARM-Systemen wie Raspberry Pi.

## 5.1 Einleitung

**Geschichte**

Die Firma ARM[1] wurde im November 1990 gegründet. Die Fimenzentrale liegt in Cambridge (Großbritannien). Zentren des Prozssor-Designs liegen in Cambridge, Austin und Sophia Antipolis. Die Stützpunkte für Verkauf, Unterstützung und Ingenieurbüros sind hierbei auf der ganzen Welt verteilt (weitere Informationen siehe [ARM20]).

**Geschäftsfelder**

Die Firma ARM entwickelt Prozessoren, sogenannte SoCs[2] (siehe auch Abschnitt 4.4.1). Hierbei stellt ARM keine eigenen Prozessoren her, um sie zu verkaufen, sondern lizensiert die Entwicklungen. Firmen wir Intel und AMD hingegen stellen Prozessoren selber her. Zur Reduktion des Entwicklungsaufwandes bauen die Hersteller aus der ARM-Vorlage maßgeschneiderte Prozessoren (SoCs). Vorgefertigte und modulare Konzepte sind vorteilhaft, da der Produktlebenszyklus kurz ist.

Weitere Produkte sind hierbei: IPs[3], Software-Werkzeuge, Modelle, Zell-Bibliotheken. Ziel ist die Unterstützung der Geschäftspartner bei der Entwicklung und Lieferung von ARM-basierten SoC.

**Architektur**

ARM-Architekturen bestehen neben dem Hauptprozessor (CPU[4]) auch aus Gra-

---

[1]ARM = Advanced RISC Machines
[2]SoC = System On Chip
[3]IP = Intellectual Property

© Springer Fachmedien Wiesbaden GmbH, ein Teil von Springer Nature 2020
R. Gessler, *Entwicklung Eingebetteter Systeme*,
https://doi.org/10.1007/978-3-658-30549-9_5

fikprozessor (GPU[5]), Speicher-Contoller, unterschiedliche Beschleunigungsein-heiten, Mobilfunk und GPS.[6]. Somit entstehen kostengünstige und sparsame SoCs, die man typischerweise in Smartphones und Tablets findet ([EK20b], ARM).

---

*Beispiel:* ARM-Prozessoren in eingebetteten Systemen findet man in: Computertechnik, Unterhaltungs- und Haushaltselektronik.

---

*Beispiel:* SoC-Hersteller

1. Qualcomm: Prozessoren mit Mobilfunk- und GPS-Einheit

2. Texas Instruments: ARM-Kerne mit eigenen DSP-Einheiten

3. Nvidia: (ARM-Kerne mit eigener Grafik-Einheit).

---

**SoC-Hersteller**

SoC-Hersteller kaufen die Komponenten und fügen Ihre eigenen Entwicklungen zu einem Gesamtsystem (SoC) zusammen. Die Komponenten eines SoC sind präzise aufeinander abgestimmt, dies spart Platz, Strom und auch Kosten ([EK20b], ARM).

---

*Aufgaben:*

1. Erläutern Sie den Begriff SoC.

2. Nennen Sie drei Vorteile von SoC.

---

## 5.2 Überblick: Architekturen

Abbildung 5.1 zeigt die Entwicklung der ARM-Architekturen von Version „v4" bis „v7" auf. Im Folgenden die Erläuterungen zu den wichtigsten Begriffen:

---

[4]CPU = **C**entral **P**rocessing **U**nit *(deutsch: Zentrale Verarbeitungseinheit)*
[5]GPU = **G**rafic **P**rocessing **U**nit
[6]GPS = **G**lobal **P**ositioning **S**ystem

- Thumb: Basis-Befehlssatz (16 Bit); Erhöhung der Code-Dichte

- Thumb-2: Erweiterung von Thumb; 32-Bit-Befehlssatz

- CLZ[7]: Befehl

- DSP[8] MAC[9]: Multiplikations-Akkumulations-Einheit

- Jazelle: Java Bytecode in Hardware

- SIMD[10]: Architektur

- TrustZone: Hardware-Sicherheits-Einheit

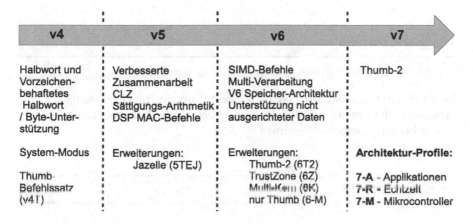

Abbildung 5.1: Überblick: ARM-Architekturen [ARM12]

Drei wichtige „v7" beinhalten die Architektur-Profile:   **V7-Architektur**

- 7-A: Applikation: betriebssystem-basierte Anwendungen

- 7-M: Mikrocontroller: Kerne für Mikrocontroller-Anwendungen

- 7-R: Echtzeit[11]: Anwendungen im Bereich Echtzeit

Im Folgenden wird auf die ARMv7-Profile näher eingegangen.
Das Profil lässt sich wie folgt charakterisieren: Memory-Management-Einheit   **ARMV7-A**
(MMU[12]); höchste Rechenleistung, bei geringem elektrischen Leistungsverbrauch

---

[7]engl.: Count Leading Zeros
[8]DSP = Digital Signal Processor
[9]MAC = Multiplication ACcumulation
[10]SIMD = Single Instruction Multiple Data
[11]engl.: Real-time
[12]MMU = Memory Memory Unit

(beinflusst durch System-Anforderungen von Multi-Tasking-OS); TrustZone und Jazelle, für ein sicheres und erweiterbares System.

> *Beispiel:* Cortex-A5 und Cortex-A9

**ARMv7-R**  Das Profil lässt sich wie folgt charakterisieren: Speicherschutz (MPU[13]); geringe Latenzzeit und Vorhersagbarkeit , Echtzeit-Anforderungen; Evolutionärer Weg für traditionelles Geschäft von Eingebetteten Systemen.

> *Beispiel:* Cortex-R4

**ARMv7-M**  Das Profil lässt sich wie folgt charakterisieren: geringste Gatteranzahl als Eintrittspunkt; deterministisch und vorhersagbares Verhalten als Hauptpriorität; Einsatz bei Eingebetteten Systemen.

> *Beispiel:* Cortex-M3

> *Merksatz:* **ARMv8**
> ist der Nachfolger von ARMv7 mit beidem – 32-Bit- und 64-Bit-Befehls-Ausführung (ISA[a]) [Dev20].
> ───────────────
> [a]ISA = Instruction Set Architecture

> *Beispiel:* Der Cortex-A53-Prozessor basiert auf der ARMv8-A-Architektur.

───────────────
[13]MPU = Memory Protection Unit

100

# 5.3 System-Entwicklung

Abbildung 5.2 zeigt ein typisches ARM-basiertes System. Der ARM-Kern ist tief innerhalb eines SoC eingebettet. Hierbei bedeutet: DMA[14] und SDRAM[15]. Externes Debugging- oder Tracing erfolgt über JTAG[16] oder „CoreSight"-Schnittstelle.

Das Design kann sowohl externe als auch interne Speicher nutzen. Die Größe, Busbreite und Datenrate hängt von der System-Spezifikation ab. Das SoC kann auch internen[17] Speicher von „ARM Artisan Physical IP Libraries" beinhalten.

ARM ermöglicht den Einsatz von lizensierten „CoreLink"-Peripherie-Modulen. Dies sind z. B. Interrupt-Controller (denn der Kern hat nur zwei Interrupt-Quellen: nIRQ, nFIQ) oder andere Peripherie- und Schnittstellen-Module.

Die einzelnen Baugruppen werden via AMBA[18] verbunden. AMBA definiert vier Busse: AXI[19], AHB[20] (bei neueren Systemen ASB[21], APB[22], ATB[23]. **Busse**

> *Beispiel:* AMBA wird in SoCs zur Verbindung der Komponenten wie FPGAs mit als integrierte ARM-Kerne (Hard-IPs) verwendet. Ein AMBA-basiertes System besteht üblicherweise aus einem Hochgeschwindigkeits-Bus (AHB oder ASB) und einem Peripherie-Bus (APB), die über eine „Bridge" miteinander verbunden sind.

> *Merksatz:* **Debugging und Tracing**
> Debugging[a]: Ermitteln und Beheben von Programmierfehlern.
> Programm-Ablaufverfolgung[b]: Erhalten von informativen Meldungen zur Anwendungs-Ausführung während der Laufzeit.
>
> ---
> [a]engl.: De-Bug – im Sinne von Programmfehler entfernen
> [b]engl.: Tracing

# 5.4 Entwicklungs-Werkzeuge

Zur Software-Entwicklung von ARM-Prozessoren stehen zur Verfügung:

---

[14]DMA = Direct Memory Access
[15]SDRAM = Synchronous Dynamic RAM
[16]JTAG = Joint Test Action Group
[17]engl.: On-Chip
[18]AMBA = Advanced Microcontroller Bus Architecture
[19]AXI = Advanced EXtensible Interface
[20]AHB = Advanced High-Performance Bus
[21]ASB = Advanced System Bus
[22]APB = Advanced Peripheral Bus
[23]ATB = Advanced Trace Bus

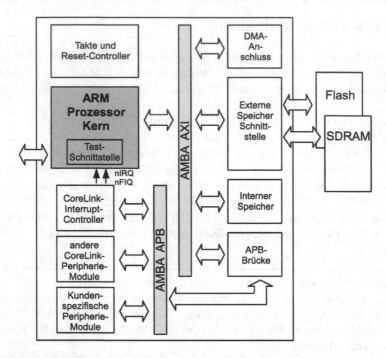

Abbildung 5.2: ARM-basierter SoC

- GNU/GCC-Werkzeug-Unterstützung

- Linux-Unterstützung.

ARM arbeitet mit „CodeSourcery", um die Werkzeuge auf dem neuesten Stand der ARM-Prozessoren zu halten.

Bei Linux sind vor-übersetzte Linux-Images für die ARM-Hardware-Plattformen verfügbar. DS-5[24] akzeptiert „Kernel-Images", die durch GNU-Werkzeuge erzeugt worden sind (Debugging von Applikationen oder ladbaren Kernel-Modellen). RVCT[25] können zur Compilierung von Linux-Applikatinen oder Bibliotheken verwendet werden (Leistungsvorteile).

ARM liefert keine technische Unterstützung für die GNU-Werkzeugkette oder die Entwicklung von Kernel/Driver unter Linux.

Weitere Informationen zum Thema findet man unter [ARM12], [ARM20].

---

[24] engl.: Development Studio
[25] engl.: RealView Compilation Tools Compiler and Libraries

---

*Merksatz:* **GNU/GCC**

GNU ist ein Betriebssystem („freie Software"). GCC[a] stellt hierbei eine Compiler-Sammlung dar.

---

[a]engl.: GNU Compiler Collection

---

*Einstieg:* **ES-Literatur**

ITWissen: [ITW20]; Elektronik-Kompendium: [EK20b]

---

*Einstieg:* **GitHub**

ist ein Online-Dienst, der Software-Entwicklungsprojekte von Firmen wie z. B. Xilinx auf seinen Servern zur Verfügung stellt (siehe [Git20]).

---

# 5.5 Vergleich ARM-Systeme

Tabelle 5.1 vergleicht die ARM-basierten Systeme BeagleBone Black [Bea20] und Raspberry Pi [Ras20] mit Arduino Uno [Ard20].
Hierbei bedeuten die einzelnen Abkürzungen: PRU[26], eMMC[27], SD[28], LPD-DR[29], SPI[30], UART[31], ADC[32], DAC[33].

**Vergleich**

---

*Zusammenfassung*[a]:

1. Der Leser kennt die ARM-Architekturen und kann sie einordnen.

2. Er kennt die System-Entwicklung mit ARM.

3. Der Leser kennt ARM-basierte Systeme und kann dieselben einordnen.

---

[a]mit der Möglichkeit zur Lernziele-Kontrolle

---

[26]PRU = Processor RISC Unit
[27]eMMC = Embedded Multi Media Card
[28]SD = Secure Digital Memory
[29]LPDDR = Low Power Double Data Rate
[30]SPI = Serial Peripheral Interface
[31]UART = Universal Asynchronous Receiver Transmitter
[32]ADC = Analog Digital Converter *(deutsch: Analog-Digital-Wandler)*
[33]DAC = Digital Analog Converter *(deutsch: Digital-Analog-Wandler)*

| | Beagle Bone Black | Raspberry Pi 4 | Arduino Uno R3 |
|---|---|---|---|
| **Prozessor** | AM 3358 Sitara, ARM Cortex-A8; 32 Bit; 3D-Grafik-beschleunigung; Doppelkern-PRU | BCM2711, Quad Kern Cortex-A72 (ARM v8); 64 Bit SoC | ATmega328P; 8 Bit |
| **Taktfrequenz** [GHz] | 1 | 1,5 | 0,016 |
| **RAM** [MB] | 512 (DDR3) | 1000 (LPD-DR4) | 0,002 |
| **Massen-speicher** [GB] | 4 (8-Bit eMMC On-Board flash) | Micro SD | 0,032 (0,0005 Bootloader) |
| **Betriebs-systeme** | Debian, Android, Ubuntu, Cloud9 IDE | NOOBS, Raspbian, Ubuntu | Arduino IDE auf Windows, Linux |
| **Peripherie** | USB Client (Spannung, Kommuni-kation), USB Host, Ethernet, HDMI | 2,4 GHz, 5.0 GHz IEEE 802.11ac, Bluetooth 5.0, BLE, Gigabit Ethernet, 2 USB 3.0 Ports; 2 USB 2.0 Ports | 2x SPI, UART, I²C |
| **Ein-/Aus-gänge** | 2x 46 (Stiftleis-ten) | 40 | 14; DAC: 6 x 8 Bit; ADC: 6 x 10 Bit |
| **Strombedarf** [mA] | 210 - 460 @5V | ca. 900 @5V | 25 @5V |
| **Abmessungen** [mm²] | 86 x 53 | 86 x 56 | 69 x 53 |
| **(Richt-)Preis** [USD] | 64 | 35 | 22 |

Tabelle 5.1: Vergleich: ARM-basierte Systeme

# 6 Hardware-Software-Codesign

*Lernziele:*

1. Das Kapitel definiert Hardware-Software-Codesign und erklärt die Merkmale.

2. Es zeigt als Fall-Beispiel die Zynq-Familie mit den „SDx"-Werkzeugen.

3. Das Kapitel erläutert moderne Software-Bibliotheken wie OpenCV und OpenCL.

Das Kapitel liefert elementare Grundlagen zum Thema Hardware-Software-Codesign (siehe auch Buch [GM07]). Es zeigt anhand von Praxis-Beispielen Hardware[1]-Architekturen und die Software[2]-Entwicklung auf Systemebene (siehe auch Kapitel 14 – „Vergleichende Entwicklung").

## 6.1 Einleitung

Das Hard-Software-Codesign nutzt die Vorteile beider Welten - Mikroprozesoren und Digitaler Schaltungstechnik. Es entsteht ein hybrides System.

*Merksatz:* **Hardware-Software-Codesign**
stellt die enge Kopplung zwischen Mikroprozessoren und Digitaler Schaltungstechnik dar. Hierbei werden die Vorteile aus beiden Arbeitsgebieten genutzt. Mikroprozessoren findet man besonders bei Mensch-Maschine-Schnittstellen (HMI[a]), Kommunikations- und Steuerungsaufgaben. Digitale Schaltungstechnik eignet sich besonders als Hardware-Beschleuniger und zyklengenaue Abläufe (FSM[b]).

[a]HMI = Human Machine Interface
[b]FSM = Finite State Machine

Die folgenden Abschnitte zeigen als Praxis-Beispiel Zynq MPSoC[3] (Hardwa-

[1]HW = HardWare
[2]SW = SoftWare
[3]MPSoC = Multi Processor SoC

© Springer Fachmedien Wiesbaden GmbH, ein Teil von Springer Nature 2020
R. Gessler, *Entwicklung Eingebetteter Systeme*,
https://doi.org/10.1007/978-3-658-30549-9_6

re) und Software Entwicklung mit SDx. Die Abkürzungen „MPSoC" stehen für Multi-Processor-SoC und „SDx" für Software-Development, hierbei ist „x" ein Platzhalter für die Familienmitglieder SDSoC und SDAccel. Die Software-Entwicklung derart komplexer hybrider Systeme erfolgt auf hoher Abstraktions-Ebene[4].

## 6.2 Hardware

Die Rechenmaschine Zynq Ultrascale+ MPSoC der Firma Xilinx ist eine Weiterentwicklung des Zynq-7000[5] - oder einfach Zynq genannt, eines der ersten SoC. Beide Rechenmaschinen umfassen einen Teil, das Verarbeitungs-System[6] („PS"), und einen zweiten Teil, die Programmierbare Logik („PL"). Der PL-Teil ist gleichwertig mit einem Field Programmable Gate Array (FPGA). Die Kommunikation zwischen beiden Teilen erfolgt mittels des AMBA-Busses[7]). Die AXI-Schnittstelle[8]) gehört zum AMBA-Bus (siehe Abbildung 6.1).

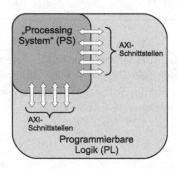

Abbildung 6.1: Zynq: Überblick [CNR+19]

> *Beispiel:* Zynq-7000: die Bauelemente sind mit Dual-Core ARM Cortex-A9 Prozessoren ausgestattet und beinhalten Programmierbare Logik, basierend auf 28 nm Artix-7 oder Kintex-7.

**Vergleich**  Abbildung 6.3 gibt einen abstrakten Vergleich zwischen FPGA, Zynq und Zynq MPSoC. Hierbei ist der PS-Teil im Zynq MPSoC größer und anspruchsvoller als beim Zynq.

---

[4]engl.: High-Level
[5]SoC = **S**ystem **O**n **C**hip
[6]engl.: Processing System
[7]AMBA = **A**dvanced **M**icrocontroller **B**us **A**rchitecture
[8]AXI = **A**dvanced **EX**tensible **I**nterface

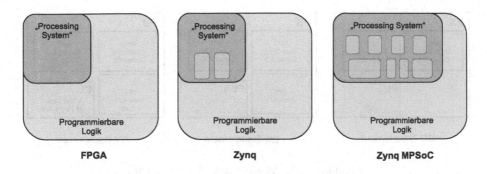

Abbildung 6.2: Zynq: Vergleich [CNR⁺19]

Zynq Ultrascale+ MPSoC-Familie besteht aus drei verschiedenen Ausprägungen (CG, EG, EV). Die CG-Rechenmaschinen verfügen über eine Dual-Core Applikation-Verarbeitungs-Einheit. Die EG- und EV-Rechenmaschinen hingegen beinhalten eine Quad-Core[9] Applikation-Verarbeitungs-Einheit und eine Grafik-Verarbeitungs-Einheit, GPU[10] genannt. EV-Rechenmaschinen haben einen zusätzlichen Video-Codec implementiert.

Der Zynq Ultrascale+ RFSoC integriert einen Multi-Giga-Abtastraten RF[11] Daten-Konverter und eine Vorwärts-Fehlerkorrektur [12] auf einem MPSoC.

Hieraus ergeben sich unbegrenzte Anwendungsgebiete, wie z. B. 5 G-Wireless, nächste Generation Fahrer-Assistenz-Systeme[13] und Industrie – Internet-Of-Things (IoT[14]).

Abbildung 6.3 und Tabelle 6.1 zeigen die drei Arten von Rechenmaschinen der Zynq-MPSoC-Familie. Hierbei stehen die Abkkürzugen RPU[15], APU[16] und GPU für Echtzeit-, Applikation- und Grafik-Verarbeitungs-Einheit.

---

*Beispiel:* **Ultrascale+:** 16 nm FinFET[a] Chip-Technologie und 20 nm Ultra-Scale. Hierbei kommen 3D-ICs[b] zum Einsatz.

[a]FinFET = **F**in **F**ield **E**ffect **T**ransistor
[b]drei dimensional integrierte Schaltkreise

---

[9]dt.: Vier-Kern
[10]GPU = **G**rafic **P**rocessing **U**nit
[11]RF = **R**adio **F**requency *(deutsch: HF)*
[12]SD-FEC = **S**oft **D**ecision **F**orward-**E**rror-**C**orrection
[13]ADAS = **A**dvanced **D**river **A**ssistance **S**ystems
[14]IoT = **I**nternet **O**f **T**hings
[15]RPU = **R**ealtime **P**rocessing **U**nit
[16]APU = **A**pplication **P**rocessing **U**nit

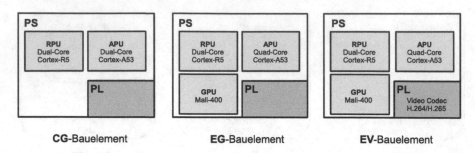

Abbildung 6.3: Zynq: MPSoC [CNR+19]

*Beispiel:* **Virtex UltraScale+ VU19P** verfügt über insgesamt 35 Mrd. Transistoren und 9 Millionen System-Logikzellen. Der Baustein ermöglicht bis zu 1,5 Terabit/s DDR4-Speicher-Bandbreite und bis 4,5 Terabit/s Transceiver-Bandbreite. Zudem hat er mehr als 2.000 Benutzer-E/As.

*Beispiel:* **Zynq UltraScale+ EG:** Der PS-Teil von EG-Rechenmaschinen beinhalten eine Quad-Core ARM Cortex-A53 Plattform mit einer Taktfrequenz von bis zu 1,5 GHz. Der PS-Teil wird mit Dual-Core Cortex-R5 Echtzeit-Prozessoren und einer Mali-400 MP2 Grafik-Verarbeitungs-Einheit ergänzt. Der PL-Teil besteht aus 16 nm FinFET+ Geometrie. EG-Rechenmaschinen sind speziell für Applikationen im Bereich nächste Generation von draht-gebunder und drahtloser Infrastruktur, Cloud-Computing, für Luftfahrt und Verteidigugnstechnik entwickelt worden. ([Xil20], SoCs, MPSoCs & RFSoCs )

*Beispiel:* **Entwicklungs-Boards:** ZedBoards enthalten einen Xilinx Zynq-7000-Baustein. Ultra96-V2-Boards nutzen einen Xilinx Zynq UltraScale+ MPSoC-Baustein [Zed20].

*Aufgabe:* Zeichnen Sie ein Block-Diagramm des Ultra96-V2-Boards. Nutzen Sie hierzu die Produkt-Kurzbeschreibung aus [Zed20].

|  | CG Chip | EG Chip | EV Chip |
|---|---|---|---|
| **Applikation-Prozessor** | Dual-Core ARM Cortex-A53 MPCore bis 1,3 GHz | Quad-Core ARM Cortex-A53 MPCore bis 1,5 GHz | Quad-Core ARM Cortex-A53 MPCore bis 1,5 GHz |
| **Echtzeit-Prozessor** | Dual-Core ARM Cortex-R5 MPCore bis 533 MHz | Dual-Core ARM Cortex-R5 MPCore bis 600 MHz | Dual-Core ARM Cortex-R5 MPCore bis 600 MHz |
| **Grafik-Verarbeitungs-Einheit** | – | ARM Mali-400 MP2 | ARM Mali-400 MP2 |
| **Video-Codec** | – | – | H.264/H.265 |
| **FPGA-Zellen** | 100k - 600k | 103k - 1143k | 192k - 504k |

Tabelle 6.1: Zynq: MPSoC

# 6.3 Software

Die klasssische Software-Entwicklung des Zynq MPSoCs erfolgt separat für **klassisch** PS- und PL-Teil. Der PS-Teil wird in den Sprachen C/C++ mit dem Werkzeug SDK[17] implementiert. Der PL-Teil in den Sprachen VHDL/Verilog mit Vivado HLx. Die Verbindung der PS- und PL-Teile miteinander (AMBA) und die Board-Konfiguration erfolgt hierbei manuell.

> *Aufgabe:* Nennen Sie drei Vorteile der Entwicklung mit Mikroprozessoren und FPGA.

Die Software-Enwicklung ist aufgrund des hybriden, umfangreichen Systems, **System-** bestehend aus Mikroprozessoren und FPGA, aufwendig. Deshalb wird ein Ansatz **Ebene** auf System-Ebene wie im Folgenden gewählt.
Die SDx-Software ist text-/code-basiert, hingegen sind Werkzeuge von z. B. Herstellern wie Mathworks (System-Entwicklung) grafik-/modell-basiert (siehe auch Abschnitt 10.2.3). Die SDx-Software-Familie besteht aus SDSoC und SDAccel.

> *Aufgabe:* Nennen sie drei Vorteile einer code- und modellbasierten Entwicklung.

---

[17]SDK = Software Development Kit

## 6.3.1 Werkzeug SDSoC

SDSoC[18] ist das Entwicklungs-Werkzeug für die heterogene Zynq-SoC- und MPSoC-Familie. Die eingebetteten Eingangs-Sprachen sind C/C++/OpenCL (siehe auch Abschnitt 10.1.2) und das Werkzeug ist eine Eclipse-basierte IDE[19]. Zusammen mit dem vollständig system-optimierenden Compiler liefert SDSoC Profiling auf System-Ebene, die automatische software-Beschleunigung in programmierbarer Logik, automatische Erzeugung von System-Verbindungen und Bibliotheken zur schnelleren Programmierung.

Des Weiteren erlaubt das Werkzeug Endbenutzern und Plattform-Entwicklern schnelles Definieren, Integrieren und Verifizieren auf System-Ebene.

Das Werkzeug HLS[20] ist in SDSoC integriert und transferiert zu beschleunigende Funktionen aus dem PS-Teil in programmierbare Logik. Die Abbildungen 6.4 und 6.5 zeigen den Entwicklungs- und „Build"-Prozess (siehe auch Abschnitt 14.2.1). Die ausführbare Applikation hat die Abkürzung „ELF"[21].

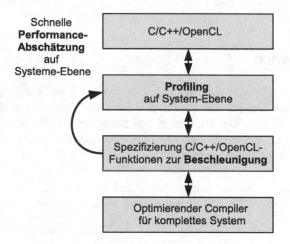

Abbildung 6.4: SDSoC: Überblick
([Xil20], SDSoC)

---

*Merksatz:* **OpenCL**[a]

OpenCL ist eine Schnittstelle für uneinheitliche Parallelrechner, die z. B. mit Haupt-, Grafik- oder digitalen Signalprozessoren ausgestattet sind. Hierzu gehört die Programmiersprache „OpenCL C" ([Wik20], OpenCL).

---

[a]OpenCL = **O**pen **C**omputer **V**anguage

---

[18]Software-Defined-System-On-Chip
[19]IDE = **I**ntegrated **D**evelopment **E**nvironment
[20]High-Level-Synthesis
[21]ELF = **E**xecutable **L**inking **F**ormat

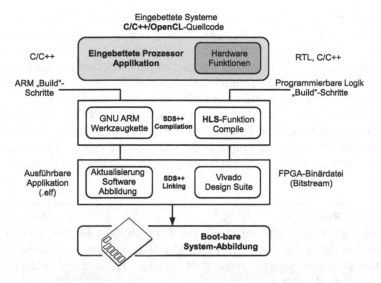

Abbildung 6.5: SDSoC: "Build"-Prozess ([Xil20], SDSoC)

---

*Merksatz:* **OpenCV**[a]

OpenCV ist eine „offene" Bibliothek für Algorithmen aus den Bereichen Bildverarbeitung, maschinelles Lernen. Sie ist für die Sprachen C, C++, Python und Java implementiert ([Wik20], OpenCV).

[a]OpenCV = **Open** Computer Vision

---

Wichtige Eigenschaften von SDSoC sind:

**Eigenschaften**

- Xilinx OpenCV Bibliotheken unterstützen mehr als 50 Hardware optimierte Funktionen wie Gaussian, Median, Bilaterial, Harris corner etc..

- ist eine einfach zu benutzende Eclipse IDE[22] zur Entwicklung von kompletten Zynq SoC und MPSoC Systemen auf Basis von eingebetten Software C/C++/OpenCL-Applikationen.

- beschleunigt eine Funktion in C/C++/OpenCL mit programmierbarer Logik (PL-Teil) auf Knopfdruck. SDSoC unterstützt sowohl „reine"[23] eingebettete Software-Lösungen, als auch Betriebssysteme wie Linux und FreeRTOS.

Der System Compiler übersetzt eingebettete C/C++/OpenCL-Applikationen in ein komplett funktionsfähiges Zynq SoC und MPSoC System. Für die in

**System Compiler**

---

[22]IDE = Integrated Development Environment
[23]engl.: Bare Metal

Hardware zu beschleunigenden Funktionen werden automatisch Software sowohl für den den ARM-, als auch FPGA-Teil erzeugt. Hierbei optimiert der Compiler auch die System-Verbindunden zwischen PS- und PL-Teil und ermöglicht eine schnelle Performance-Untersuchung bezüglich der Randbedinungen Datenrate, Latenzzeit und Ressourcen-Verbrauch.

**Profiling**  Das Profiling auf System-Ebene ermöglicht eine schnelle Leistungs- und Ressourcen-Schätzung mit PS-, Datenkommunikation und PL-Teil im Bereich von Minuten. Das Profiling stellt Instrumente in Laufzeit zur Auslastung von Cache, Speicher und Bussen zur Verfügung. Dies ermöglicht eine frühe und schnelle Software-Generierung für eine optimierte gesamte System-Architektur ([Xil20], SDSoC).

---

*Merksatz:* **Profiling**
bedeutet die dynamische Analyse eines Programmes. Hierbei werden beispielsweise die Größe (Speicher) oder Dauer (Zeit) eines komplexen Programms oder von Funktionen ermittelt (siehe auch Abschnitt 14.2.1). Hierzu dient das Werkzeug „Profiler".

---

### 6.3.2 Werkzeug SDAccel

SDAccel ist eine integrierte Entwicklungsumgebung für Applikationen, die auf Xilinx Alveo Beschleunigungskarten oder andere „FPGA-as-a-Service" abzielen.

**Eigenschaften**  Die Entwicklungsumgebung stellt unter anderem zur Verfügung:

- eine integrierte Entwicklungsumgebung (IDE[24])

- einen Profiler zur Steuerung der Optimierung

- Compiler für Host- und FPGA-beschleunigtem Code

- Emulations-Möglichkeiten zur schnellen Software-Entwicklung und Fehlersuche

- Automatische Kommunikation zwischen Hard- und Software

---

*Merksatz:* **Host x86**
Mikroprozessor-Architektur der Firmen Intel und AMD. Hierzu gehören von Intel z. B. die 8086/88-, 80286- und 80386-Reihen. X86-Prozessoren unterstützen nur die 32-Bit-Version. X64-Prozessoren hingegen sind wesentlich leistungsfähiger und unterstützen die 64-Bit-Version unter Windows.

---

[24]IDE = Integrated Development Environment

*Merksatz:* **PCI-Express**[a]

ist ein Standard zur Verbindung von Peripheriegeräten mit dem Chipsatz eines Hauptprozessors.

---

[a]PCIe = Peripheral Component Interconnect Express

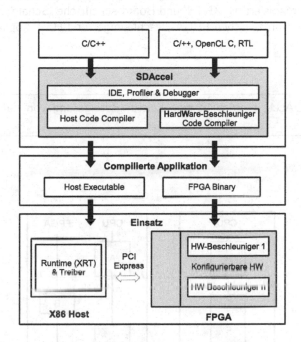

Abbildung 6.6: SDAccel: Entwicklung
([Xil20], SDAccel)

*Merksatz:* **Board-Support-Package**[a]

ist die Software-Schicht, die hardware-spezifische Treiber und andere Routinen enthält. Sie ermöglicht den Betrieb von speziellen Betriebssystemen, typischerweise RTOS[b] in bestimmten Hardware-Umgebungen wie CPU-Karten ([Wik20], BSP).

---

[a]BSP = Board Support Package
[b]RTOS = Real Time Operating System

Die Applikation auf dem Host-Computer wird in C/C++ entwickelt und verwendet Standard OpenCL-API[25]-Aufrufe, um mit den Beschleunigungs-Funktionen

---

[25]API = Application Programming Interface *(deutsch: Programmierschnittstelle)*

(FPGA) zu interagieren. Diese Funktionen können in entweder RTL, C/C++ oder OpenCL modelliert werden (siehe auch Abbildung 6.6).

SDAccel hat die Merkmale einer Standard Software Entwicklungsumgebung: optimierte Compiler für Host-Applikationen, Cross-Compiler für anpassbare Hardware-Funktionen, Debugging-Umgebung und Profiler zur Lokalisierung von Leistungs-Engpässen und zur Optimierung der Applikation (siehe auch Abbildung 6.7). Hierbei organisiert die XRT[26] und Board-spezifische „Schale" automatisch die Kommunikation zwischen FPGA-Beschleuniger und Host-Applikation.

> *Beispiel:* SDAccel ermöglicht eine Leistungssteigerung von Faktor: 10x - 1000x

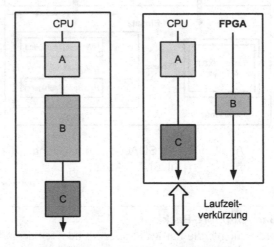

**ohne** FPGA-Beschleunigung  **mit** FPGA-Beschleunigung

Abbildung 6.7: Hardware-Beschleunigung
([Xil20], SDAccel)

---

[26] engl.: Xilinx RunTime

*Beispiel:* **Vitis** Zukünftig migriert Vitis die Werkzeuge SDAccel, SDK[a] und SDSoC. Die einheitliche Software-Plattform ermöglicht die Entwicklung von eingebetteter Software und zu beschleunigten Applikationen auf heterogenen Xilinx Plattformen. Diese beinhalten FPGAs, SoCs und Versal ACAPs[b] [Xil20], Vitis).

[a]SDK = Software Development Kit
[b]Adaptive Compute Acceleration Platform

## 6.3.3 System-Ebene: Modellbasierte Entwicklung

Die modellbasierte Entwicklung nutzt mathematische und visuelle Methoden auf System-Ebene (siehe auch Abschnitt 10.2). Hiermit können komplexe Regler-, Signalverarbeitung und visuell-basierte Systeme effizient entwickelt werden - vom ersten Entwurf über die Analyse, Simulation, automatische Code-Generierung und Verifikation.

Modellbasierte Entwicklungen unterstützen die rasche Erkundung des Designs, somit werden Fehler schneller im Entwicklungs-Zyklus lokalisiert. Hierbei wird zwischen den drei modellbasierten Werkzeugen unterschieden:

- System Generator (für DSP)

- Model Composer

- HDL Coder und HDL Verifier

**System Generator**

System Generator dient dem Architektur-Entwurf. Es liefert eine Erweiterungs[27]-Funktionspaket[28] für die Mathwork-Simulink-Umgebung. Das Werkzeug stellt mehr als 100 RTL[29]-optimierte Bibliotheks-Blöcke zur Verfügung. Hieraus wird automatisch optimierter Code in Prdoduktionsqualität generiert. Der Vorteil für den FPGA-/System-Entwickler liegt auf dem Entwurf auf abstrakter Block-Ebene (Systemebene) und der Nutzung von Simulink zur Simulation und Verifikation des Implementierungs-Modells.

**Model Composer**

Model Composer liefert wie System Generator ein Erweiterungs-Funktionspaket für die Mathwork-Simulink-Umgebung. Model Composer ist ein Werkzeug auf höherem Abstraktionsniveau und ist algorithmen-zentrisch. Zielanwender sind Algorithmiker mit dem Fokus Entwicklung von Applikationen, ohne sich detailliert um Spezifikationen zur Implementierung zu kümmern.

Das Werkzeug stellt bit-akkurate, optimierte Xilinx-Blöcke für die Vektor-,

---

[27]engl.: Add-On
[28]engl.: Toolbox
[29]RTL = Register Transfer Level *(deutsch: Register-Transfer-Ebene)*

| Entwicklung | klassisch | Software | modellbasiert |
|---|---|---|---|
| **Ebene** | niedrige Abstraktion | hohe Abstraktion | hohe Abstraktion |
| **Beschreibung** | Text/Code | Text/Code | grafisch |
| **Sprache** | VHDL/Verilog | C/C++ | Grafikblöcke |
| **Applikation-Beispiel** | Hardware-Entwicklung | Algorithmen, Bildverarbeitung | Regelungstechnik, Modellbildung |
| **Zielgruppe** | konventionelle Hardware-Entwickler | Software-Ingenieure | System-Ingenieure |
| **Wissen** | Hardware | Software | System |
| **Pro/Contra** | Hardware-kontrolle | effizient | visuell |

Tabelle 6.2: Vergleich: Software-Entwicklung

Matrizen-Operationen und applikationsspezifische Bibliothken für Computer Vision[30] und Bildverarbeitung[31] zur Verfügung. Model Composer ermöglicht dem Algorithmiker schnelle Simulationen und eine hohe Abstraktion beim Entwurf während der Implementierung auf Xilinx Plattformen.

**HDL Coder**

**HDL Verifier**

Der Entwickler kann Algorithmen mit Matlab, Simulink und Stateflow entwerfen und simulieren. Das Werkzeug HDL Coder generiert Codes für Xilinx FPGAs und Zynq. HDL Coder kann sowohl aus native Simulink-Blöcken, als auch Xilinx-spezifische Blöcken (System Generator) Code erzeugen. HDL Verifier dient zur Code-Verifizierung. Zum einen können Matlab- oder Simulink-Modelle als Testbench auf Systemebene genutzt werden, zum anderen zur Co-Simulation des generierten Codes mit Simulatoren wie z. B. von Mentor Graphics oder Cadence.

**Vergleich**

Tabelle 6.2 vergleicht die Software-Entwicklung.

## 6.3.4 Pynq

Pynq ist eine freie Software[32]. Das Xilinx-Projekt macht es einfacher, Xilinx-Plattformen einzusetzen. Pynq ist ein Kunstwort aus Python und Zynq.

Durch die Verwendung der Sprache Python und Bibliotheken können Entwickler die Vorteile von programmierbarer Logik und Mikroprozessoren nutzen, um leistungsfähige und spannende Systeme aufzubauen.

Pynq kann mit den SoC-Familien Zynq, Zynq Ultrascale+, Zynq RFSoC und Al-

---

[30]Maschinelles Sehen
[31]engl.: Image Processing
[32]engl.: Open Source

veo Beschleuniger-Karten betrieben werden. Die Leistungsmerkmale einer Pynq-    **Merkmale**
Anwendung sind:

- parallele Hardware-Ausführung

- Hardware-beschleunigte Algorithmen

- Echtzeit-Signalverarbeitung

- hohe Rahmen-Rate bei Video-Verarbeitung

- hohe E/A-Bandbreite

- geringe Latenzzeit bei Steuerung [Pyn20]

> *Merksatz:* **Python**
> ist eine Interpreter-Sprache. Sie ist einfach zu lernen, aber mächtig. Dies
> liegt an den effizienten abstrakten Datenstrukturen und einem effekti-
> ven Ansatz zur objektorientierten Programmierung. Weitere Details siehe
> [Pyt20].

Zielgruppen von Pynq sind: Software-Entwickler, System-Ingenieure und Hard-    **Zielgruppen**
ware-Entwickler.
Software-Entwickler wollen die Vorteile der Fähigkeiten von Xilinx-Plattformen
nutzen, ohne hierzu Werkzeuge zur Hardware-Entwicklung einsetzen zu müssen.
System-Ingenieure nutzen die einfachen Schnittstellen und Rahmen für schnelles Prototyping. Die Motivation bei Hardware-Entwicklern ist die Verbreitung
der Entwicklung an ein möglichst breites Publikum.
Jupyter Notebook dient als Schlüssel-Technologie. Jupyter ist eine Browser ba-    **Technologie**
sierte interaktive Computerumgebung. Jupyter-Dokumente können z. B. akti-
ven Code, erklärenden Text, Gleichungen, Videos beinhalten.
Ein für Pynq vorbereitendes Board kann einfach in Jupyter Notebook mit Python
programmiert werden. Durch Pynq können Entwickler Hardware-Bibliothken
und „Overlays" für programmierbare Logik nutzen. Hardware-Bibliotheken und
„Overlays" können Software auf Zynq und Alveo beschleunigen. Zudem können hierdurch die Hardware-Plattformen und Schnittstellen individuell angepasst
werden.
Pynq ist auf zwei Arten verfügbar: als bootfähiges Linux-Image für Zynq-Boards
oder als Python-Paket für Alveo.

> *Merksatz:* **Jupyter Notebook**
> ist eine freie Software, eine Web-Applikation zum Erstellen und Teilen von
> Dokumenten. Sie beinhalten aktiven Code, Gleichungen, Visualisierung und
> „Erzähltext". Anwendungsgebiete sind z.B. Daten-Visualisierugn, Transfor-
> mation, numerische Simualtion, maschinelles Lernen. Weitere Details siehe
> [Jup20]

*Einstieg:* **Pynq**
wurde erfolgreich in den Projekt-Laboren eingesetzt: [FS20], [DGKS20].

*Einstieg:* **Seminare: System-Generator, HLS, SDSoC**
liefern [Ges12a], [Ges13a], [Ges16b].

Zur Vertiefung dienen [GS14], [Ges19], [GKH15], [Ges16a].

*Zusammenfassung[a]:*

1. Der Leser kennt hybride Hardware-Architekturen und kann sie bewerten.

2. Er kennt die klasssichen Software-Entwicklungsprozesse für Mikroprozessoren/FPGAs und kann sie anwenden.

3. Der Leser kennt moderne Entwicklungs-Werkzeuge auf System-Ebene und kann sie einordnen.

[a]mit der Möglichkeit zur Lernziele-Kontrolle

# 7 Eingebettete Betriebssysteme

*Lernziele:*

1. Das Kapitel stellt die Eigenschaften von allgemeinen Betriebssystemen vor.

2. Es charakterisiert eingebettete Betriebssysteme.

3. Das Kapitel stellt ARM-basierte Betriebssysteme vor.

Rechner bestehen aus den Einheiten Hardware (sichtbar/greifbar) und Software. **Motivation**
Die unterschiedlichen Aufgaben werden mit Hilfe von Programmen (Software)
realisiert. Hierbei möchte sich nicht jeder Software-Entwickler um die Verwaltung der Hardware-Komponenten kümmern. Es erscheint sinnvoll, die einzelnen
Software-Komponenten zentral und somit allgemein bereit zu stellen. Dies führt
zum Begriff des Betriebssystems im Allgemeinen [Woh08].

Das Betriebssystem[1] ist die Schnittstelle (quasi Mittler) zwischen Anwenderpro- **allgemein**
grammen und Hardware-Einheiten. Die Komplexität der darunter liegenden Architektur bleibt verborgen. Dem Anwender wird eine verständliche und einfache **Schnittstelle**
Schnittstelle zur Verfügung gestellt. Somit braucht sich der Software-Entwickler
nicht um technische Details von Hardware-Komponenten zu kümmern. Ein Betriebssystem setzt sich in der Regel aus einem Kern (Hardware-Verwaltung),
sowie Programmen für den Start (wie laden von Gerätetreibern) zusammen
(siehe auch Abbildung 7.1).

Ein Betriebssytem ist eine Zusammenstellung von Computer-Programmen. Sie
verwalten die System-Ressourcen einer Rechenmaschine, wie z. B. Arbeitsspei- **Ressourcen**
cher, E/A-Geräte und Festplatten. Hierbei nutzen Anwendungsprogramme diese
Computerprogramme [Woh08], ([Wik20], Betriebssystem).

Ohne ein Betriebssystem wäre eine vernünftige Nutzung moderner Computer
undenkbar.

---

[1]OS = Operating System *(deutsch: Betriebssystem)*

119

© Springer Fachmedien Wiesbaden GmbH, ein Teil von Springer Nature 2020
R. Gessler, *Entwicklung Eingebetteter Systeme*,
https://doi.org/10.1007/978-3-658-30549-9_7

> *Merksatz:* **Betriebssystem, allgemein**
> die Aufgabe eines Betriebssystems besteht in der Geräte-Verwaltung und darin, Benutzer-Programmen eine simple Hardware-Schnittstelle bereitzustellen [Tan09].

**eingebettet**

Konventionelle Betriebssysteme sind auf Computern implementiert, die für viele Einsatzgebiete nutzbar sind. Betriebssysteme für eingebettete Systeme sind hingegen für Geräte, Maschinen/Anlagen oder Klassen zugeschnitten, in denen sie eingesetzt werden. Ziel ist nicht, möglichst viele unterschiedliche Funktionen auszuführen, sondern zur wenige hoch spezialisierte und diese möglichst fehlerfrei. Verstärkte Sicherheitsmechanismen stehen häufig im Vordergund. Überflüssige Funktionen und Treiber, die das Betriebssystem nur angreifbar machen würden fehlen meist.

**Anforderungen**

Wichtige Anforderungen sind z. B. Speicherkapazität, Peripheriekomponenten, Echtzeitfähigkeit, Sicherheitsaspekte.

> *Merksatz:* **Ohne Betriebssstem**[a]
> bei einfacheren eingebetten Systemen werden, um Ressourcen zu sparen, die Anweisungen direkt auf der Hardware (ohne ein Betriebsystem) ausgeführt. Die Literatur-Quelle [BG19] diskutiert den Einsatz „mit" und „ohne" Betriebssystem.
> _____
> [a]engl.: Bare Metal

**Echtzeit**

Viele eingebettete Betriebssysteme sind echtzeitfähig – es entsteht ein RTOS[2]. Dies bedeutet, dass die vorgesehenen Aufgaben garantiert in einem vorgegebenen Zeitfenster ausgeführt werden. Das Zeitfenster ist in der Regel von kurzer Dauer im Bereich von einigen Sekunden bis zu Mikrosekunden. Um Entwicklungsaufwand einzusparen, geht der Trend zu universell einsetzbaren RTOS [RO19].

> *Aufgaben:*
>
> 1. Welche Funktionen hat ein Betriebssystem?
>
> 2. Welche Eigenschaften hat ein Eingebettetes Betriebssystem?

_____
[2]RTOS = **R**eal **T**ime **O**perating **S**ystem

> *Beispiel:* Betriebssystem bei eingebetteten Systemen sind Linux und FreeRTOS.

> *Beispiel:* ([Ins20], RSLK: Module 20, Lecture: WiFi RTOS) zeigt den RTOS-Einsatz bei WiFi[a] für MSP432.
>
> ---
> [a]WiFi = Wireless Fidelity

Abbildung 7.1 zeigt die Architektur mit den einzelnen Soft-/Hardware-Schichten für ein eingebettetes System. Im Einzelnen bedeuten: **Schichten**

- Anwendungsprogramme: Büroanwendungen, Grafikprogramme, Mail-Dienste etc.

- Dienstprogramme: Compiler, Editoren, Systemwerkzeuge etc.

- Physikalische Geräte: Prozessor, Speicher, Laufwerke etc..

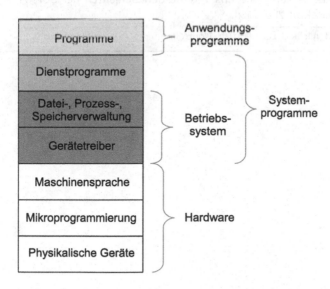

Abbildung 7.1: Soft-/Hardware-Schichten [Woh08]

In den letzten Jahren haben sich für ARM-basierte eingebettete Systeme nach-folgende Betriebssysteme durchgesetzt: **Beispiele**

121

- Android

- Linux

- Windows Embedded Compact

Die Literatur-Quelle [GK15b] diskutiert die einzelnen Betriebssysteme.

*Aufgabe:* Diskutieren Sie ein eingebettetes System ohne/mit Betriebssystem anhand von drei Punkten.

*Zusammenfassung[a]:*

1. Der Leser kennt die Vor-/Nachteile von Betriebssystemen im Allgemeinen.

2. Er kennt die Eigenschaften von eingebetteten Betriebssystemen.

3. Der Leser kann Betriebssysteme den Schichten der Soft-/Hardware-Architektur zuordnen.

---

[a]mit der Möglichkeit zur Lernziele-Kontrolle

# 8 Entwicklungs-Prozesse

*Lernziele:*

1. Das vorliegende Kapitel gibt einen Überblick und Vergleich der wichtigsten und grundlegendsten Prozess-Modelle.

2. Es erläutert die Entwicklungsphasen: Analyse, Entwurf, Implementierung und Test.

3. Das Kapitel gibt eine Abgrenzung zu den Fachgebieten Projekt-, Qualitäts- und Konfigurationsmanagement.

Das Kapitel stellt den Prozess für die Entwicklung von Software für Eingebettete Systeme, basiert auf Mikroprozessoren und FPGAs, vor (siehe auch Abbildung 2.1).

*Definition:* **Software-Engineering**
umfasst die Gesamtheit der Prinzipien, Methoden, Verfahren und Hilfsmittel für alle Entwicklungsphasen einer Programmerstellung ([SD02], S. 75).

## 8.1 Abgrenzung

Der Schwerpunkt der Publikation liegt beim Software-Entwicklungsprozess für Eingebettete Systeme. Das Umfeld der Software-Entwicklung bilden: **Umfeld**

- Projektmanagement

- Qualitätsmanagement

- Konfigurationsmanagement

Abbildung 8.1 gibt einen Überblick über den gesamten Entwicklungsprozess (siehe auch Kapitel 2).

Abschnitt 8.1.4 geht detailliert auf die einzelnen Phasen ein.

123

© Springer Fachmedien Wiesbaden GmbH, ein Teil von Springer Nature 2020
R. Gessler, *Entwicklung Eingebetteter Systeme*,
https://doi.org/10.1007/978-3-658-30549-9_8

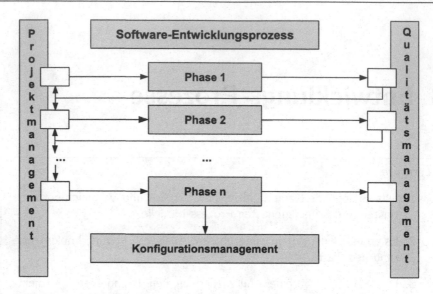

Abbildung 8.1: Software-Entwicklungsprozess ([SW04], S. 237)

## 8.1.1 Projektmanagement

**Motivation**  Ein gutes Management eines Software-Projektes ist kein Erfolgsgarant, aber ein schlechtes führt in der Regel zu Projektmisserfolg – verspäter Auslieferung und Budget-Überziehung. Das Software-Projektmanagement dient zur Überwachung der Anforderungen und des vorgegebenen zeitlichen wie finanziellen Rahmens. Die Arbeit des Softwaremanagers ist die gleiche wie die eines Projektmanagers. Trotzdem unterscheidet sich eine Software-Entwicklung von anderen

**Gründe**  Entwicklungen. Gründe hierfür sind:

- fehlende standardisierte Software-Prozesse: Klassische technische Entwicklungen können auf lang erprobte und geteste Prozesse in der Fertigung zurückgreifen.

- Software ist imaginär, nicht sichtbar: Der Manager muss sich auf Projektberichte verlassen.

- große und komplexe Software-Projkete sind oft „einzigartig": Somit kann auf keine reichhaltige Erfahrung zurückgegriffen werden.

**Aufgaben**  Die wichtigsten Aufgaben eines Softwaremanagers sind ([Som07], S. 123 ff.):

- Angebotserstellung

- Projekt- und Zeitplanung

- Kostenkalkulation

- Überwachung und Reviews[1]

- Personal-Auswahl und -Bewertung

- Bericht-Erstellung und Präsentation

## 8.1.2 Qualitätsmanagement

Qualität hat im klassischen Sinne die Bedeutung, das entstandene Produkt **Motivation**
stimmt mit der Spezifikation überein. Software-Eigenschaften wie beispielsweise
Wartung, Sicherheit und Effizienz lassen sich nicht explizit aus der Spezifikation
ableiten. Die Aufgabe des Qualitätsmanagements besteht darin, Probleme in der
vorhandenen Spezifikation zu identifizieren und Maßnahmen zur Verbesserung
der Systemqualität zu entwickeln. Qualitätsmanagmement stützt sich auf drei
Säulen ab ([Som07], S. 689): **Säulen**

- Qualitätssicherung[2]: Einrichtung eines organisatorischen Rahmens aus
Verfahren und Standards (Regelwerk)

- Qualitätsplanung: Auswahl und Anpassung der Verfahren und Standards
auf geplantes Softwareprojekt

- Qualitätskontrolle: Überprüfungsmechanismen zur Einhaltung der Verfahren und Standards

## 8.1.3 Konfigurationsmanagement

Während der Software-Entwicklung oder des Einsatzes im Feld ändern sich die **Motivation**
Anforderungen an die Software ständig. Dies führt zu neuen Softwareversionen. Um die durchgeführten Änderungen in den einzelnen Versionen zu do-
kumentieren, müssen diese verwaltet werden. Diese Aufgabe übernimmt das
Konfigurationsmanagment. Es liefert Standards und Verfahren zur Verwaltung
von Software-Systemen, die einer Weiterentwicklung unterworfen sind. In den
Softwareversionen werden Änderungen, Fehlerkorrekturen und die Hard- und
Software Anpassung dokumentiert. Ohne Konfigurationsmanagment kann möglicherweise eine falsche Version verwendet werden, eine falsche Version an den
Kunden ausgeliefert werden oder es geht der Überblick verloren, wo der Quell-
code liegt.
Das Konfigurationsmanagment kann als Teil des Softwarequalitätsmanagements
betrachtet werden. Es wird durch CASE[3]-Werkzeuge unterstützt ([Som07],
S. 737).

---

[1]Review: Prozess oder Besprechung zur Überprüfung der Software durch Projektpersonal,
Manager, Kunden etc.
[2]QS = QualitätsSicherung
[3]CASE = Computer Aided Software Engineering

---

*Definition:* **CASE-Werkzeuge**[a]

Software zur Unterstützung der Software-Entwicklungsphasen wie Analyse, Entwurf, Implementierung und Test. Beispiele sind Entwurfseditoren, Compiler, Debugger etc..

---

[a]CASE = Computer Aided Software Engineering

---

*Merksatz:* **Versionen**

Die Haupt-Entwicklungs-Stadien (Versionen) werden wie folgt bezeichnet:

- Pre-Alpha: Entwickler-Vorschau

- Alpha: erste Version zum Test durch Fremde (nicht durch die Entwickler). Die Version beinhaltet die grundlegenden Software-Funktionen.

- Beta: stellt meist die erste Software-Version dar, die vom Hersteller zu Testzwecken freigegeben wird.

- Release Candidate: auch Pre-Release genannt. Sie beinhaltet den kompletten Funktionsumfang der endgültigen Version; die bis dahin gefundenen Fehler sind behoben.

- Release: fertige und veröffentlichte Version

## 8.1.4 Phasen

Am Anfang des Software-Entwicklungsprozesses steht das Problem oder die Aufgabenstellung mit Randbedingungen und am Ende eine Lösung (siehe Abbildung 8.2). Die Software-Entwicklung stellt Suche und Finden der Lösung dar. Die folgenden Abschnitte handeln davon.

**Phasen**   Im Folgenden werden die wichtigsten Phasen gezeigt:

- Analyse: „Das Problem verstehen lernen"

- Entwurf: „Eine Lösung finden"

- Implementierung: „Die Lösung umsetzen"

- Test: „Die Lösung verifizieren"

Im Folgenden wird auf die Analyse näher eingegangen. Den Phasen Entwurf, Test und Implementierung sind eigene Kapitel gewidmet.

### Analyse

Die Anforderungs-Analyse stellt den Prozess dar, die benötigten System-Funktionen mit Randbedingungen zu durchdringen und zu definieren. Sie wird auch

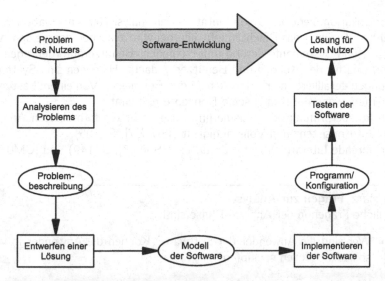

Abbildung 8.2: Für eine Aufgabenstellung mit Randbedingungen wird eine Software zur Lösung der Aufgabe entwickelt.

Softwarespezifikation oder kurz Analyse genannt. Diese Phase ist besonders sensibel, da Fehler unmittelbare Konsequenzen auf die später folgenden Phasen wie Entwurf und Implementierung haben.

*Merksatz:* **Spezifikation**
stellt das Anforderungsdokument an das System dar.

Man unterscheidet bei der Analyse im Wesentlichen die vier Stufen:   **Stufen**

- Machbarkeitsstudie

- Identifikation und Analyse der Anforderungen

- Spezifikation der Anforderungen

- Prüfung der Anforderungen

Die Machbarkeits- oder Vorstudie überprüft, ob die Kundenanforderungen durch   **Studie**
die aktuellen Hard- und Software-Technologien erfüllbar sind. Zudem werden
Zeit- und Kostenbeschränkungen betrachtet. Das Resultat ist die Entscheidung
über Weiterführung oder Ausstieg.
Die Stufe Analyse identifiziert und analysiert die Anforderungen an das System
durch Diskussionen mit dem Kunden, Beobachtung vorhandener Systeme, der   **Analsyse**
Aufgaben-Analyse usw.. Modelle und Prototypen können das Verständnis verbessern (siehe Kapitel 10, UML).

127

**Spezifikation**  Die Spezifikation dient der Dokumentation der analysierten Informationen – es entsteht als Produkt das Pflichtenheft. Hierbei wird zwischen den beiden Arten Benutzer- und Systemanforderung unterschieden. Benutzeranforderungen sind abstrakt und für den Kunden und Benutzer gedacht. Hingegen sind Systeman- forderungen detailliert und richten sich an den Entwickler. Von einem Lastenheft spricht man, wenn der Kunde seine Konzepte einbringt.

**Prüfung**  Die Stufe Überprüfung oder Validierung untersucht die formulierten Anforde- rungen auf Konsistenz und Vollständigkeit ([Som07], S. 105).
Weiterführende Literatur findet man unter: ([Som07], S. 149) und [GM07].

---

*Merksatz:* **Fragen zur Analyse**
Mögliche Fragen in der Analyse-Phase sind:

- Wer sind die Anwender der Software? Können die Anwender in ver- schiedene Rollen schlüpfen?

- Was ist das System und was sind dessen Außengrenzen?

- Gibt es Nachbarsysteme, die mit dem System in Wechselwirkung tre- ten?

- Wie interagieren die Anwender mit dem System? Was möchten die Anwender in welchen Situationen mit dem System machen? (siehe auch ([GM07], S. 115 ff.)

---

Die Wichtigkeit eines gründlichen Problemverständnisses für das gesamte Soft- ware-Projekt veranschaulicht Abbildung 8.3. Eine statistische Erhebung der Standish-Group aus dem Jahr 2001 [SG01] zeigt, dass während der ersten Phase eines Software-Projektes, nämlich der Anforderungsanalyse, mehr als die Hälfte der Software-Fehler verursacht werden. Die meisten Fehler werden allerdings erst später während des Betriebs der Software gefunden. Dazu kommt noch eine weitere Schwierigkeit: Je später ein Fehler entdeckt wird, desto teurer wird der Aufwand, ihn zu beheben.

---

*Merksatz:* **Entwicklung Eingebetteter Systeme**
die Spezifikation beinhaltet zur verlangten Funktion auch die Randbedin- gungen (siehe Kapitel 2).

---

**Entwurfs-, Implementierungs- und Test-Phase**

Kapitel 9 stellt Methoden und Modelle für den Software-Entwurf vor. Sprachen und Werkzeuge zur Implementierung stellt Kapitel 10 vor. Kapitel 11 stellt Grundlagen und Methoden für den Test vor.

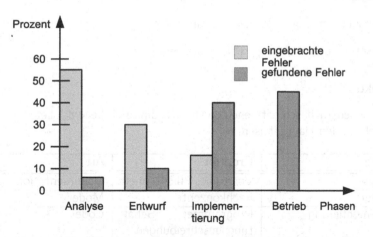

Abbildung 8.3: Statistik über die Anzahl der eingebrachten und gefundenen Fehler während der Phasen in Software-Projekten [SG01]

---

*Merksatz:* **Entwurfs-Submodelle**

Eine weitere Untergliederungen der Entwurfs-Phase in Submodelle ist wie folgt möglich ([Som07], S. 107):

- Architektur-Entwurf

- Abstrakter Spezifikations-Entwurf

- Schnittstellen-Entwurf

- Komponenten-Entwurf

- Datenstruktur-Entwurf

- Algorithmen-Entwurf

---

**Zusätzliche Phasen**

Eine Erweiterung der vorgestellten Phasen Analyse, Entwurf, Implementierung und Test durch zusätzliche Phasen kann erfolgen durch:

- Integration: die Software-Module werden sukzessive zu größeren Einheiten (Subsystemen) zusammengefasst. Am Ende entsteht als Ergebnis ein lauffähiges System.

- Konsolidierung: beseitigt noch vorhandene Fehler und Schwächen. Am Ende steht die Produktfreigabe.

- Dokumentation: z. B. Betriebsanleitung

- Betrieb und Wartung[4]: Pflege des Systems

**Produkte**

Am Ende jeder Phasen entstehen diverse Produkte. Tabelle 8.1 liefert Produkt-Beispiele zu den Hauptphasen.

| Phase | Produkt | Art |
|---|---|---|
| Analyse | Vorstudie, Pflichtenheft | Dokumentation |
| Entwurf | Fachkonzepte | Modelle |
| Implementierung | Programme; Schaltungsbeschreibungen | Code |
| Test | Test-Konzepte, Testfälle | Dokumentation, Code |

Tabelle 8.1: Produkte einzelner Entwicklungs-Phasen

**Software-Standards**

Der Abschnitt stellt einige wichtige Software-Standards der Normungsbehörde IEEE[5] vor:

- SRS: Software Requirement Specification (IEEE 830)

- SDD: Software Design Description (IEEE 1016)

- SVVP: Software Validation and Verification Plan (IEEE 1012)

---

*Merksatz:* **Luftfahrt-Standards**
Im Bereich der Luftfahrt hat sich der DO-178B, C-Standard zur Software-Entwicklung von sicherheitskritischen[a] Eingebetteten Systemen etabliert.

---
[a]engl.: Safety Critical

---

*Aufgabe:* Erläutern Sie die Begriffe Produkt-, Qualitäts- und Konfigurationsmanagement.

---

[4]engl.: Maintenance
[5]IEEE = Institute Of Electrical And Electronic Engineers

> *Aufgabe:* Erläutern Sie die vier Phasen der Software-Entwicklung.

## 8.2 Prozess-Modelle

Die folgenden Quellen waren die Basis für den vorliegenden Abschnitt: [Som07], [SW04], [Hah06] und [MG10].

In den Anfängen der Softwaretechnik stand der Code im Vordergrund. Es wurde wenig auf den Entwurf wertgelegt[6]. Zu einem bestimmten Zeitpunkt begann dann der Test. Die unvermeidlichen Fehler müssen festgemacht[7] werden, bevor das Produkt ausgeliefert werden konnte.

**Motivation**

**„Code And Fix"**

Die heutigen komplexen Software-Projekte verlangen neue Strategien. Software-Engineering liefert hierbei Lösungsansätze.

Wegen einer fehlenden Analyse erfolgt keine oder eine unzureichende Abstimmung mit dem Kunden. Wegen des fehlenden Entwurfs hat das Auffinden von Fehlern enorme Programmänderungen zur Folge. Hinzu kommt der schlecht vorbereitete Test.

**Probleme**

Die Prozess-Modelle unterstützen eine systematische Entwicklung. Die zentrale Frage eines Entwicklungsprozesses ist: „Wer macht was zu welchem Zeitpunkt?".

- Aufgaben:

  Start-Bedingungen:

  Dokumente und Ausgangsprodukte von vorheriger Stufe empfangen

  End-Bedingungen:

  finale Dokumente und Eingangsprodukte für nächste Stufe erzeugen

- Reihenfolge der Aufgaben

- Welche Personen sind involviert?: Qualitifaktionen und Verantwortlichkeiten

> *Merksatz:* **Prozess-Modelle**
> stellen einen Leitfaden für die Software-Entwicklung dar. Die wichtigsten Phasen sind: Analyse, Entwurf, Implementierung und Test.

Prozess- oder Vorgehens-Modelle sind abstrakte Darstellungen des Software-Entwicklungsprozesses. Sie stellen Sichtweise/Aspekte des Prozesses wie Tätigkeiten, Produkte und Rollen von Personen dar.

**Vorgehens-modelle**

---

[6]engl.: Code And Fix oder Cowboy Coding
[7]engl.: To Fix

Im Folgenden werden Prozess-Modelle[8] des Software-Engineerings zur strukturierten Vorgehensweise vorgestellt:

**klassische**

- klassische Modelle

    Wasserfall-Modell

    V-Modell

**moderne**

- moderne Modelle

    evolutionäres Modell

    Prototypen-Modell

    Komponenten-Modell

    inkrementelles Modell

    Spiral-Modell

**Auswahl**

Die Anzahl der Modelle und Varianten ist groß. Es wurden die wichtigsten und
verbreiteten zum Entwurf Eingebetteter Systeme gewählt.

## 8.2.1 Wasserfall-Modell

**klassisch**
**grundlegend**

Das Wasserfall-Modell zählt zu den klassischen und grundlegenden Modellen
des Software-Engineering. Es gehört zu den ältesten Modellen und ist weit verbreitet in Regierungs- und Industrieprojekten. Es betont die Planung in einem
frühen Projektstadium. Dies stellt die frühe Entdeckung von Entwurfsfehlers
sicher, bevor eine Implementierung erfolgt. Durch die umfangreiche Dokumentation und Planung ist das Wasserfall-Modell besonders für Projekte mit hohen
Qualitätsanfoderungen geeignet.

Das Wasserfall-Modell besteht aus sieben eigenständigen Stufen oder Phasen
(siehe Abbildung 8.4). Die Resultate einer Phase „fallen" in die nächste und
dienen dort als Eingabe. In Praxis ist eine Rückkopplung von Phase zu Phase er-
forderlich. Das Modell beginnt mit den System-Anforderungen und Architektur-
Anforderungen. Es schließen sich der Architektur- und der detaillierte Entwurf
an. Als nächstes folgt die Coding, der Test und in die Wartung. In jeder Phase
werden Dokumente zur Beschreibung der Anforderungen erstellt. Am Ende der
Phase dienen Reviews zur Entscheidung, ob das Projekt in die nächste Phase

**Iterationen**

übergehen kann. Iterationen sind nur zwischen zwei aufanderfolgenden Phasen
zulässig.

Die Vorteile des Modells sind [Hah06]:

- einfach zu verstehen und zu implementieren

- weit verbreitet und bekannt

---

[8] engl.: Life Cycle Model

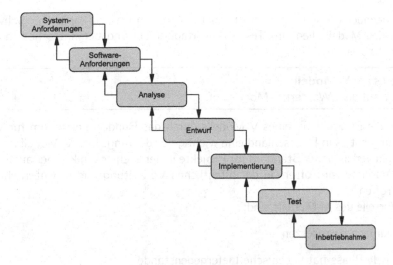

Abbildung 8.4: Wasserfall-Modell [MG10]

- etabliert gute Verhaltensmuster wie „Definition vor Entwurf"[9] oder „Entwurf vor Implementierung (Codierung)"[10]

- wird von der Dokumentation „getrieben"

Nachteile:

- idealisiertes Modell (Theorie) – wenig Realitätsbezug

- Änderungen in den Dokumenten sind schwierig und teuer

- unrealistisch, dass präzise Anforderungen bei Projektbeginn vorliegen

Das Wasserfall-Modell ist Grundlage für viele andere Prozess-Modelle.

## 8.2.2 V-Modell

Das V-Modell[11] baut auf dem Wasserfall-Modell auf. Die Phasen der Entwicklung bilden eine V-Form (siehe Abbildung 8.5) und werden sequentiell abgearbeitet. Der linke Schenkel des „V" stellt eine Detaillierung von „oben nach unten"[12] dar, der rechte eine von „unten nach oben"[13] (siehe auch Kapitel 9). Jede Phase

---

[9]engl.: Define Before Design
[10]engl.: Design Before Code
[11]V-Modell: **V**orgehens-Modell
[12]engl.: Top-Down
[13]engl.: Bottom-Up

muss beendet werden, bevor die nächste begonnen werden kann. Der Schwerpunkt des Modells liegt im Test (siehe Kapitel 11) und beginnt schon in den frühen Phasen.

---

*Merksatz:* **V-Modell**
baut auf dem Wasserfall-Modell auf.

---

Durch die Entwicklung eines V-Modells durch das Bundesministerium für Verteidigung hat es in Deutschland eine wichtige Bedeutung. Das V-Modell ist seit 1991 ein verbindlicher Standard für Projekte in der Wehrtechnik. Aber auch eine zivile Variante wird öfters in der öffentlichen Verwaltung und in Unternehmen angetroffen.

**Diskussion**    Die Vorteile des V-Modells sind:

- einfach einzusetzen

- jede Phase hat spezifische Liefergegenstände

- liefert gute Resultate für große Projekte, bei denen die Anforderungen einfach zu verstehen sind

- aufgrund der frühen Testphasen größere Erfolgschance im Vergleich zum Wasserfall-Modell

Nachteile:

- sehr starr ähnlich wie das Wasserfall-Modell

- Software wird während der Phase der Implementierung entwickelt, keine früheren Software-Prototypen verfügbar

- kleine Flexibilität, Änderungen sind schwierig und teuer

---

*Merksatz:* **Submodelle**
nachfolgende Submodelle im V-Modell sind möglich:

- Projekt-Management

- Systemerstellung

- Qualitäts-Management

- Konfigurations-Management

---

**Diskussion klassisch**    Klassische Modelle wie das Wasserfall- und das V-Modell haben folgende Eigenschaften: Sie basieren auf einer schrittweisen Vorgehensweise, sind dokumentengetrieben, sind in der Anzahl der beteiligten Kunden begrenzt und sind

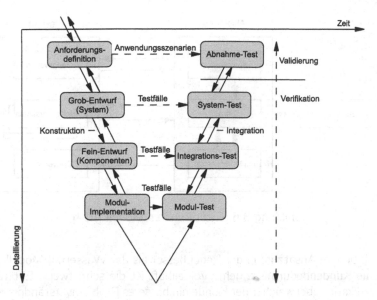

Abbildung 8.5: V-Modell (angelehnt an Modell [Inf14])

schwerfällig in Bezug auf in der Praxis vorkommende Anforderungsänderungen. Hierbei sprechen für die Prozesse, dass der Kunde einen definierten Prozess bekommt und die Prozesse gut geeignet für große projektbasierte Vorhaben sein können.

Nachteilig ist, dass es schwer ist, zu Beginn an alle Anforderungen zu denken. Die Dokumentation scheint wichtiger zu sein als die Programme.

Diese Mängel führten zu moderneren Prozess-Modellen.

---

*Merksatz:* **Klassische Modelle**
Wasserfall- und V-Modell zählen zu den klassischen, grundlegenden Modellen und sind in ihrem „Verhalten" eher als „statisch" einzuordnen.

---

## 8.2.3 Evolutionäre Modelle

Die evolutionäre Entwicklung beruht darauf, eine Anfangsimplementierung durch Kunden-Diskussion über zahlreiche Versionen („Wegwerf-Prototyp") zu einem vollständigen System auszubauen. Hierbei werden Analyse, Entwurf, Implementierung und Test nicht sequentiell, sondern gleichzeitig ausgeführt (siehe Abbildung 8.6).

---

*Merksatz:* **Evolutionäre Modelle**
entwickeln sich sukzessiv (evolutionär).

---

135

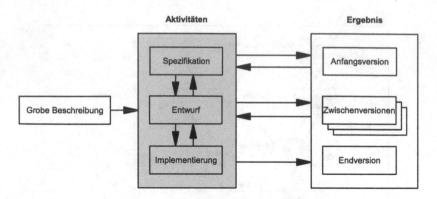

Abbildung 8.6: Evolutionäres Modell [II14]

**Diskussion**  Der evolutionäre Ansatz ist in der Regel besser als das Wasserfall-Modell, wenn es um die Kundenbedürfnisse geht. Vorteilhaft ist die schrittweise Entstehung der Spezifikation, bei welcher der Kunde ein besseres Problemverständnis erhält. Nachteilig ist, dass der Prozess nicht sichtbar ist. Der Fortschritt in Form von Zwischenversionen kann nur schwer gemessen werden. Zudem sind die Systeme oft schlecht strukturiert, schwer zu verstehen und zu warten.
Der Ansatz eignet sich am besten für kleine und mittlere Systeme (bis zu 500.000 Codezeilen)([Som07], S. 99).

> *Merksatz:* **Hybride Modelle**
> In der Praxis werden für größere Systeme oft Mischformen z. B. aus Wasserfall-Modell und evolutionärer Entwicklung gewählt ([Som07], S. 99).

> *Merksatz:* **Nullversion**
> Die Anfangsversion des evolutionären Modells wird als Erstes entworfen und implementiert. Sie setzt sich aus den Muss- bzw. Kernanforderungen (grobe Beschreibung) des Kunden zusammen.

## 8.2.4 Prototypen-Modell

Bei diesem Ansatz steht die frühzeitige Erstellung lauffähiger Modelle (Prototypen) des zukünftig zu entwickelnden Systems im Vordergrund. Prototypen ermöglichen:

- Anforderungen und Entwicklungsprobleme zu identifizieren. Hierbei stellen sie eine Basis für die Diskussion dar und unterstützen bei der Entscheidungsfindung

- erste Erfahrungen zu sammeln durch Experimentieren mit der Applikation

Abbildung 8.7 zeigt den Ablauf und die unterschiedlichen Prototypen-Arten. **Arten**
Hierbei wird zwischen horizontalen und vertikalen Prototypen unterschieden
(siehe Abbildung 8.8):

- horizintale: Implementierung spezifischer System-Ebenen

- vertikale: Implementierung ausgewählter Funktionen des Systems (durch
alle Ebenen)

Das Prototpyen-Modell basiert auf dem evolutionären Ansatz.

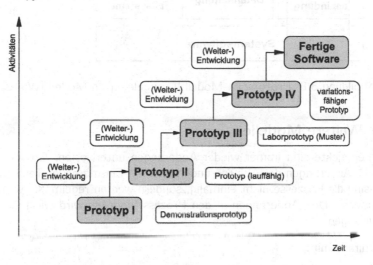

Abbildung 8.7: Prototypen-Modell I ([Dar10], S. 10)

## 8.2.5 Komponentenbasiertes Modell

Beim komponentenbasierten Modell[14] steht die Wiederverwendbarkeit[15] von
Software-Einheiten im Vordergrund. Das Modell setzt voraus, dass Software-
Module vorhanden sind. Diese werden dann angepasst und integriert, anstatt
sie neu zu entwickeln. Manchmal handelt es sich bei diesen Software-Einheiten
auch um autonome, käufliche Einheiten[16].

---

*Merksatz:* **Entwurf Eingebetteter Systeme**
eignen sich besonders das Evolutionäre, Prototypen und Komponentenba-
sierte Modelle.

---

[14] CBSE = **C**omponent **B**ased **S**oftware **E**ngineering
[15] engl.: Re-Use
[16] COTS = **C**ommercial **O**ff-**T**he-**S**helf *(deutsch: Kommerzielle Produkte aus dem Regal)*

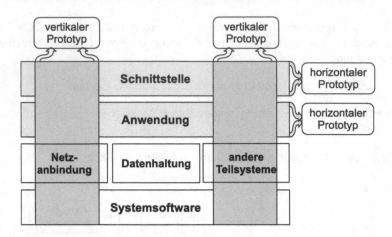

Abbildung 8.8: Prototypen-Modell II (angelehnt an Modell [Wir13])

## 8.2.6 Weitere Modelle

**Änderungen**   Softwareprojekte sind immer wieder Änderungen unterworfen. Gründe hierfür sind z. B. Änderungen der Anforderungen oder der Einsatz neuer Technologien. Somit sind die Prozesse nicht einmalig, sondern werden regelmäßig wiederholt

**Prinzipien**   (Iterationen). Den Änderungen in den Prozess-Modellen wird wie folgt Rechnung getragen:

- spiralförming

- inkrementell

**spiralförming**   Bei spiralförmiger Entwicklung verläuft der Prozesse in Form einer Spirale von innen nach außen. Man spricht vom Spiralmodell (siehe Abbildung 8.9). Eine wichtige Ausprägung dabei ist die Risiko-Analyse. Der Ablauf ist zyklisch, hierbei werden einzelne Schritte mehrfach durchlaufen. Im Vergleich hierzu handelt es sich beim Wasserfall-Modell um ein statisches Phasenmodell mit srenger Seqenzialität und Linearität.

> *Merksatz:* **Spiral-Modell**
> Das Spiralmodell gilt als Vorläufer für das evolutionäre Modell, da es zwar einen iterativen Ansatz umsetzt, aber nicht inkrementell vorgeht.

**inkrementell**   Bei der inkrementellen Entwicklung wird mit dem Kunden eine Anzahl von Inkrementen oder Teilsystemen festgelegt. Jede der Teilmengen stellt dabei eine Systemfunktion dar. Die Entwicklung des Teilsystems (Erweiterung) beinhaltet: Entwurf, Implementierung, Teilsystem-Validierung, Integration und System-Validierung.

138

*Merksatz:* **Inkrementelle Modelle**
stellen eine Variation der evolutionären Software-Entwicklung dar. Dieses
Modell kombiniert die Vorteile des Wasserfall- und des evolutionären Modells.

Die Entwicklung kombiniert die Vorteile des Wasserfall-Modells und der evolu-
tionären Entwicklung.
Die Teilsysteme sollten relativ klein sein (nicht mehr als 20.000 Codezeilen.
Die agile Methode „Extremprogrammierung" (siehe Abschnitt 8.2.7) ist eine
Variante des inkrementellen Ansatzes.

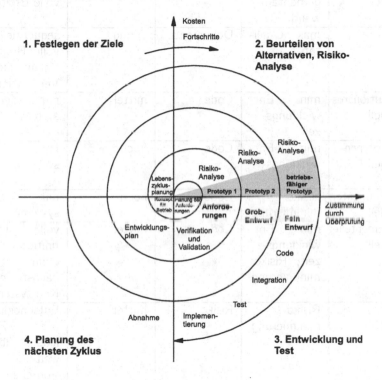

Abbildung 8.9: Spiral-Modell, angelehnt an Boehm, 1988 [Sim14]

Tabelle 8.2 vergleicht die vorgestellten Prozess-Modelle.                    **Vergleich**

*Aufgabe:* Nennen Sie drei Vor- und Nachteile des Wasserfall- und des evolutionären Modells.

139

| Prozess-Modell | Haupt-Ziel | Fokus | Team-Beteiligung | Eigenschaft |
|---|---|---|---|---|
| Wasserfall-Modell | min. Managementaufwand | Dokumente | gering | sequentiell, volle Breite |
| V-Modell | max. Qualität | Dokumente | gering | sequentiell, volle Breite; Validierung, Verifikation |
| Evolutionäres Modell | min. Entwicklungszeit | Code | mittel | nur Kernsystem |
| Prototypen-Modell | min. Entwicklungszeit | Code | hoch | nur Teilsysteme |
| Komponenten-Modell | Risikominimierung | Code | hoch | nur Teilsysteme |
| Inkrementelles Modell | min. Entwicklungszeit, Risikominimierung | Code | mittel | volle Definition, dann zunächst nur Kernsystem |
| Spiral-Modell | Risikominimierung | Risiko | mittel | Entscheidung pro Zyklus über weiteres Vorgehen |

Tabelle 8.2: Vergleich der Prozess-Modelle [Inf14]

## 8.2.7 Schnelle Software-Entwicklung

Die vorgestellten klassischen Methoden wie Wasserfall- und V-Modell stellen aufgrund der zu durchlaufenden Phasen und auszuarbeitenden Dokumente einen „schwergewichtigen" Ansatz dar. Es scheint, die Dokumentation sei wichtiger als die Programmierung. Auch mit Einsatz der Methoden und Werkzeuge bleibt ein Restrisiko, das Projekt in Zeit und Budget erfolgreich durchzuführen.

**Motivation**

Die Extreme Programmierung[17] als „leichtgewichtige" Methode kann zur Risikoreduktion genützt werden und zur schnellen Software-Entwicklung führen. Dieser Prozess folgt dem Grundsatz: Sind Methoden, Verfahren und Prinzipien vernünftig und haben sie sich in der Praxis bewährt, dann sollten sie in einem extremen Maße verwendet und im Verbund genutzt werden ([SW04], S. 244 ff.). Extreme Programming gehört zu den agilen[18] Methoden. Hierbei erfolgt die Entwicklung iterativ und der Kunde wird „extrem" mit in den Prozess einbezogen.

Weitere Möglichkeiten zur Vertiefung liefert ([GM07], S. 162 ff.).

---

*Beispiel:* Bewährte XP-Methoden sind:

- Code-Reviews: Begutachtung des Code durch zwei Programmierer[a]

- Einfachheit: Systemwahl auf einfaches Design

- Kommunikation: Kunde im Entwicklungsteam

---
[a]engl.: Pair Programming

---

Weitere Methoden zur schnellen Software-Entwicklung wie

- Agile Methoden

- Softwareprototypen

liefert ([Som07], S. 425).

Im Folgenden werden die klassischen mit den agilen Prozessen verglichen. Klassische Prozesse haben folgende Eigenschaften:

**klassich versus agile**

- diszipliniert und gut geplant

- Schwerpunkt ist die Langzeit-Planung

- Fokus: Prozess

---
[17]XP = EXtreme Programming
[18]lat.: Agilis − flink, beweglich

- planungsgetrieben

Die Eigenschaften von agilen Prozessen sind:

- Kompromiss zwischen keinem und zu umfangreichem Prozess

- Schwerpunkt auf kurzen Zeiträumen

- Wenig Dokumentation, der Code übernimmt die Dokumentation

- Fokus: auf den beteiligten Menschen

Weiterführende Literatur zu Modellen und Modell-Varianten findet man unter [Som07].

---

*Zusammenfassung[a]:*

1. Der Leser kann die Entwicklung einordnen und kennt die Abgrenzung zu Prdoukt-, Qualitäts- und Konfigurations-Management.

2. Er kennt die einzelnen Phasen einer Entwicklung.

3. Der Leser kennt die Hauptziele der einzelnen Prozess-Modelle.

[a]mit der Möglichkeit zur Lernziele-Kontrolle

---

# 9 Entwurf auf Systemebene

> *Lernziele:*
>
> 1. Das vorliegende Kapitel stellt die unterschiedlichen Entwurfs-Methoden vor.
>
> 2. Das Kapitel diskutiert die unterschiedlichen Entwurfs-Modelle mit Anwendungsgebieten anhand von Beispielen. Hierbei erfolgt eine Anordnung in Ebenen.
>
> 3. Der Schwerpunkt liegt auf dem Entwurf auf hohem Abstraktionsniveau – der System-Ebene

In diesem Kapitel werden die folgenden Quellen verwendet: ([SD02], S. 42 ff.), ([SW04], S. 235 ff.), ([Mey09], S. 11 ff.), [GM07].

## 9.1 Methoden

Der Abschnitt zeigt grundsätzliche Methoden zu Software-Entwurf und Implementierung.

> *Merksatz:* **Design**[a]
> ist mit der Planung (Architektur) beim Hausbau vergleichbar.
> ___
> [a]engl.: Design

© Springer Fachmedien Wiesbaden GmbH, ein Teil von Springer Nature 2020
R. Gessler, *Entwicklung Eingebetteter Systeme*,
https://doi.org/10.1007/978-3-658-30549-9_9

---

*Merksatz:* **Systemebene**

der Entwurf auf Systemebene [a] bedeutet auf hohem Abstraktionsnivau (siehe Abschnitt Ebenen 9.2.1). Begriffe hierfür sind:

- ESL[b]: Entwurf auf hohem Abstraktionsniveu mit automatischer Code-Erzeugung

- MDSD[c]: Modellgetriebene Software-Entwicklung (siehe Abschnitt 10.2)

- HLS[d]: Entwurf auf hohem Abstraktionsniveau mit automatischer Code-Erzeugung (siehe Kapitel 16)

---

[a]engl.: System Level Design, High Level Design
[b]ESL = Electronic System Level
[c]MDSD = Model Driven Software Development
[d]HLS = High Level Synthesis

---

## 9.1.1 Abstrahierung und Strukturierung

Zwei grundsätzliche Methoden beim Software-Entwurf sowohl für Mikroprozessoren als auch FPGAs sind:

- Abstrahierung: Reduzierung der Komplexität durch Konzentrierung auf wesentliche Aspekte (durch gezieltes Weglassen von unwesentlichen Gesichtspunkten)

- Strukturierung: Detaillierung durch Hierarchisierung und Modularisierung

**Hierar-chisierung**

Unter Hierarchisierung versteht man die Zerlegung eines komplexen Systems in weitere Bestandteile (Subsysteme), die ihrerseits wieder Subsysteme beinhalten können (siehe Abbildung 9.1). Es entstehen Ebenen gleicher Rangordnung.

---

*Beispiel:* Bei Matlab/Simmulink dienen abstrakte Modelle zur automatischen Codeerzeugung (siehe Abschnitt 10.2).

---

**Modulari-sierung**

Ein Softwaresystem besteht aus einzelnen Modulen. Ein Modul (oder eine Komponente) ist eine Funktionseinheit (z. B. Unterprogramm/Funktion oder Schaltung wie Addierer). Bei der Modularisierung geht es um die Charakterisierung der Module. Zum einen sollen Sie eine hohe Bindung, d. h. großen inhaltlichen Zusammenhang, aufweisen. Zum anderen sollen die Module über eine geringe Kopplung (Schnittstellen-Minimierung) untereinander verfügen.

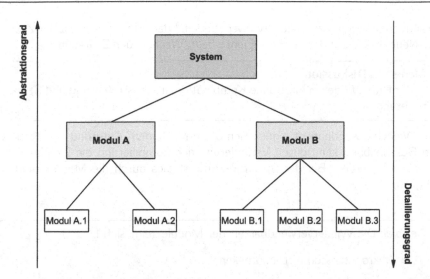

Abbildung 9.1: Hierarchisierung und Modularisierung

Zur Beherrschung der Komplexität wird der Ansatz „teile und herrsche"[1] eingesetzt. Eine komplexe Aufgabe wird in kleine übersichtliche Einheiten zerlegt. Das Ergebnis der Partitionierung sind Module.
Im Folgenden unterscheidet man zwischen den beiden Entwurfsrichtungen:

**Komplexität**

**Partitionierung**

- „oben nach unten"[2]: System „verfeinert" sich schrittweise

- „unten nach oben"[3]: System „wächst" schrittweise

**Richtungen**

Die Teilsysteme sind weniger komplex als das Gesamtsystem und erlauben die unabhängige Implementierung von unterschiedlichen Entwicklern.
Die Motivation für die Strukturierung ist die Erhöhung der Qualität bei komplexen Systemen durch Verbesserung der Erweiterbarkeit, Wiederverwendbarkeit, Testbarkeit und Wartbarkeit der Module.
Die Abstrahierung ermöglicht in der Implementierungsphase die automatische Abbildung durch Compilierung oder Synthese (siehe Kapitel 14). Dies führt ebenfalls zu einem Effizienzgewinn bei der Simulation. Dies ermöglicht eine schnelle Simulation auf hohem Abstraktionsniveau. Von Nachteil ist aufgrund der hohen Abstraktion die fehlende Aussage zur Implementierung, wie z. B. zugehörige Datenrate und Ressourcenverbrauch.
Die Strukturierung dient zur Beherrschung der Komplexität und stellt eine

**Motivation**

**Vor- und Nachteile**

---

[1]engl.: Divide And Conquer
[2]engl.: Top-down
[3]engl.: Bottom-up

Grundvoraussetzung zur Wiederverwendbarkeit[4] dar. Ein Nachteil ist der Zwang zur Neuentwicklung der Grundelemente beim Wechsel der Zieltechnologie.

> *Merksatz:* **Diskussion**
> In der Praxis findet man oft eine Kombination aus Abstrahierung und Strukturierung.

**Wieder-verwend-barkeit**

Zur Wiederverwendbarkeit eignen sich beide Methoden. Aufgrund der abstrakten Beschreibung kann durch Veränderung der Compilierung die Zielplattform gewechselt werden. Bei der Strukturierung ist dies durch die Modularisierung möglich.

> *Beispiel:* Die Wiederverwendbarkeit der Module zeigt sich bei:
>
> - Mikroprozessoren: Bibliotheken
>
> - FPGAs: Soft- und Hard-Module (IPs[a]) (Details siehe auch ([GM07], S. 95 ff.))
>
> ---
> [a]IP = Intellectual Property

> *Definition:* **IP-Cores**[a]
> steht für geistiges Eigentum und bezeichnet in der Halbleiterindustrie, speziell beim Chipentwurf, eine wiederverwendbare Beschreibung eines Halbleiterbauelementes. IPs können z. B. auch Mikroprozessoren als fertige Einheit (quasi Makro) sein. Die eigene Entwicklung (ASIC- oder FPGA-Design) kann hierdurch nach dem Baukastenprinzip erweitert werden. IP-Cores existieren in Form von Quellcodes wie VHDL oder als Schaltplan (Netzliste) [Wik07].
>
> ---
> [a]dt.: Kerne

> *Aufgabe:* Diskutieren Sie Abstraktion und Strukturierung.

**Anforderung**

**Modula-risierung**

Die Anforderungen an die Modularisierung verfolgen das Geheimnisprinzip. Auf die Modulfunktionalität darf nur über explizite Schnittstellen zugegriffen werden. Dies führt zum Verbergen von Details der Implementierung durch Abstraktion

---

[4]engl.: Design For Re-use

und Reduzierung der Komplexität und unterstützt die Trennung der Modul-Funktion (Schnittstelle) von der Implementierung.

Die Anforderung an die Strukturierung der Module ist: Ein Modul soll mit möglichst wenig anderen Modulen kommuniziren (siehe Abbildung 9.2). Somit wirken sich kleine Änderungen in der Spezifikation nur in einem oder wenigen Modulen aus. Zwei Module sollen über schmale Schnittstellen (lose Kopplungen) verfügen. Hierdurch werden so wenig wie möglich Informationen untereinander ausgetauscht. Bei den Teilsystemen gibt es grundsätzlich die nachfolgenden

**Schnittstellen**

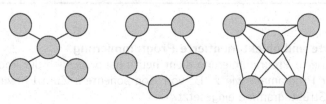

Abbildung 9.2: Modul-Struktur: a) 4 Kanäle; b) 5 Kanäle; c) 10 Kanäle [Mey09]

Schnittstellen zum Informationen-Austausch:

- Software-Software

- Hardware-Hardware

- Software-Hardware

Die Software-Software-Schnittstellen existieren auf verschiedenen Abstraktionsebenen.

---

*Beispiel:* Bei der Sprache C und Funktionen erfolgt die Parameterübergabe direkt[a] oder indirekt[b] mit Zeigern oder globalen Variablen.

---

[a]engl.: Call By Value
[b]engl.: Call By Reference

---

Bei der Hardware-Hardware-Ebene findet die Kommunikation auf physikalischer Ebene mittels Signalen statt (siehe auch erste Ebene des ISO[5]/OSI[6]-Modells).

---

*Beispiel:* Eine serielle Schnittstelle ermöglicht einen einfachen Datenaustausch.

---

[5]ISO = International Standard Organisation
[6]OSI = Open System Interconnection

Bei der Software-Hardware-Schnittstelle unterscheidet man zwischen der Erzeugung von Hardware-Signalen durch eine Software-Funktion und dem Aufruf einer Software-Funktion durch Hardware-Signale.

> *Beispiel:* Die Auswertung von Hardware-Signalen durch Software-Funktionen erfolgt z. B. durch Polling oder Interrupts.

**Strukturierte und objektorientierte Programmierung**

Die strukturierte Programmierung dient heute hauptsächlich der Implementierung kleiner Programme wie z. B. von Komponenten. Zum Entwurf werden Fluss- und Struktogramme eingesetzt.

Die objektorientierte Programmierung[7] betrachtet Daten und Funktionen als Einheit – dem Objekt. Gleichartige Objekte werden in einer Klasse zusammengefasst.

UML beschreibt statische OOP-Modelle in einer einheitlichen Notation.

**Text und Graphik**

Beim Entwurf Eingebetteter Systeme kommen sowohl grafische als auch und textuelle Beschreibungen zum Einsatz. Graphiken unterstützen die Visualisierung komplexer Systeme mit ihren abstrakten Darstellungsformen. Im Volksmund heißt es: „Ein Bild sagt mehr als tausend Worte". Unterschiedliche Systemaspekte können durch entsprechende Perspektiven betrachtet werden (siehe

**UML**     Kapitel 10, UML[8]).

Eine textuelle Darstellung ermöglicht hingegen eine präzisere Beschreibung. Algorithmen, mathematische Definitionen oder Programme werden gewöhnlich textuell formuliert(siehe auch Kapitel 9, Pseudocode und Struktogramm).

**Balance**     Die Kunst besteht in der Balance beider Darstellungsformen.

## 9.1.2 Parallelitäts-Ebenen

Der vorliegende Abschnitt diskutiert Methoden zur Erhöhung der Datenrate durch parallele Verarbeitung (siehe auch Abschnitt 4.3). Die Datenrate[9] kann ebenfalls durch eine Erhöhung der Taktfrequenz aufgrund einer gesteigerten Transistordichte (IC-Technologie) erfolgen. Die Methoden dienen als Grundlage für die weiteren Architekturen.

---

[7]OOP = Object Oriented Programming
[8]UML = Unified Modeling Language
[9]oder (Daten-)Durchsatz

148

> *Merksatz:*
> Die Parallelität kann sowohl in Hard- als auch in Software erfolgen. Allerdings gibt es in der Software nur eine „Quasi"-Parallelität - eine scheinbare parallele Verarbeitung.

Man unterscheidet grundsätzlich zwischen den beiden folgenden Arten der Parallelität (CIS[10]):                                          **Arten**

- Nebenläufigkeit: Die Ausführung der einzelnen Teilfunktionen erfolgt zeitlich parallel, da sie nicht voneinander abhängig sind.

- Pipelining: Die Bearbeitung einer Aufgabe wird in Teilschritte zerlegt. Die Teilschritte werden dann in einer sequentiellen Folge (Phasen der Pipeline) ausgeführt.

Bei der Methode der Nebenläufigkeit werden logische Funktionen so realisiert, **Neben-**
dass sie parallel abgearbeitet werden.                                   **läufigkeit**
Die Methode des Pipelinings teilt große, komplexe Einheiten in kleine und somit
schnelle Module auf. Die Zwischenergebnisse der Module werden von Registern **Pipelining**
gespeichert. Weitere Register werden zum Ausgleich von Laufzeitunterschieden
der einzelnen Module benötigt. Durch den Registereinsatz steigen die Latenzzeit[11] und der Schaltungsaufwand (Registeranzahl). Unter Latenz versteht man **Latenzzeit**
die notwendige Zeit, bis das Ergebnis am Ausgang vorliegt.

> *Merksatz:* **Zyklusdauer**
> $ZD_{MP} = \frac{ZD_{OP}}{PS} + PL$
> ZD: Zyklusdauer mit/ohne Pipeline (MP/OP)
> PS: Pipeline-Stufen
> PL: Pipeline-Latch-Latenzzeit
> GLZ= PS * $ZD_{MP}$
> GLZ: Gesamt-Latenzzeit

---

[10]CIS = Computing In Space
[11]kurz Latenz

*Aufgaben:*

1. Ein Prozessor hat eine Zyklusdauer von 25 ns. Wie hoch ist die Zyklus-dauer einer Pipeline-Prozessorversion mit 5 gleichmäßig unterteilten Stadien bei einer Pipeline-Switch-Latenz vo 1 ns? Wie sieht es bei 50 Pipeline-Stufen aus? Lösung: a) 6 ns und b) 1,5 ns.

2. Wie hoch ist die Gesamt-Latenz einer Pipeline, wenn ein Prozessor ohne Pipelines mit einer Zyklusdauer von 25 ns gleichmäßig in 5 Stu-fen unterteilt und der Latenz-Switch 1ns beträgt? Was ergibt sich bei 50 Stufen? Lösung: a) 30 ns und b) 75 ns (3 fach zum ursprünglichen Pozessor!) ([Car03], S. 127)

**Schaltungs-technik**

**Parallelitäts-Ebenen**

Beide Arten werden auch in der digitalen Schaltungstechnik eingesetzt.
Die Parallelität erfolgt auf unterschiedlichen Ebenen. Tabelle 4.3 zeigt die Pa-rallelitäts-Ebenen von Mikroprozessoren mit Realisierung (siehe auch 2.1) und mit Beispielen.

*Merksatz:* **Datenrate vs. Gatteranzahl**
Der Forderung nach einer höheren Datenrate (Reduzierung der Gatterlauf-zeit[a] steht eine höhere Gatteranzahl (Verbrauch an Chipfläche) gegenüber.

[a]engl.: Propagation Delay Time ($T_{pd}$)

**Granularität**

Die Körnigkeit oder Granularität gibt das Verhältnis von Rechenaufwand zu Kommunikationsaufwand an. Programm-, Prozessebene und Funktionseinheiten werden oftmals als grobkörnig bezeichnet. Hingegen werden die Befehls-, Daten-und Bitebenen als feinkörnig bezeichnet ([Stu04], S. 10).

*Beispiel:* Die Peripherie eines Mikrocontrollers, wie z. B. Zeitgeber[a]-Module, arbeiten nebenläufig zur CPU.

[a]engl.: Timer

*Aufgabe:* Nennen Sie Methoden zur Erhöhung der Datenrate.

*Beispiel:* Die Datenrate kann durch Pipelining erhöht werden. Abbildung 9.3 zeigt einen 8-Bit-Addierer, bestehend aus zwei 4-Bit-Addierern und Registern bzw. Flip-Flops ("FF").

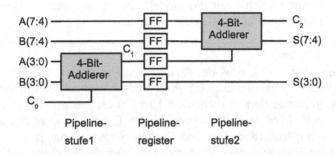

Abbildung 9.3: 8-Bit-Addierer mit zwei Pipelinestufen ([HRS94], S. 21)

### 9.1.3 Kreativität

Kreativitätstechniken können in allen Entwicklungsphasen hilfreich sein. Im Folgenden Methoden zur Förderungen der Kreativität:

- Morphologischer Kasten

- Mind-Maps

**Morphologischer Kasten**

Der Morphologische Kasten stellt eine morphologisch-analytische Kreativitätstechnik dar. Morphologie ist die Lehre des geordneten Denkens. Sie wurde von Fritz Zwicky 1956 entwickelt. Die Aufgabenstellung wird in Teilaspekte zerlegt und in mehreren Dimensionen klassifiziert. Alle Gestaltungsvarianten der identifizierten Teilaspekte werden tabellarisch dargestellt und systematisch miteinander kombiniert. Am Ende folgt eine Analyse der Lösungswege. Diese ergibt sich aus der Kombination der Merkmale ([Krü05], S. 22-2).

**Mind-Mapping**

Tony Buzan entwickelte im Jahre 1970 „Mind-Mapping". Die Methode entspricht aufgrund ihres nicht linearen Ansatzes besonders dem menschlichen Denken. Mind-Mapping stellt das bildlich-räumliche Denken in den Vordergrund und ermöglicht hierdurch neue Sichtweisen der Aufgabenstellung. Das zu diskutierende Thema wird im wörtlichen Sinne dargestellt (abgebildet) – hierdurch entsteht eine neue Struktur. Die Darstellung ermöglicht, wichtige Punkte herauszuarbeiten, neue Quer-Verbindungen herzustellen und Nebenaspekte zu betrachten. Die offene Struktur der Mind-Maps erlaubt im späteren Verlauf, Er-

gänzungen einfach vorzunehmen ([Nöl98], s. 66 ff.).
Weiterführende Literatur zum Thema findet man unter [Nöl98] und [Noa05].

## 9.2 Modelle

Im Folgenden wird zunächst auf die Modell-Ebenen und deren Eigenschaften eingegangen und danach auf die einzelnen Modelle.

> *Definition:* **Modelle**
> dienen dem Verständnis bzw. der Analyse von Problemen. Modelle können auf verschiedenen Ebenen in Form von linguistischen oder grafischen Darstellungen implementiert werden. Dabei ist ein Modell als eine idealisierte Abbildung einer (Teil-)Schaltung aufzufassen. Die Genauigkeit des Modells im Hinblick auf Vollständigkeit und Detaillierungsgrad hängt vom zu untersuchenden Problem, dem Wissensstand oder der Modellumgebung ab ([SS03], S. 140).

### 9.2.1 Ebenen

**Lösung finden**

Der Entwurf digitaler Systeme schließt an die Überlegungen aus den Kapiteln 2 und 8 an. Mit dem Entwurf einer digitalen Schaltung wird eine Lösung für die gegebene Aufgabe unter den gegebenen Randbedingungen gefunden.
Beim Entwurf digitaler Schaltungen wird zwischen den folgenden Ebenen der Software-Architektur unterschieden: System-Ebene, Algorithmen-Ebene, Register-Transfer-Ebene, Logik-Ebene (siehe Abbildung 9.4).

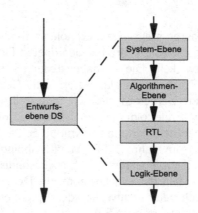

Abbildung 9.4: Ebenen der Software-Architektur beim Entwurf von digitalen Schaltungen (Abkürzung „DS" steht für Digitale Schaltung)

Die Entwurfsebenen bauen auf den Ebenen der IC-Technologie auf (siehe Abbildung 2.1). Die Funktionen der einzelnen Ebenen sind:

- System-Ebene: Beschreibung der Software-Architektur mittels Subsystemen und Modulen.

- Algorithmen-Ebene: Beschreibung durch eine Rechenvorschrift.

- Register-Transfer-Ebene[12]: Beschreibung des zeitlichen Ablaufs der Registerwerte und -änderungen

- Logik-Ebene: Beschreibung durch Gatter und Flip-Flops.

**System-Ebene**

**Algorithmen-Ebene**

**RTL**

**Logik-Ebene**

Die Ebenen System-, Algorithmen-, Register- und Logik-Ebene stellen die makroskopischen Schichten dar. Der Abstraktionsgrad nimmt ausgehend von der Logik- hin zur System-Ebene zu. Die einzelnen Ebenen müssen für die Lösung nicht zwingend besetzt sein.
Hingegen bilden Schaltungs-, Bauelemente- und Layout-Ebene der IC-Technologie die mikroskopischen Schichten.

**makroskopisch**

**mikroskopisch**

---

*Aufgabe:* Beschreiben Sie eine ALU auf den verschiedenen Entwurfsebenen.

---

Aufgrund der wachsenden IC-Komplexität erfolgt der Entwurf digitaler Schaltungen hauptsächlich auf den makroskopischen Ebenen: System-, Algorithmen-, Register-Transfer-Ebene. Kapitel 10 vertieft den Schaltungsentwurf auf diesen Ebenen ([Vor01], S. 57 ff.).

---

*Definition:* **Entwurf digitaler Systeme**
Der Entwurf einer digitalen Schaltung bzw. eines digitalen Systems ist die Umsetzung einer Produktidee in eine produktionsfähige Beschreibung.

---

Hierbei kommen auf den jeweiligen Abstraktionsebenen verschiedene Modelle zum Einsatz. Die einzelen Ebenen werden detailliert mit den nachfolgenden Modellen (siehe Abschnitt 9.2.2) beschreiben.

**Modelle**

### System-, Algorithmen- und Register-Transfer-Ebene

Der Entwurf auf diesen Ebenen erfolgt heute vorzugsweise rechnergestützt mit Beschreibungs- bzw. Programmiersprachen (siehe Kapitel 10).
Die Software-Entwicklung für Mikroprozessoren erfolgt auf der System- bzw. Algorithmen-Ebene, hingegen für FPGAs auf System- bis zur Logik-Ebene.

**Vergleich**

---

[12]RTL = Register Transfer Level (*deutsch: Register-Transfer-Ebene*)

**System-Ebene**

Die System-Ebene beschreibt die Software-Architektur der Lösung auf oberster Hierarchie-Ebene. Hierbei werden die Systemschnittstellen und Subsysteme bzw. Module festgelegt. Ein Modell auf dieser Ebene ist das Blockdiagramm.

**Block-diagramm**

> *Beispiel:* Auf System-Ebene besteht ein Mikroprozessor aus den Subsystemen: ALU, Steuerwerk, Speicher, Bus usw.

Die System-Ebene beschreibt im Rahmen des Hardware-Software-Codesigns die Aufteilung von CPU und digitalen Schaltungen auf der Basis eines „System On Chip" (siehe Buch [GM07]).

**Algorithmen-Ebene**

Die Ebene beschreibt den Algorithmus[13] mittels Operationen wie Addition, Multiplikation, Boole'scher Ausdrücke und bedingten Zuweisungen (if-then-else-Konstrukten) und Speicherfunktionen. Diese Ebene weist aber noch keine Reihenfolge der Verarbeitung und Schaltungselemente (Addierer, Speicher usw.) zu. Modelle auf dieser Ebene:

- Verhaltensbeschreibung

- Flussdiagramme und Struktogramme

- Datenflussdiagramm

Die Verhaltensbeschreibung ist Hochsprachen wie C sehr ähnlich.
Die Algorithmen-Ebene kann von den in Abschnitt 9.2 dargestellten Modellen profitieren. UML kann hierbei auch den Entwurf von digitalen Schaltungen unterstützen (siehe Abschnitt 9.3).

> *Beispiel:* Die Funktionen (Fallunterscheidungen) können als Pseudo-Code formuliert werden.

> *Merksatz:* **Algorithmen-Ebene**
> kann auch als Verhaltens-Ebene aufgefasst werden.

---

[13]Rechenvorschrift

**Register-Transfer-Ebene**

Die Ebene stellt zum gewünschten Verhalten der Algorithmen-Ebene einen Taktbezug her - RTL weist den Operationen einen Taktzyklus zu. Die Register-Transfer-Ebene baut auf der sequentiellen Logik auf. Die Schaltungsmodellierung erfolgt mittels kombinatorischer Logik und Register. Das taktsynchrone Modell wird häufig in einen Daten- und einen Steuerpfad unterteilt.

> *Beispiel:* Mikroprozessor: Die ALU kann als Datenpfad angesehen werden. Das Steuerwerk stellt den Steuerpfad dar.

**Logik-Ebene**

Der Logik-Ebene ist ein eigener Abschnitt „logikbasiert" gewidmet.

> *Beispiel:* Der Addierer der ALU kann aus einem Carry-Ripple-Addierer mit Voll-Addieren bestehen.

Weiterführende Literatur zum Thema findet man unter ([Jan01], S. 34 ff.).

## 9.2.2 Eigenschaften

Aus den unterschiedlichen Ebenen ergeben sich die Eigenschaften zur Einordnung der nachfolgenden Modelle:

- verhaltenbasiert: z. B. Flussdiagramm

- kontrollflussbasiert: z. B. Zustandsdiagramm

- strukturbasiert: z. B. Blockdiagramm

- datenflussbasiert: z. B. Datenflussdiagramm

- projektbasiert: z. B. Balkendiagramm

- logikbasiert: z. B. Karnaughdiagramm

- projektbasiert: z. B. Balkendiagramm

Die bisherige Einteilung in Ebenen war makroskopisch, die Eigenschaften hingegen sind mikroskopisch eingeteilt.

> *Merksatz:* **Ressourcen-Planung**
> Zum Entwurf von Eingebetteten Systemen ist für die Modelle eine detaillier-
> te Ressourcen-Planung der Peripherie notwendig (siehe [Krü05], S. 23-1).

### 9.2.3 Verhaltenbasiert

**sequentielle Algorithmen**

Der folgende Abschnitt stellt Modelle zur Beschreibung von sequentiellen Algorithmen, Verhalten oder Abläufen vor. Hierzu gehören:

- Flussdiagramme

- Struktogramme

- Stilisierte Prosa; Pseudocode: mit Hochsprache wie C oder Matlab

**PAP**

Die Flussdiagramme, auch Programmablaufpläne[14] genannt, sind durch graphische Elemente intuitiv zu verstehen. Bei komplexen Aufgabenstellungen können
sie allerdings an ihre Grenzen stoßen und unübersichtlich werden. Die moderne
Software-Entwicklung für Mikroprozessoren sieht Sprungbefehle nicht mehr vor.
PAPs verleiten den Software-Entwickler bei der Implementierung, Sprungbefeh-

**Symbole**

le zu verwenden. Programmablaufpläne sind nach der DIN[15] 66001 genormt.
Abbildung 9.5 zeigt die Symbole des Flussdiagramms.
Struktogramme, auch Nassi-Shneidermann- oder Programmstruktur-Diagram-
me[16] genannt, stehen alternativ zur Verfügung. Diese Diagramme wurden An-

**PSD**

fang der siebziger Jahre im Rahmen der Strukturierten Programmierung entwickelt. Struktogramme sind nach der DIN 66261 genormt. Die Abbildungen 9.6

**Symbole**

und 9.7 zeigen die Symbole des Struktogramms.
Bei der Stilisierten Prosa handelt es sich um eine halbformale Darstellungsform.

**Stilisierte Prosa**

Hierbei werden die Schritte nummeriert und das Verhalten umgangssprachlich
beschrieben. Diese Methode ist allgemein verständlich und erlaubt eine Kommunikation unabhängig von Programmierkenntnissen. Die Struktur dieser Darstellungsform ist allerdings schwer zu symbolisieren.

---

[14]PAP = Programm-Ablauf-Plan
[15]DIN = Deutsches Institut für Normung
[16]PSD = Programm-Struktur-Diagramme

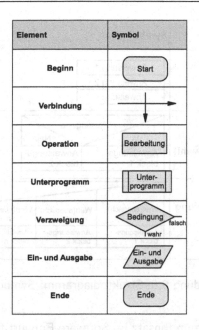

| Element | Symbol |
|---|---|
| Beginn | Start |
| Verbindung | |
| Operation | Bearbeitung |
| Unterprogramm | Unter-programm |
| Verzweigung | Bedingung falsch / wahr |
| Ein- und Ausgabe | Ein- und Ausgabe |
| Ende | Ende |

Abbildung 9.5: Flussdiagramm: Symbole

---

*Beispiel:* Stilisierte Prosa

1. Initialisierung: setze i auf n

2. Prüfe: wenn (a=b) ist, gehe nach 5.

3. Ändere: vermindere i um 1

4. Ende?: wenn (i>0) ist, gehe nach 2., sonst nach 5.

5. Ende!

---

*Aufgabe:* Beschreiben Sie das Beispiel „Stilisierte Prosa" als PAP.

---

Der Pseudocode, auch Algorithmenbeschreibungssprache genannt, verwendet eine formale Darstellung und ist stärker formalisert als die Stilisierte Prosa. Diese Darstellung ähnelt Programmiersprachen wie C oder Matlab, allerdings ohne den syntaktischen Ballast. Listing 9.1 zeigt den Pseudocode für den Algorithmus eines FIR-Filters.

**Pseudocode**

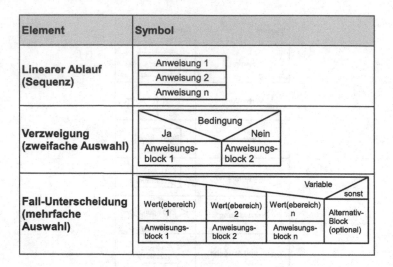

| Element | Symbol |
|---------|--------|
| **Linearer Ablauf (Sequenz)** | Anweisung 1 / Anweisung 2 / Anweisung n |
| **Verzweigung (zweifache Auswahl)** | Bedingung — Ja / Nein — Anweisungsblock 1 / Anweisungsblock 2 |
| **Fall-Unterscheidung (mehrfache Auswahl)** | Variable / sonst — Wert(ebereich) 1 / Wert(ebereich) 2 / Wert(ebereich) n / Alternativ-Block (optional) — Anweisungsblock 1 / Anweisungsblock 2 / Anweisungsblock n |

Abbildung 9.6: Struktodiagramm: Symbole I

**Einsatz-gebiete**

Sie kommen klassisch zum Einsatz im Software-Entwurf für Mikroprozessoren, aber auch im Entwurf von Digitalen Schaltungen. Flussdiagramme und Strukto- gramme können dagegen für Arbeitsanweisungen und Prozesspläne verwendet werden. Einschränkungen liegen bei der Modellierung von parallelen Algorith- men.

> *Beispiel:* Abbildung 9.8 zeigt den Aufbau eines FIR[a]-Filters (siehe Abschnitt 3.2.4 mit Listing 3.2). Abbildung 9.9 zeigt den Entwurf des FIR-Filters als Struktogrammdiagramm. Beispielhaft werden 100 Schleifendurchgänge ($z=100$), d. h. 100 Eingangswerte verarbeitet.
>
> ---
> [a]FIR = **F**inite **I**mpulse **R**esponse (filter) *(deutsch: Filter mit endlicher Impulsantwort)*

> *Aufgaben:*
>
> 1. Beschreiben Sie den FIR-Filter (siehe Abbildung 9.8 und 9.9) voll- ständig als Pseudo-C-Code.
>
> 2. Erstellen Sie in Analogie zu Abbildung 9.9 ein Flussdiagramm.

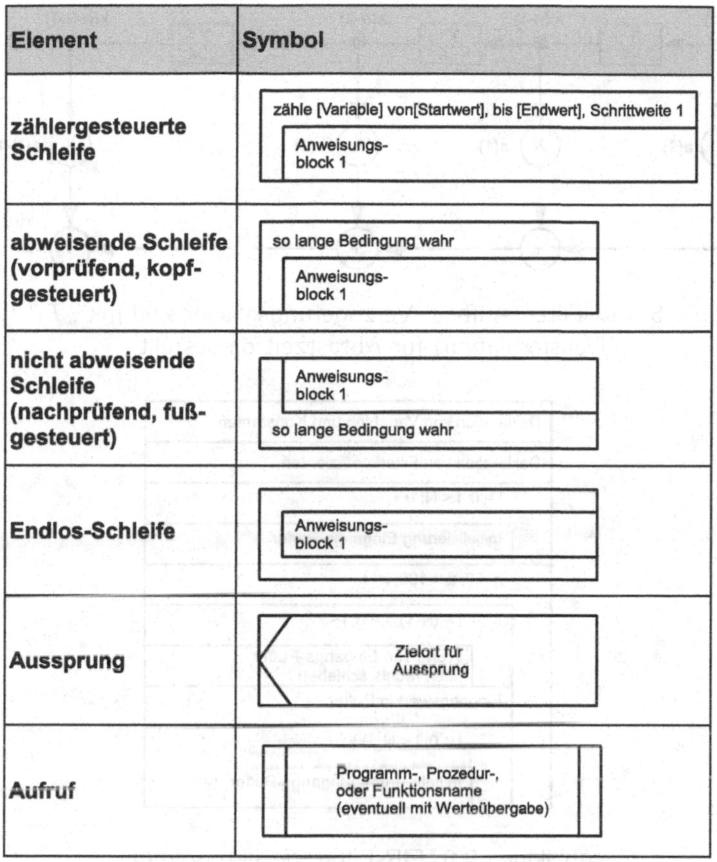

| Element | Symbol |
|---|---|
| zählergesteuerte Schleife | zähle [Variable] von[Startwert], bis [Endwert], Schrittweite 1<br>Anweisungs-block 1 |
| abweisende Schleife (vorprüfend, kopf-gesteuert) | so lange Bedingung wahr<br>Anweisungs-block 1 |
| nicht abweisende Schleife (nachprüfend, fuß-gesteuert) | Anweisungs-block 1<br>so lange Bedingung wahr |
| Endlos-Schleife | Anweisungs-block 1 |
| Aussprung | Zielort für Aussprung |
| Aufruf | Programm-, Prozedur-, oder Funktionsname (eventuell mit Werteübergabe) |

Abbildung 9.7: Struktodiagramm: Symbole II

Quellcode 9.1: Pseudo-C-Code eines FIR-Filters

```
1  ...
2  //Ausschnitt aus der Berechnung des Ausgangswertes y(n)
3  y=0
4  for (N, i++)
5  y=y+(a[i] * eingangs_puffer[i])
6  ...
```

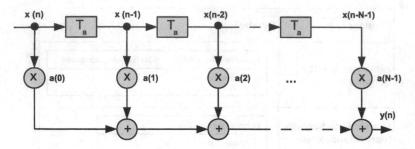

Abbildung 9.8: FIR-Filter: Aufbau. Verzögerungsglieder sind mit „$T_a$" ($z^{-1}$ bei z-Transformation) für Abtastzeit dargestellt.

Abbildung 9.9: FIR-Filter: Struktogramm

*Aufgabe:* Entwerfen Sie ein Struktogramm für den nachfolgenden Fibon-cacci-Algorithmus:

$$f(0) = 1; f(1) = 1 \qquad (9.1)$$

$$f(n) = f(n-1) + f(n-2) \qquad (9.2)$$

*Aufgabe:* Entwerfen Sie nachfolgenden „Fakultät"-Algorithmus:
$$n! = 1 \cdot 2 \cdot 3 \cdot \ldots \cdot (n-1) \cdot n$$
$$0! = 1; 1! = 1$$
mit Hilfe eines Pseudocodes, Programmablaufplans und Struktogramms

> *Merksatz:* **Test**
> Die vorgestellten Modelle können auch zum Test (siehe Kapitel 11) als „Golden Design" eingesetzt werden.

## 9.2.4 Kontrollflussbasiert

Der folgende Abschnitt stellt zwei Modelle zur Beschreibung von Kontrollflüssen dar:

**Nicht-Algorith-mische**

- Zustandsgraphen

- Petri-Netze

Sie zählen zu den nicht-algorithmischen Modellen.
Bei den Zustandsdiagrammen[17] oder auch Zustandsübergangsdiagrammen[18] handelt es sich um sogenannte gerichtete Graphen. Die möglichen Zustände werden durch die Knoten des Graphen repräsentiert. Die Knoten werden mit Namen bezeichnet und meistens in Kreisform dargestellt.

**Zustands-diagramme**

Die Übergänge zwischen den Zuständen erfolgen durch gerichtete Kanten, die an Bedingungen geknüpft sind. Es kann nur ein Zustand gleichzeitig aktiv sein. Eine hierarchische Darstellung ist ebenfalls möglich. Dann stellt ein Knoten eine ganze Gruppe von Zuständen dar. Abbildung 9.10 zeigt die Symbole des Zustandsdiagramms.

**Symbole**

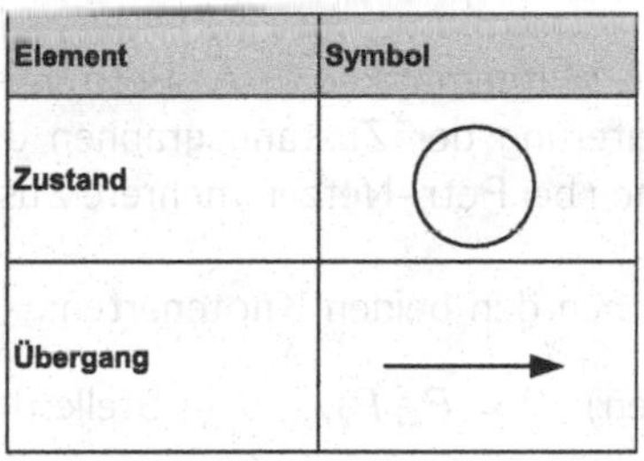

| Element | Symbol |
|---------|--------|
| Zustand | ◯ |
| Übergang | ⟶ |

Abbildung 9.10: Zustandsdiagramm: Symbole

Einsatzgebiet sowohl für sequentielle Programme, Multi-Prozess-Betriebssysteme bei den Mikroprozessoren als auch für synchrone Digitale Schaltungen. Zustandsgraphen stehen thematisch in enger Verbindung zu den endlichen Zustandsautomaten[19] (siehe Abschnitt 9.2.7).

**Einsatzgebiet**

**FSM**

---

[17]engl.: State Charts
[18]engl.: Transition Charts
[19]FSM=Finite State Machine

*Beispiel:* Abbildung 9.11 zeigt den Zustandsgraphen eines 2-Bit-Zählers mit Rücksetz-Funktion.

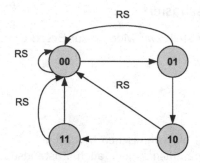

Abbildung 9.11: Beispiel: 2-Bit-Zähler mit Reset-Funktion („RS")

*Aufgabe:* Beschreiben Sie den Zustandsgraphen des 2-Bit-Zählers (siehe Abbildung 9.11) in C und in VHDL (siehe auch Kapitel 10).

**Petri-Netze**

**gleichzeitig**

Die nach dem deutschen Mathematiker C. A. Petri im Jahre 1962 benannten Netze stellen eine Erweiterung der Zustangsgraphen dar. Im Gegensatz zum Zustandsdiagramm können bei Petri-Netzen mehrere Zustände gleichzeitig aktiv sein.

Man unterscheidet zwischen den beiden Knotenarten:

- Plätze (oder Stellen): $P = P_1, P_2, ..., P_N$; Stelle der Bearbeitung

- Transitionen (oder Übergänge): $T = t_1, t_2, ..., t_N$; aktive Elemente mit Schaltregel

Die Plätze entsprechen unmittelbar den Knoten des Zustandsgraphen und werden durch Kreise repräsentiert. Die Transisitionen beinhalten Schaltbedingungen[20] und werden mittels Rechtecken dargestellt. Die einzelnen Knoten werden durch Verbindungen, die gerichteten Kanten, miteinander verbunden. Diese können bei erweiterten Modellen auch gewichtet werden.

Marken stellen die Attribute der Plätze dar und zirkulieren im Graph – es entstehen belegte und freie Plätze. Ein Markierungswechsel erfolgt mittels Schaltregel

---

[20]engl.: Firing Rule

der Transitionen. Weist eine Transition eine Marke am Eingang auf, so ist sie schaltbereit. Ist die Transitionsbedingung erfolgt, so schaltet sie; die Marke am Eingang wird entfernt und am Ausgang wieder eingefügt ([SD02], S. 51 ff.). Abbildung 9.12 zeigt die Symbole des Petri-Netzes.

**Symbole**

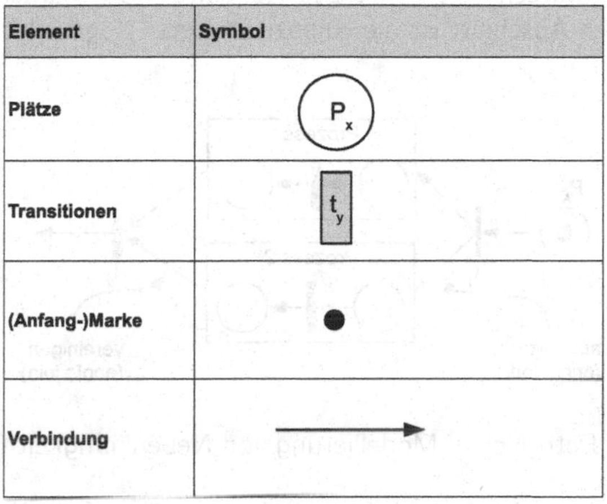

| Element | Symbol |
|---------|--------|
| Plätze | $P_x$ |
| Transitionen | $t_y$ |
| (Anfang-)Marke | ● |
| Verbindung | ⟶ |

Abbildung 9.12: Petri-Netze: Symbole

*Beispiel:* Abbildung 9.13 zeigt den Aufbau eines Petri-Netzes (sequentieller Ablauf).

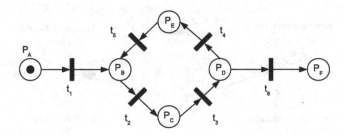

Abbildung 9.13: Petri-Netze: Aufbau (sequentieller Ablauf) ([SD02], S. 52)

Zur Darstellung nebenläufiger Vorgänge wird das bisherige Modell wie folgt ergänzt:

**nebenläufig**

- Mehrere Marken sind im Graph vorhanden – es sind so viele Stellen aktiv, wie Marken vorhanden sind.

163

- Ein Übergang verfügt über mehrere Eingangs- und Ausgangsplätze. Somit wird das Erzeugen und Auflösen mehrerer Marken ermöglicht (siehe Abildung 9.14).

- Man kann Plätzen eine begrenzte Kapazität von Marken zuordnen. Im vorliegenden Abschnitt ist die Kapazität stets "1" gewählt.

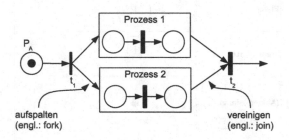

Abbildung 9.14: Petri-Netze: Modellierung von Nebenläufigkeit ([SD02], S. 53)

*Beispiel:* Abbildung 9.15 zeigt die nicht technische Anwendung für ein Petri-Netz im Logistik-Bereich.

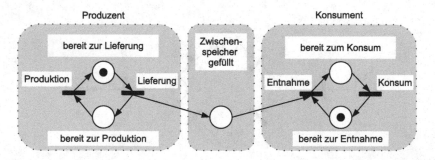

Abbildung 9.15: Beispiel: Produktions- und Konsum-Prozess ([SD02], S. 54)

Wie bei den Zustandsdiagrammen ist auch hier zur Beherrschung komplexer Modelle eine Hierarchie nötig.

**Einsatzgebiet**     Das Einsatzgebiet sind nebenläufige und asynchrone Modelle.

## 9.2.5 Strukturbasiert

Das Blockdiagramm[21] zielt auf die Struktur, den Modellaufbau ab. Es ist besonders zur Modellierung von Nebenläufigkeit im Rahmen des CIS[22] geeignet. Vorteile des Blockdiagramms sind: **Block-diagramm**

- modularer Aufbau

- Schnittstellen zwischen den Modulen müssen vollständig definiert werden.

- Abhängigkeit der einzelen Module sind erkennbar.

Abbildung 9.16 zeigt die Symbole und deren Bedeutung. **Symbole**

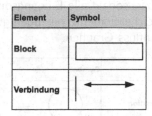

| Element | Symbol |
|---|---|
| Block | |
| Verbindung | |

Abbildung 9.16: Blockdiagramm: Symbole

Einsatzgebiete sind sowohl Software-Module bei den Mikroprozessoren als auch synchrone Digitale Schaltungen. **Einsatzgebiet**

> *Merksatz:* **Mischung**
> die einzelnen Modelle können gemischt werden.

> *Beispiel:* Abbildung 3.2 zeigt eine CPU[a](siehe auch Abschnitt 3.2) als Beispiel für ein Blockdiagramm. Das Steuerwerk kann mit einem Zustandsgraph und das Rechenwerk (Datenpfad) mit einem Datenflussdiagramm modelliert werden.
>
> ---
> [a]CPU = Central Processing Unit *(deutsch: Zentrale Verarbeitungseinheit)*

---
[21]engl.: Structure Chart
[22]CIS = Computing In Space

## 9.2.6 Datenflussbasiert

Datenflussgraphen stellen Aktivitäten und Daten im Ablauf dar und gehören zur Klasse der gerichteten, markierten Graphen. Die Elemente sind im Einzelnen ([SD02], S. 54 ff.):

**Symbole**
- Knoten: stellen die Operationen dar.

- Kanten: stellen den Datenfluss zwischen Operationen dar – Datenabhängigkeit.

- Marks[23]: Kennzeichung des Transports der Operationen zwischen den Knoten. Sie werden von den Knoten am Eingang konsumiert und am Ausgang erzeugt.

**Synchronisation**
Die Synchronisation der Datenflüsse ist bei der SDF[24] von zentraler Bedeutung. Eine Operation ist ausführbar, sobald alle Eingangsoperanden vorhanden sind. Zusätzlich können noch Speicherelemente hinzugefügt werden. Abbildung 9.17 zeigt die Symbole des Datenfluss-Graphen.

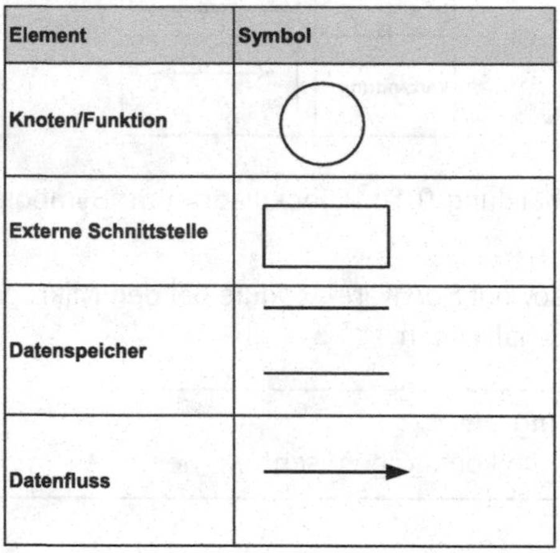

| Element | Symbol |
|---|---|
| Knoten/Funktion | ◯ |
| Externe Schnittstelle | ▭ |
| Datenspeicher | ═ |
| Datenfluss | ⟶ |

Abbildung 9.17: Datenfluss-Diagramm: Symbole

Mit elementaren Datenflussgraphen ist es nicht möglich, Konstrukte wie Fallunterscheidungen oder Schleifen zu beschreiben. Spezielle Steuerkonten für Verzweigungen[25] oder die Ausführung von Marken[26] erweitern den Graph.
Die Verwandtschaft mit den Blockdiagrammen ist einfach zu erkennen, allerdings ermöglichen sie eine bessere Darstellung der Nebenläufigkeit.

**Einsatzgebiet**
Einsatzgebiete sind sowohl sequentielle Programme bei den Mikroprozessoren

---

[23]engl.: Events
[24]SDF = Synchroner Datenflussgraph
[25]engl.: Branch
[26]engl.: Merge

166

als auch synchrone Digitale Schaltungen.

---

*Beispiel:* Die Abbildungen 9.18 und 9.19 zeigen Beispiele für einen Datenfluss-Graphen.

---

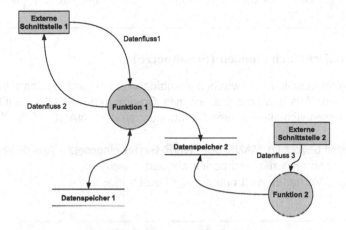

Abbildung 9.18: Beispiel: Datenfluss-Diagramm I

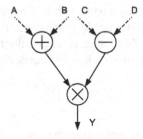

Abbildung 9.19: Beispiel: Datenfluss-Diagramm II: $Y = (A + B) * (C - D)$

---

*Aufgabe:* Stellen Sie folgenden Algorithmus:

$$\begin{pmatrix} a & b \\ c & d \end{pmatrix} \times \begin{pmatrix} X \\ Y \end{pmatrix} = \begin{pmatrix} aX + bY \\ cX + dY \end{pmatrix} = \begin{pmatrix} X' \\ Y' \end{pmatrix}$$

als Datenflussgraph dar.

---

### 9.2.7 Logikbasiert

Die Logikebene wird durch kombinatorische und sequentielle Schaltungen dargestellt.

> *Merksatz:* **Logikbasiert**
> Logikbasierte Modelle kommen sowohl bei der Software-Entwicklung für Mikroprozessoren, als auch beim digitalen Schlatungsentwurf für FPGAs zum Einsatz.

#### Kombinatorische Schaltungen (Schaltnetze)

In der Digitaltechnik wird zwischen kombinatorischer und sequentieller Logik unterschieden. Aus den kombinatorischen Grundfunktionen UND, ODER und NICHT[27] lassen sich alle weiteren Funktionen: NOR[28], NAND, XOR[29], XNOR erzeugen.

In ICs werden bevorzugt NAND oder NOR-Gatter eingesetzt. Aus diesen beiden
**Zeit-** Gattern können die Grundfunktionen abgeleitet werden.
**parameter** Das zeitliche Verhalten wird durch $T_{PD}$[30] beschrieben.

> *Aufgabe:* Stellen Sie ein AND-Gatter aus NAND-Gattern dar.

**speicherfrei** Kombinatorische Logik ist speicherfrei (ohne Gedächtnis). Der zu einem bestimmten Zeitpunkt $t_n$ auftretende Ausgangsvektor Y ist eindeutig dem Eingangsvektor X zum selben Zeitpunkt $t_n$ zugeordnet (zeitunabhängige Schaltung). Somit gilt für ein allgemeines kombinatorisches System (siehe auch Ab-
**zeit-** **unabhängig** bildung 9.20)

$$Y = f(X)^{31}. \tag{9.3}$$

Die logische Funktion f(X) kombinatorischer Systeme kann mittels folgender Modelle:

- Schaltfunktionen

- Schaltungsbelegungstabelle[32]

---

[27] Negation
[28] Negiertes OR
[29] eXclusives OR
[30] $T_{PD}$ = Propagation Delay Time
[31] Notation: Vektor: X; Skalar: $X_i$
[32] SBT = SchaltungsBelegungsTabelle

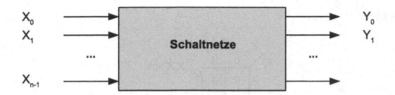

Abbildung 9.20: Kombinatorische Schaltungen

- Karnaugh-Tabellen[33].

beschrieben werden. Die beiden wichtigsten Formen der Schaltfunktionen sind: **Schalt-funktion**

- Disjunktive Normalform[34]: Boole'sche Gleichungen mit UND-Terme, die ODER-verknüpft sind. **DNF**

- Konjunktive Normalform[35]: Boole'sche Gleichungen mit ODER-Terme, die UND-verknüpft sind. **KNF**

Hierbei stellt „$\vee$" eine ODER-, „$\wedge$" eine UND-Verknüpfung und $\overline{X}$ eine Negation dar.

*Beispiel:* DNF: $Y=\overline{X}_1 \wedge X_0 \vee \overline{X}_0 \wedge X_1$

Die Schaltungsbelegungstabelle beinhaltet die Antworten des Ausgangsvektors **SBT** auf alle Kombinationen des Eingangsvektors. Tabelle 9.1 zeigt eine Schaltungsbelegungstabelle für das obige Beispiel: Das Karnaugh-Diagramm ist die Abbil-

| Eingang ($X_1$) | Eingang ($X_0$) | Ausgang (Y) |
|---|---|---|
| 0 | 0 | 0 |
| 0 | 1 | 1 |
| 1 | 0 | 1 |
| 1 | 1 | 0 |

Tabelle 9.1: Schaltungsbelegungstabelle

**Karnaugh-Diagramm**

dung der Schaltungsbelegungstabelle. Die Information ist lediglich in einer anderen Form, die der SBT sehr ähnelt, dargestellt. Nicht zu berücksichtigende Felder[36] werden mit „X" markiert. Abbildung 9.21 zeigt das Karnaugh-Diagramm

[33]kurz: KV-Diagramm (Karnaugh-Veitch-Diagramm)
[34]DNF = Disjunktive NormalForm
[35]KNF = Konjunktive NormalForm
[36]engl.: Don't Care

für das obige Beispiel.

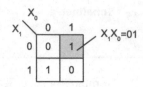

Abbildung 9.21: Karnaugh-Diagramm

Zur Implementierung der Kombinatorischen Schaltung stehen zur Verfügung:

**Implemen-**
**tierung**

- verknüpfende Elemente: Gatter oder PLD und FPGAs

- adressierende Elemente: Festwertspeicher (ROM, EPROM) oder Multi-plexer

zur Verfügung. Verknüpfende Elemente stellen die direkte Umsetzung mittels Gatter dar. Hingegen arbeiten adressierende Elemente indirekt mit Adressen. Hierbei wird der Ausgangsvektor durch die Adresse erzeugt, die aus dem Eingangsvektor gebildet wird.
Weiterführende Literatur zum Thema findet man unter ([Sei90], S. 544 ff.; [HRS94], S. 6 ff.).

### Sequentielle Schaltungen (Schaltwerke)

**Speicher-**
**elemente**

**zeitabhängig**

Im Gegensatz zur Kombinatorik, die logische Verknüpfungen aufweist, verfügt die sequentielle Logik über Speicherelemente „S"[37] (siehe Abbildung 9.22). Der Wert am Ausgang wird solange gespeichert, wie sich das Eingangssignal in Abhängigkeit eines Steuersignals (meistens das Takt-Signal) nicht ändert. Hierdurch können Schaltungen mit zeitabhängigem Verhalten realisiert werden.

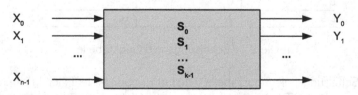

Abbildung 9.22: Sequentielle Schaltungen

**Flip-Flops**   Speicherelemente sind die Flip-Flops[38,39]. Man unterscheidet Arten zwischen:

---

[37]engl.: „Q"

- RS-Flip-Flop (Basis-Element): Übernahme bei Änderung der Eingangspegel Reset, Set (R, S). Der Zustand S=R=1 ist nicht erlaubt!

- D-Flip-Flop: Es entsteht aus einem RS-Flip-Flop durch invertierende Ansteuerung von Reset und Set-Eingang. Übernahme der Daten vom Eingang D bei aktivem Taktsignal.

- JK-Flip-Flop: Funktion wie RS-Flip-Flop. Der Eingang J entspricht S. J=K=1 ist erlaubt („Toggle"-Funktion).

Synchrone Flip-Flops verfügen über einen zusätzlichen Takteingang[40] und schalten nur bei einem aktiven Taktsignal. Man unterscheidet hierbei zwischen taktzustands- und taktflankengesteuerten Flip-Flops. **synchron**
Latches gehören zur Gruppe der asynchronen Flip-Flops. **Latch**
Ein „taktflanken"-gesteuertes Flip-Flop entsteht durch Reihenschaltung zweier taktzustandsgesteuerten Flip-Flops mit einer invertierten Takt-Ansteuerung. Es entsteht ein Master-Slave-Flip-Flop. Die zweite Stufe als Slave kann nur die Daten der ersten Stufe (Master) übernehmen.

*Beispiel:* Sequentielle Schaltungen sind Register, Zähler, Zustandsmaschinen usw.

Meistens sind auf den integrierten Schaltungen nur D-Flip-Flops, die restlichen Flip-Flops werden emuliert. Weitere Steuersignale sind: Setzen[41], Rücksetzen[42] und Freischalten[43].
Flip-Flops haben folgendes Zeitverhalten (siehe auch Abbildung 9.23)[44]: **Zeitverhalten**

- Setup Time[45]: gibt an, wie lange sich das Eingangssignal vor der Clock-Flanke nicht verändern darf.

- Hold Time[46]: gibt an, wie lange das Eingangssignal nach der Clock-Flanke sich nicht verändern darf.

---

[38]FF = **F**lip-**F**lop
[39]bistabile Kippstufe
[40]Clk = **Cl**oc**k**
[41]PS = **P**re**S**et
[42]RS = **R**e**S**et
[43]EN = **EN**able
[44]engl.: Timing
[45]$T_{Su}$ = **S**etup Time
[46]$T_{Hd}$ = **H**old Time

- Pulse Width Time[47]: bestimmt minimale Breite des Rechteck-Impulses für asynchronen Preset, Reset oder Clock-Signal.

- Propagation Delay Time Clock to Output[48]: gibt Verzögerung der Ausgangsänderung bezüglich Clock-Flanke an.

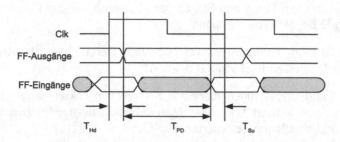

Abbildung 9.23: Ermittelung der Taktfrequenz. Die Abkürzung „FF" steht für Flip-Flop.

**Timing-Analyse**

Die aufgeführten Zeiten sind wichtig für eine Timing-Analyse beim FPGA-Entwurf.

**Synchron und asynchron**

Sequentielle digitale Systeme werden in einem zeitlichen Bezug betrieben. Hierbei stehen meist ein oder mehrere Taktsignale als Zeitbasis zur Verfügung. Von **synchron** einem synchronen Entwurf spricht man, wenn alle sequentiellen Einheiten aus einem einzigen Takt ohne kombinatorische Verknüpfung angesteuert werden. Die Bestimmung der Taktfrequenz erfolgt aus der Ermittlung der maximalen **kritischer** Laufzeit des kritischen Pfades zwischen zwei Registern (RTL[49]).

**Pfad**

---

*Beispiel:* Die Taktfrequenz f aus Abbildung 9.24 wird wie folgt ermittelt:

$$f = 1/T_{Clk}$$
$$T_{Clk} = T_{PDClk} + T_{PD,1} + T_{PD,2} + ... + T_{PD,n} + T_{Su}$$

---

**asynchron**

Meistens sind die Eingangssignale eines Systems asynchron. Sie müssen dann auf den internen Takt beispielsweise mittels eines Flip-Flops synchronisiert werden. Hingegen wird bei asynchronen Einheiten der Takt selbst aus Eingangssignalen erzeugt ([HRS94], S.14 ff.).

---

[47] $T_{PWidth}$ = Pulse **Width** Time
[48] $T_{PDClk}$ = Propagation Delay Time **Clock** To Output
[49] RTL = **R**egister **T**ransfer **L**evel *(deutsch: Register-Transfer-Ebene)*

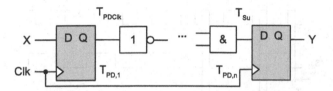

Abbildung 9.24: Beispiel für eine synchrone Schaltung aus kombinatorischer Logik und D-Flip-Flops ([HRS94], S. 14 ff.)

*Beispiel:* Die Abbildungen 9.25 und 9.26 zeigen die Modellierung eines synchronen Zählers mit Zeitdiagramm.

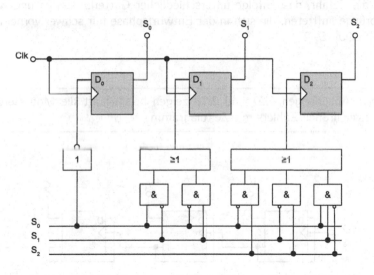

Abbildung 9.25: Synchroner Binär-Zähler: Aufbau [Mey09]

*Aufgabe:* Vollziehen Sie die Funktion des Binär-Zählers aus Abbildung 9.25 nach (siehe auch Abbildung 9.26).

Digitale Systeme werden vorzugsweise als synchrone Schaltungen entworfen. Diese sind leichter zu entwerfen und zu prüfen. Bei asynchronen Schaltungen

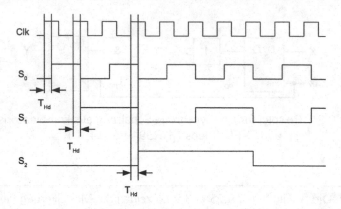

Abbildung 9.26: Synchroner Binär-Zähler: Zeitverhalten

besteht die Gefahr, dass infolge unterschiedlicher Gatterlaufzeiten ungewollte Signalsprünge auftreten, die sich in der Entwurfsphase nur schwer vorhersehen lassen ([Sei90], S. 27).

> *Beispiel:* Abbildungen 9.27 und 9.28 zeigen beispielhaft die Modellierung eines asynchronen Zählers mit Zeitdiagramm.

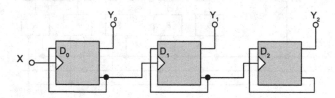

Abbildung 9.27: Asynchroner Zähler: Aufbau [Mey09]

**Störungen**  Man unterscheidet hierbei zwei Arten von Störungen:

- Hazards: sind kurzzeitig auftretende fehlerhafte Logiksignale aufgrund unterschiedlicher Gatterlaufzeiten.

- Races[50]: diese Störungen treten bei Rückkopplungen der Ausgangssignale

---

[50]Wettlauferscheinungen

174

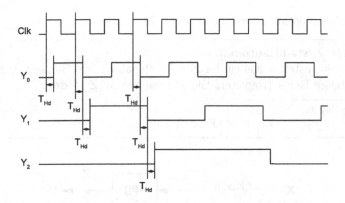

Abbildung 9.28: Asynchroner Zähler: Zeitverhalten

logischer Schaltungen auf die Eingänge von Flip-Flops, Zählern, Schiebe-registern usw. auf.

**Zustandsautomaten**

Zustandsautomaten sind eine Kombination aus sequentiellen und kombinatorischen Schaltungen (siehe Abbildung 9.30). Automaten werden durch die Überführungsfunktion f wie folgt beschrieben:

$$Z(t_{n+1}) = f(Z(t_n, X).$$ (9 4)

Der aktuelle Zustandsvektor $Z(t_n)$ geht in Abhängigkeit des Eingangsvektors X in den neuen Zustandsvektor $Z(t_{n+1})$ über. Zustandsautomaten[51] sind synchrone Schaltwerke und beschreiben zeitliche Abläufe (Ablaufsteuerungen) (siehe auch Abbildung 9.29). Man unterscheidet zwischen drei unterschiedlichen **FSM**

Abbildung 9.29: Zustandsautomaten

Grundformen:

- Medvedev-Automat (siehe Abbildung 9.30)

- Moore-Automat (siehe Abbildung 9.31)

---

[51]FSM = Finite State Machine

- Mealy-Automat (siehe Abbildung 9.32).

---

*Merksatz:* **Zustandsautomaten**

Automaten bestehen aus ein bis zwei kombinatorischen Blöcken und einem sequentiellen Block (Register[a]-Block[b]) mit festem Zeitbezug ($t_n$).

---

[a]Reg = **Register**
[b]Register bestehen aus mehreren Flip-Flops.

---

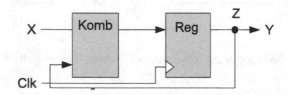

Abbildung 9.30: Medvedev-Automat. Abkürzungen: Kombinatorik (Komb), Register (Reg) ([HRS94], S. 262 ff.).

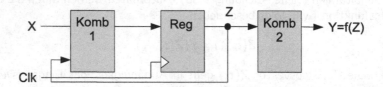

Abbildung 9.31: Moore-Automat. Abkürzungen: Kombinatorik (Komb), Register (Reg). Beim Moore-Automaten ist Y=f(Z) ([HRS94], S. 262 ff.).

**Medvedev-Automat**

Der Medvedev-Automat besteht aus kombinatorischer Logik, Registerblock und dem Eingangs- (X), Ausgangs- (Y) und Zustandsvektor (Z). Der Ausgangsvektor „Z" wird über kombinatorische Logik auf den Eingang zurückgekoppelt. Der Ausgangsvektor lässt sich zur Steuerung auswerten. Somit entsteht ein komplexes Ablaufschema beispielsweise zur Steuerung einer Waschmaschine.

---

*Aufgabe:* Beschreiben Sie einen Zähler als Medvedev-Automaten.

---

**Moore-Automat**

Der Moore-Automat arbeitet im Prinzip wie der Medvedev-Automat. Es erfolgt

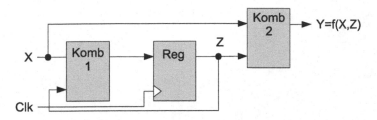

Abbildung 9.32: Mealy-Automat. Abkürzungen: Kombinatorik (Komb), Register (Reg). Beim Mealy-Automaten gilt Y=f(X,Z) ([HRS94], S.
262 ff.).

lediglich eine Umcodierung der Zustandsvariablen Z durch eine nachgeschalte-
te Kombinatorik auf den Ausgang Y. Somit können die Zustände frei gewählt
werden.
Dies kann zu einer verbesserten Maschine mit geringem Flächenverbrauch führen. Es hat aber auch eine zusätzliche Verzögerung durch die weitere Kombinatorik zur Folge.
Der Mealy-Automat unterscheidet sich vom Moore-Automaten dadurch, dass **Mealy-**
der Ausgangsvektor jetzt auch vom aktuellen Eingangsvektor X abhängt (asyn- **Automat**
chroner Pfad) ([HRS94], S. 262 ff.).
Das Einsatzgebiet des jeweiligen Automaten hängt von der Applikation ab. **Einsatzgebiet**
Tabelle 9.2 vergleicht die einzelnen Automaten ([Mey09], S. 281). **Vergleich**

---

*Aufgabe:* Was versteht man unter kombinatorischer und was unter sequentieller Logik? Orden Sie die Grundelemente eines Mikroprozessors zu: Steuer-,
Rechenwerk, Register, Busse.

---

*Beispiel:* Automaten kommen bei Mikroprozessoren zur Steuerung des Be-
fehlsablaufs zum Einsatz.

---

Für den Entwurf von sequentiellen Schaltungen gibt es Methoden zur systematischen Modellierung. Diese sind mit denen der kombinatorischen vergleichbar.

| Zustands-Automaten | Pro | Contra |
|---|---|---|
| Medvedev | Ausgänge: schnelle Reaktion auf Taktflanke Ausgänge: sind nicht kombinatorisch verknüpft. | Zustandsvektor: möglicher groß (redundante Zustandscodierung) |
| Moore | Ausgänge: können als synchron angesehen werden ($T_{clk} > T_{pd}$). <br><br> keine geschlossenen Zeitpfade | Ausgänge: sind kombinatorich verknüpft – Folge: kurzzeitige kombinatorische Spannungsspitzen (engl.: Spikes) |
| Mealy | Ausgänge: schnelle Reaktion auf Eingänge | Ausgänge: asynchron Ausgänge: sind kombinatorich verknüpft – Folge: kurzzeitige Spannungsspitzen hoher kombinatorischer Aufwand geschlossene Zeitpfade – Schwingneigung |

Tabelle 9.2: Automaten im Vergleich [Mey09]

*Beispiel:* Das folgende Beispiel zeigt einen Moore-Automat (siehe Abbildungen 9.33 und 9.34).

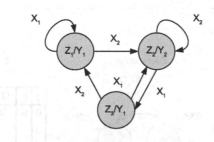

Abbildung 9.33: Moore-Automat I: Aufbau

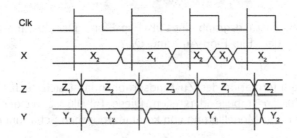

Abbildung 9.34: Moore-Automat II: Zeitverhalten

Häufig verwendete Entwurfsmodelle (siehe Abschnitt 9.2.4) für Zustandsautomaten sind: **Modelle**

- Zustandsgraph

- Zustandstabelle

- Petri-Netze

Eine häufige Darstellungsart des Ablaufs ist der Zustandsgraph[52]. Er besteht aus Knoten und Kanten. Die Knoten stellen die Zustände[53] dar. Jede Kante beschreibt den Übergang zwischen zwei aufeinander folgenden Zuständen. Die Kanten werden mit den Eingangskombinationen beschriftet, die das Schaltwerk in den folgenden Zustand überführen (kontrollflussorientiert). Der Takteingang **Zustands-graph**

**kontrollfluss-orientiert**

---

[52]engl.: State Diagram
[53]$Z_n \equiv Z(t_n)$

zählt hierbei nicht als Informationseingang.

> *Beispiel:* Abbildung 9.35 zeigt ein JK-Flip-Flop als Mealy-Automaten, modelliert mit Zustandsgraph und Zustandstabelle.

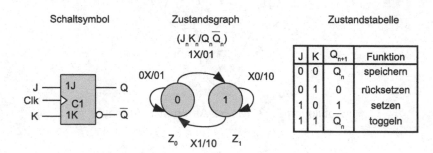

| Schaltsymbol | Zustandsgraph | Zustandstabelle |

| J | K | $Q_{n+1}$ | Funktion |
|---|---|-----------|----------|
| 0 | 0 | $Q_n$ | speichern |
| 0 | 1 | 0 | rücksetzen |
| 1 | 0 | 1 | setzen |
| 1 | 1 | $\overline{Q_n}$ | toggeln |

Abbildung 9.35: Zustandsgraph eines JK-Flip-Flops. Der Zustand $z_n$ entspricht dem Flip-Flop-Ausgang $Q_n$.

**Zustandstabelle**

Die enthaltene Information des Zustandsgraphen lässt sich auch in Form einer Tabelle, der Zustandstabelle, darstellen. Diese Tabelle ist mit der Schaltungsbelegungstabelle zur Modellierung von kombinatorischen Schaltungen vergleichbar.

**Petri-Netze**

Petri-Netze (siehe Abschnitt 9.2.4) stellen eine Erweiterung der Zustandsgraphen dar. Beim Zustandsgraphen ist zu einem Zeitpunkt immer nur ein aktiver Zustand zulässig. Bei Petri-Netzen hingegen können auch mehrere Zustände gleichzeitig aktiv sein ([SS03], S. 114 ff.).

**Implementierung**

Die Implementierung sequentieller Schaltungen erfolgt prinzipiell mit den Grundelementen (siehe Abbildung 9.30):

- Gatter (Kombinatorik) und Flip-Flops

- Multiplexer (Kombinatorik) und Zähler.

Hierzu stehen folgende Rechenmaschinen zur Verfügung:

- PROM (Kombinatorik) und Register

- PLDs[54] und [55]FPGAs

---

[54]PLD = **P**rogrammable **L**ogic **D**evice *(deutsch: Programmierbarer Logikbaustein)*
[55]FPGA = **F**ield **P**rogrammable **G**ate **A**rray

180

- Mikroprozessoren

> *Merksatz:* **Implementierung**
> Kapitel 10 zeigt die Implementierung von kombinatorischer und sequentieller Logik mit VHDL.

Weiterführende Literatur zum Thema findet man unter ([Sei90], S. 561 ff.).

## 9.2.8 Projektbasiert

Balkendiagrammme ergänzen Datenflussgraphen, indem sie den logischen Ablauf der einzelnen Komponenten darstellen. Wird eine Zuordnung der Vorgänge zu Personen oder umgekehrt vorgenommen, so spricht man vom Gantt-Diagramm. **Balken-diagramm**

**Gantt-Diagramm**

> *Beispiel:* Gantt-Diagramme kommen in geläufigen Projekt-Managment-Werkzeugen, wie z. B. „Mircosoft Project"[a], zum Einsatz.
> ───────────
> [a]URL: `www.microsoft.com/project`

> *Beispiel:* Abbildung 9.36 zeigt beispielhaft ein Balkendiagramm. Sie bauen auf den Datenfluss-Graphen auf.

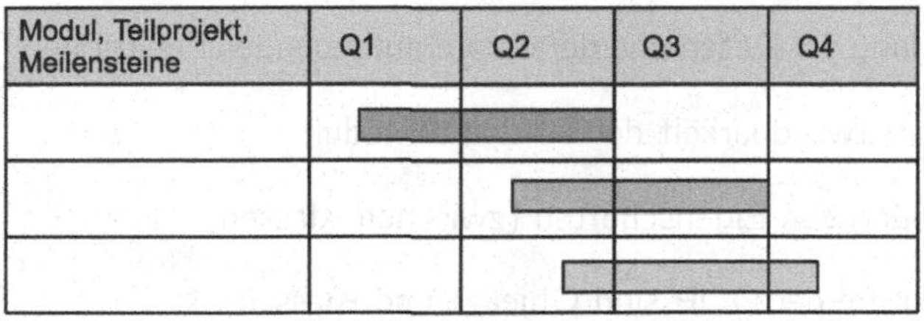

| Modul, Teilprojekt, Meilensteine | Q1 | Q2 | Q3 | Q4 |
|---|---|---|---|---|
| | | | | |
| | | | | |
| | | | | |

Abbildung 9.36: Beispiel Balkendiagramm (Qx: Quartale)

Einsatzgebiete sind das Projektmanagment für sequentielle Programme bei den Mikroprozessoren und auch synchrone Digitale Schaltungen (siehe Kapitel 8). **Einsatzgebiet**

> *Merksatz:* **UML-Modelle**
> Die Einteilung nach den Eigenschaften „Verhalten" und „Struktur" findet man auch bei den UML-Modellen (siehe Kapitel 9.3). Die Tabellen 9.3, 9.4 und 9.5 zeigen einen Vergleich der UML-Modelle mit den Modellen des Kapitels „Entwurf".

> *Merksatz:* **VHDL**
> Die Hardware-Beschreibungssprache VHDL[a] verwendet die drei Modellierungsarten Datenfluss, Verhalten und Struktur (siehe auch Kapitel 10).
>
> ___
> [a]VHDL = VHSIC Hardware Description Language

> *Merksatz:* **Test-Modelle**
> Die im Kapitel „Entwurf" vorgestellten Modelle können auch als Test-Modelle eingesetzt werden.

## 9.3 Modellierungssprache UML

**Wesen**  UML[56] ist eine graphische Modellierungssprache für Analyse (Spezifikation), Entwurf und Dokumentation von Softwareprojekten. Die Diagrammtypen[57] erlauben unterschiedliche Sichtweisen auf das Projekt. Von einer einheitlichen Sprache wird aufgrund der Diagramm-Standardisierung (Symbole und Einsatz) gesprochen. Der Begriff Modellierungssprache ist hier als einheitliche Notation[58] zu sehen. Die UML[59] wird den steigenden Anforderungen heutiger komplexer Softwaresysteme in vielen Anwendungsgebieten wie bei den Eingebetteten Systemen gerecht.

Die Objektorientierte Programmierung[60] entspricht der Modellierung von Objekten (siehe auch Abschnitt 10.1.1) der realen Welt in die Software. Wichtige Eigenschaften der OOP sind [Bre96]:

- Kapselung der Daten und der darauf aufbauenden Funktionen (Methoden)

- Wiederverwendbarkeit der Software-Module

- Vererbung von Eigenschaften (zwischen Klassen)

**Begriffe**  Zentrale Begriffe der OOP sind Objekte und Klassen.

___
[56]UML = Unified Modeling Language
[57]graphische Sicht/Perspektive der Modellierung
[58]Sammlung von Vereinbarungen graphischer Symbole; Schreibweisen
[59]URL: http://www.uml.org/
[60]OOP = Object Oriented Programming

---

*Definition:* **Objekte**
Sie bestehen aus Datenstrukturen (Attributen) und Operationen oder Methoden. Objekte heißen auch Instanzen einer Klasse.

---

*Definition:* **Klassen**
sind Beschreibungen (Muster-Aufbau) von Objekten.

---

## 9.3.1 Modelle

UML wurde 1997 mit der Version 1.1 bei OMG[61] standardisiert. Im August 2011 wurde die Version 2.4.1 mit 14 Diagrammen veröffentlicht. UML dient zur Darstellung statischer, objektorientierter Modelle.
UML dient zur Abbildung von „Objekten" aus der realen Welt. **reale Welt**

---

*Merksatz:* **Entwicklungs-Prozess**
UML-Modelle können sowohl in der Analyse-, als auch in der Entwurfs-Phase (System- und Algorithmen-Ebene) eingesetzt werden (siehe auch Kapitel 8).

---

*Merksatz:* **Perspektiven**
UML-Modelle lassen sich im Wesentlichen in die Perspektiven „Struktur" und „Verhalten" einteilen

---

Hierbei erfolgt die Einteilung in die zwei Hauptaspekte oder Sichtweisen: Struktur- und Verhaltens-Diagramme mit der Unterabteilung Interaktions-Diagramme ([GM07], S. 118). **Aspekte**

Abbildung 9.37 gibt einen Überblick über die UML-Diagramme. Im Folgenden **Diagramme**
werden die einzelnen UML-Modelle kurz charakterisiert. Zum einen werden die
Haupt-Anwendungsgebiete bezüglich der Entwicklungsphasen Analyse und Ent- **Anwendung**
wurf (System- und Algorithmen-/Verhaltens-Ebene) gezeigt (siehe auch Kapitel 8). Zum anderen wird der Bezug (wenn vorhanden) zu den Entwurfs-Modellen (siehe Abschnitt 9.2) für Eingebettete Systeme hergestellt (siehe auch Tabellen 9.3, 9.4 und 9.5).

---

*Merksatz:* **UML-Modelle**
werden klassisch zur Modellierung von Software in Mikroprozessoren eingesetzt. Aufgrund der vielfältigen Modelle auf den unterschiedlichen Abstraktionsebenen können Sie aber auch allgemein zu Analyse und Entwurf von Eingebetteten Systemen (inklusive FPGAs) genutzt werden.

---

[61]OMG = Object Management Group

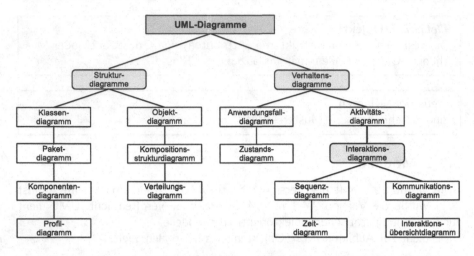

Abbildung 9.37: UML-Diagramme ([Kor08], S. 20)

---

*Merksatz:* **Objekte**

Bei der UML können Objekte auf hoher Abstraktions-/Systeme-Ebene als Modelle angesehen werden und sind somit allgemein auch außerhalb der klassischen OOP, wie z. B. für FPGAs-Applikationen (Hardware), anwendbar.

---

*Merksatz:* **Eingebettete Systeme**

UML-Modelle können für „hybride" Eingebettete Systeme bestehend, aus Mikroprozessoren und FPGAs, eingesetzt werden. Der Vorteil liegt in der Einheitlichkeit von Analyse und Entwurf für beide Rechenmaschinen.

**Struktur-Diagramm**

Der folgende Abschnitt zeigt die Struktur-Diagramme (siehe auch [Kor08]).

**Klassen**

Klassen-Diagramme[62] zeigen Klassen (Muster-Aufbau der Objekte), Schnittstellen und deren Beziehungen untereinander. Anwendungsgebiet ist der Software-Entwurf (OOP) auf Algorithmen-/Verhaltens-Ebene.

**Objekt**

Objekt-Diagramme[63] zeigen, im Gegensatz zu den Klassen-Diagrammen, die Objekte selber. Objekte sind Instanzen (konkrete Ausprägungen) der Klassen. Anwendungsgebiete ist der Software-Entwurf (OOP) auf Algorithmen-/Verhaltens-Ebene.

---

[62]engl.: Class Diagram
[63]engl.: Object Diagram

Paket-Diagramme[64] ermöglichen die Unterteilung (Strukturierung) des Systems in Domäne[65], Zuordnung von Arbeitspaketen an Teams bzw. einzelne Teammitglieder und Darstellung von wiederverwendbaren Modulen. Anwendungsgebiete sind Software-Analyse und -Entwurf auf System-Ebene. Das Paket-Diagramm steht in enger Verbindung mit dem Verteilungs-Diagramm.

**Paket**

Kompositionsstruktur-Diagramme[66],[67] zeigen die Zusammensetzung und Gruppierung von Komponenten und Schnittstellen. Hierbei ist eine mehrstufige Hierarchie der Komposition (folglich Struktur) möglich. Anwendungsgebiet ist der Software-Entwurf auf System-Ebene.

**Kompositions-struktur**

Komponenten-Diagramme[68] zeigen Komponenten und deren Verbindungen untereinander. Die Funktionen der Komponenenten-Diagramme sind in UML 2 teilweise in die Kompositionsstruktur-Diagramme übergegangen. Anwendungsgebiet ist der Software-Entwurf. Das Diagramm entspricht dem Blockdiagramm (siehe Abschnitt 9.2).

**Komponenten**

Verteilungs-Diagramme[69] zeigen die Abbildung (Zuordnung) von Software-Elementen auf Hardware-Knoten. Anwendungsgebiet ist der Software-Entwurf, z. B. von komplexen verteilten Systemen[70], wie webbasierten Client-Server-Applikationen.

**Verteilung**

Profil-Diagramme[71] sind ein Spezialfall. Sie stellen einen leichtgewichtigen Mechanismus[72] zur Erweiterung des UML-Metamodells[73] mittels Stereotpyen[74] dar. Zudem kann eine Anpassung an neue Anwendungsgebiete vorgenommen werden. Sie sind für die Analyse und den Entwurf von Eingebetteten Systemen eher von untergeordneter Bedeutung.
Der folgende Abschnitt zeigt die Verhaltens-Diagramme.

**Profil**

**Verhalten-Diagramme**

Anwendungsfall-Diagramme[75] beschreiben die Wechselwirkungen eines Systems zu seinen Nachbarsystemen. Dies sind z. B. Benutzer, Computer, Sensoren. Anwendungsgebiet ist die Software-Analyse.

**Anwendungs-fall**

---

[64]engl.: Package Diagram
[65]Fach- oder abgegrenzte Arbeits-Gebiete
[66]engl.: Composite Structure Diagram
[67]lat.: Compositio – Zusammenstellung oder Zusammensetzung)
[68]engl.: Component Diagram
[69]engl.: Deployment Diagram
[70]interagierende Prozessoren, sie kommunizieren über Nachrichten miteinander (Grund: fehlender gemeinsamer Speicher)
[71]engl.: Profile Diagram
[72]UML2-Metamodell wird nicht modifiziert
[73]griech.: Meta – zwischen; Modell zum Aufbau von Modellen
[74]Erweiterungen vorhandener Modellelemente
[75]engl.: Use Case Diagram

**Aktivität**      Aktivitäts-Diagramme[76] ermöglichen die Darstellung von Aktivitäten (Abläufen), wie z. B. Schleifen und Verzweigungen. Anwendungsgebiet ist der Software-Entwurf auf Algorithmen-Ebene. Sie entsprichen Fluss-Diagrammen oder Struktogrammen (siehe Abschnitt 9.2).

**Zustand**      Zustands-Diagramme[77] zeigen Zustände und Zustandsänderungen von (Teil-)-Systemen. Anwendungsgebiet ist die Software-Entwurf auf Algorithmen-Ebene. Das Diagramm stellt einen Zustandsautomaten dar (siehe Kapitel 9.2).

**Interaktions-Diagramme**      Der folgende Abschnitt zeigt die Interaktions-Diagramme als Teil der Verhaltens-Diagramme. Hierbei steht die „Interaktion" von Objekten im Vordergrund.

**Sequenz**      Sequenz-Diagramme[78] zeigen zeitlich zugeordnet die Kommunikation zwischen Objekten. Die Diagramme stehen in engem Zusammenhang zu den Kommunikations-Diagrammen. Aufgrund ihres Aufbaues zeigen sie jedoch den logischen oder zeitlichen Ablauf stärker. Anwendungsgebiet ist der Software-Entwurf.

**Kommunikation**      Kommunikations-Diagramme[79] zeigen topologisch geordnet die Kommunikation zwischen Objekten. Anwendungsgebiet ist der Software-Entwurf.

**Zeit**      Zeit-Diagramme[80] zeigen die Zustände von Objekten als Funktion der Zeit. Anwendungsgebiet ist der Software-Entwurf.

**Interaktions-übersicht**      Interaktionsübersicht-Diagramme[81] dienen der „Kopplung" der unterschiedlichen Interaktions-Diagramme und dem Aktivitäts-Diagramm. Ziel ist die Harmonisierung der unterschiedlichen Verhaltens-Sichten in einem System. Anwendungsgebiet ist der Software-Entwurf.

**Vergleich**      Weitere Details und einen Vergleich der UML-Modelle zeigen die Tabellen 9.3, 9.4 und 9.5).

---

[76] engl.: Activity Diagram
[77] engl.: State Diagram
[78] engl.: Sequence Diagram
[79] engl.: Communication Diagram
[80] engl.: Timing Diagram
[81] engl.: Interaction Overview Diagram

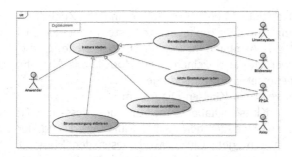

Abbildung 9.38: Anwendungsfall-Diagramm

---

*Einstieg:* **UML-Werkzeug**

Astah[a,b] ist ein UML-Werkzeug. Abbildung 9.38 zeigt ein einfaches Beispiel eines Anwendungsfall-Diagramms für eine Digitalkamera, das mit dem Werkzeug „Astah" erstellt worden ist [Dar10]. Es handelt sich um einen Prototypen, bei dem das FPGA später durch eine ASIC-Lösung ersetzt wird.

---

[a]ehem. Jude
[b]URL: http://www.astah.net/

---

*Merksatz:* **Automatische Code-Erzeugung**

UML unterstützt die automatische Code-Erzeugung, wie z. B. Zustands-Diagramme in die Sprache C/C++.

---

Weiterführende Literatur zum Thema findet man unter: [Kor08], [Oes01] und [Oes09].

---

*Aufgabe:* Nennen und erläutern Sie drei UML-Modelle, die besonders für die Entwicklung von Eingebetten Systemen geeignet sind.

---

Der folgende Abschnitt zeigt alle UML-Diagramme anhand einer zusammenhängenden Fallstudie.

## 9.3.2 Fallstudie „Ulmer Zuckeruhr"

Die „Ulmer Zuckeruhr" ist ein portables System zur Messung und Regelung des „Zuckers" (Glukose) im Unterhautfettgewebe (subkutan). Die Einstellung des **„Ulmer Zuckeruhr"**

187

Blutzuckers ist essentiell bei der im Volksmund als „Zucker" bekannten Krankheit Diabetes mellitus. Das Eingebettete System erlaubt die Übermittelung der Messwerte auf eine Armbanduhr (weitere Details siehe [Ges00]).

Im Folgenden werden die einzelnen UML-Modelle aus Abschnitt 9.3.1 im Kontext eines Eingebetteten Systems dargestellt.

**Klassen**  Abbildung 9.39 zeigt ein Klassen-Diagramm.

Es beschreibt die Klasse „Diabetes mellitus" des Mess- und Regelsystems. Die Daten(-strukturen) sind der gemessene Glukosewert und der Status „InOrdnung". Die Methoden „get_Glukosewert" lesen den Messwert ein. Über den Regler wird der abzugebende Insulinwert „set_Insulinwert" berechnet und der Status „set_InOrdnung" ausgegeben.

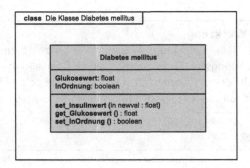

Abbildung 9.39: Klassen-Diagramm

**Objekt**  Abbildung 9.40 zeigt ein Objekt-Diagramm.

Es beschreibt die Steuerung des Tastenfeldes anhand der Funktion „calibration". Die Objekte basieren nicht auf der Klasse in Abbildung 9.39 . Das Objekt „Tastenfeld" gehört zur Klasse „MainButton". Und das Objekt „subkutanes Messsystem" zur Klasse „MainControl".

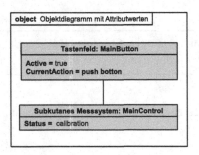

Abbildung 9.40: Objekt-Diagramm

**Paket**  Abbildung 9.41 zeigt ein Paket-Diagramm.

Es beschreibt die „Aufgaben" des portablen Mess- und Regelsystems (Eingebetteten Systems) mit PC[82]-Anbindung(PC-[83]).

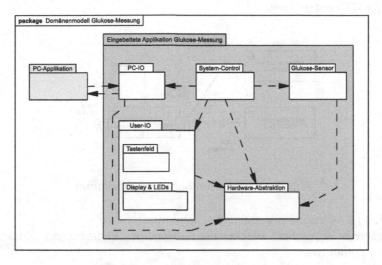

Abbildung 9.41: Paket-Diagramm

Abbildung 9.42 zeigt ein Kompositionsstruktur-Diagramm.
Während Abbildung 9.41 die Domänen zeigt, stellt Abbildung 9.42 detaillierter den Aufbau des Eingebetteten Systems dar.

**Kompositionsstruktur**

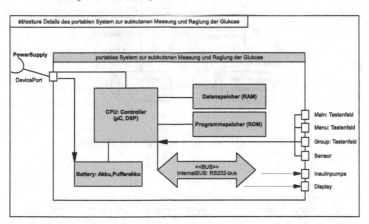

Abbildung 9.42: Kompositionsstruktur-Diagramm

Abbildung 9.43 zeigt ein Komponenten-Diagramm.

**Komponenten**

---

[82]PC = Program Counter
[83]I/O = In-/Output*(deutsch: Ein-/Ausgabe (E/A))*

Es beschreibt die serielle Kommunikationseinheit über die RS232-Schnittstelle zum Host-Rechner (PC). Hierbei wird zwischen Sende-("TxD") und Empfangs-kanal ("RxD") unterschieden.

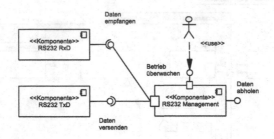

Abbildung 9.43: Komponenten-Diagramm

**Verteilung**  Abbildung 9.44 zeigt ein Verteilungs-Diagramm.
Es beschreibt in „groben" Blöcken die notwendigen Einheiten der „Zuckeruhr" und des Computers.

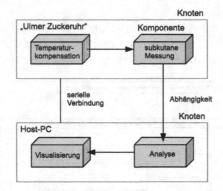

Abbildung 9.44: Verteilungs-Diagramm

---

*Aufgabe:* Erstellen Sie für das Eingebettete System „Digitalkamera" bei-spielhaft ein:

1. Paket-Diagramm

2. Kompositionsstruktur-Diagramm

3. Verteilungs-Diagramm.

---

Abbildung 9.45 zeigt ein Anwendungsfall-Diagramm. **Anwendungs-**
Es beschreibt die Systemgrenzen mit der zyklischen Glukosemessung mittels **fall**
eines Sensors und der Ausgabe von Warn-Signalen bei Überschreitung der Glu-
kose-Werte.

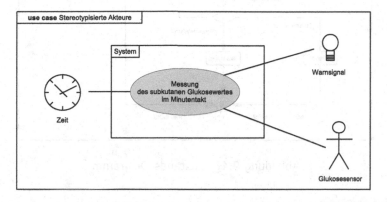

Abbildung 9.45: Anwendungsfall-Diagramm

Abbildung 9.46 zeigt ein Aktivitäts-Diagramm. **Aktivität**
Es beschreibt einen Ausschnitt „If-Then-Else" aus Applikations-Software der
„Ulmer Zuckeruhr".

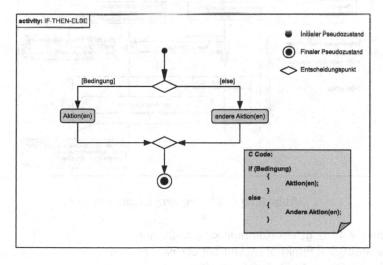

Abbildung 9.46: Aktivitäts-Diagramm

Abbildung 9.47 zeigt ein Zustands-Diagramm. **Zustand**
Die Glukosewerte werden als Zustand betrachtet. Bei kritschem Zustand wird
eine „Warnung" oder ein „Alarm" ausgelöst.

191

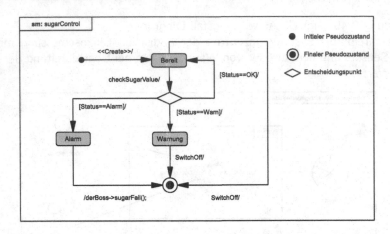

Abbildung 9.47: Zustands-Diagramm

**Sequenz**     Abbildung 9.48 zeigt ein Sequenz-Diagramm.
Es beschreibt die Kommunikation des Mess- und Regelsystems mit einem Host-Rechner (PC).

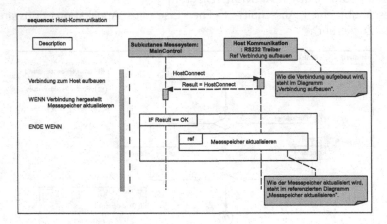

Abbildung 9.48: Sequenz-Diagramm

**Kommuni-**     Abbildung 9.49 zeigt ein Kommunikations-Diagramm.
**kation**     Es beschreibt den Funktionsablauf bei der Kalibrierung.
Abbildung 9.50 zeigt ein Zeit-Diagramm.
**Zeit**     Es beschreibt den zeitlichen Ablauf der Messung mit den Timer- und ADC[84]-Interrupts und der Temperaturkompensation der Messwerte.
**Interaktions-**     Abbildung 9.51 zeigt ein Interaktionsübersichts-Diagramm.
**übersicht**

[84]ADC = **A**nalog **D**igital **C**onverter *(deutsch: Analog-Digital-Wandler)*

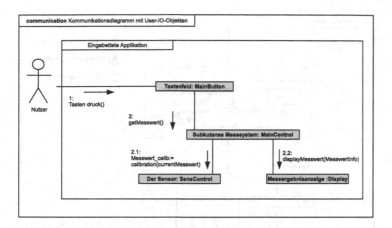

Abbildung 9.49: Kommunikations-Diagramm

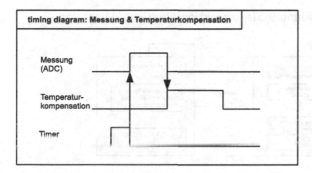

Abbildung 9.50: Zeit-Diagramm

Es beschreibt die Messung (Sequenz-Diagramm) und die Insulingabe in Abhängigkeit der Meßwerte (Aktivitäts-Diagramm).

Das Profil-Diagramm ist sehr speziell und für den Entwurf von Eingebetteten Systemen nicht von hohem Stellenwert. Abbildung 9.52 zeigt ein Profil-Diagramm. Es beschreibt das Patientenprofil des Host-PCs. **Profil**

### 9.3.3 Vergleich

Die Tabellen 9.3, 9.4 und 9.5 zeigen einen Vergleich der UML-Modelle bezüglich der Perspektiven Struktur, Verhalten und Interaktion [Wir13]. **Perspektiven**

193

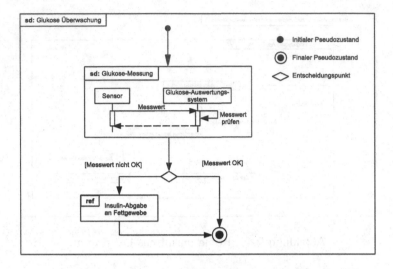

Abbildung 9.51: Interaktionsübersichts-Diagramm

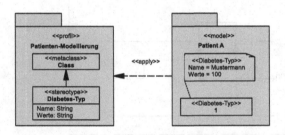

Abbildung 9.52: Profil-Diagramm

---

*Merksatz:* **Eingebettete Systeme**
Für die Analyse von Eingebetteten Systemen eignet sich besonders das Anwendungsfall-Diagramm, zum Entwurf das Komponenten-, Aktivitäts-, Zustands-Diagramm.

---

*Merksatz:* **SysML**[a]
SysML stellt die Erweiterung von UML um System-Sichten[b] dar.

[a]SysML = System Modeling The Language
[b]engl.: Systems Engineering

| Diagramm | Zweck | wesentliche Konzepte | unterstützt seit |
|---|---|---|---|
| Klassen- | Klassen | Klasse, Merkmal, Beziehung | UML 1 |
| Objekt- | exemplarische Konfiguration einer Instanz | Objekt, Verknüpfung | UML 1 (inoffiziell) |
| Komponenten- | Struktur und Verbindungen zwischen Komponenten | Komponente, Schnittstelle, Abhängigkeit | UML 1 |
| Kompositionsstruktur | Dekomposition einer Klasse oder Komponente zur Laufzeit | Teil, Schnittstelle, Konnektor, Port | UML 2.0 |
| Paket- | Zusammenhänge zwischen Paketen | Paket, Abhängigkeit | UML 1 (inoffiziell) |
| Verteilungs- | Verteilung von Komponenten auf Knoten | Knoten, Komponente, Abhängigkeit | UML 1 |
| Profil- | benutzerdefinierte Stereotype etc. | Paket, Profil | UML 2.2 |

Tabelle 9.3: Vergleich der UML-Modelle I: Struktur

| Diagramm | Zweck | wesentliche Konzepte | unterstützt seit |
|---|---|---|---|
| Anwendungs- | Benutzer-interaktionen mit dem System | Anwendungsfall, Akteur | UML 1 |
| Aktivitäts- | Ablaufverhalten | Aktivität, Aktion, Übergang, Synchronisation | UML 1 |
| Zustands- | Ereignisse und Zustände während der Lebenszeit eines Objekts | Zustand, Übergang, Ereignis, Aktion | UML 1 statechart diagram |

Tabelle 9.4: Vergleich der UML-Modelle II: Verhalten

| Diagramm | Zweck | wesentliche Konzepte | unterstützt seit |
|---|---|---|---|
| Sequenz- | Objektinter-aktionen mit der Betonung von Sequenzen | Interaktion, Nachricht | UML 1 |
| Kommunikations- | Objektinter-aktionen mit Betonung der Objekt-konfiguration | Objekt-konfiguration, Interaktion, Nachricht | UML 1 collaboration diagram |
| Zeit- | Objektinter-aktionen mit Betonung der zeitlichen Abstimmung | Objekt, zeitliche Abhängigkeit, Zustand, Ereignis | UML 2.0 |
| Interaktions-übersichts- | Zusammenspiel zwischen Aktivitäten und Sequenzen | Kombination von Sequenz- und Aktivitäts-Diagramm (siehe dort) | UML 2.0 |

Tabelle 9.5: Vergleich der UML-Modelle III: Interaktion

*Zusammenfassung[a]:*

1. Der Leser kennt die unterschiedlichen Entwurfs-Methoden.

2. Er kennt die unterschiedlichen Verhaltens- und Strukturmodelle.

3. Er kann kombinatorische und sequentielle Logik einordnen und für den Software-Entwurf bei Mikroprozessoren und FPGAs einsetzen.

4. Der Leser kennt die 14 UML-Modelle und kann Sie für die Analyse und den Entwurf von Eingebetteten Systemen anwenden.

---

[a]mit der Möglichkeit zur Lernziele-Kontrolle

# 10 Implementierung

*Lernziele:*

1. Das Kapitel liefert Grundlagen für die Hardware-Beschreibungs-sprache VHDL.

2. Es stellt C-basierte Hardware-Beschreibungssprachen vor.

3. Das Kapitel stellt Werkzeuge zur automatischen Code-Erzeugung auf Systemebene für DSPs und FPGAs vor.

Das Kapitel zeigt die Software-Implementierung der in Kapitel 9 mittels Modellen entworfenen Lösung. Die Software-Implementierung erfolgt sowohl für Mikroprozessoren als auch für FPGAs.

## 10.1 Sprachen

Aufgrund der wachsenden Komplexität der Eingebetten Systeme ist ein Paradigmenwechsel notwendig (siehe auch Kapitel 1). Die Implementierung komplexer Software (Programme bzw. digitale Schaltungen) kann nicht mehr nur manuell erfolgen. Es ist der Einsatz von Sprachen auf höherem Abstraktionsniveau in Verbindung mit CASE[1]- bzw. EDA[2]-Werkzeugen notwendig.

*Merksatz:* **Sprachen**
unter dem Begriff Sprache sind hier sowohl Programmier-Sprachen als auch Hardware-Beschreibungssprachen gemeint.

Man spricht von einem hohen Abstraktionsniveau[3] bzw. von einer System-ebene[4].                                                                      **Systemebene**

---

[1]CASE = Computer Aided Software Engineering
[2]EDA = Electronic Design Automation
[3]engl.: High level
[4]engl.: System level

© Springer Fachmedien Wiesbaden GmbH, ein Teil von Springer Nature 2020
R. Gessler, *Entwicklung Eingebetteter Systeme*,
https://doi.org/10.1007/978-3-658-30549-9_10

> *Definition:* **Programmier- und Beschreibungssprachen**
> dienen zur Modellierung eines Systems mittels Sprachkonstrukten.

Betrachten wir zunächst die verschiedenen Abtraktionsebenen eines Eingebetteten Systems (siehe Abbildung 10.1). Sprachen können durch die folgenden

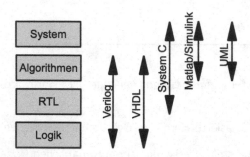

Abbildung 10.1: Beschreibungssprachen der verschiedenen Entwurfsebenen. SystemC steht für eine ganze Gruppe C-basierter Sprachen.

**Eigen-
schaften**

Eigenschaften charakterisiert werden [Ruf03]:

- Modularisierung: Systeme bestehen aus zahlreichen Teilkomponenten

- Struktur (Hierarchie): ... die strukturell angeordnet sind, ...

- Parallelität: ... die parallel arbeiten, ...

- Zeitmodell: ... die Zeit verbrauchen, ...

- Kommunikation: ... und die miteinander kommunizieren.

Die folgenden Abschnitte beschreiben VHDL und Verilog. Im Folgenden wird zunächst auf die Sprache C eingegangen. Sie ist bei der Programmierung von Mikroprozessoren sehr verbreitet.
Es folgen die C-basierten Sprachen. Sie stellen den Übergang zu Hardware-Beschreibungssprachen wie VHDL dar und werden bei der Implementierung digitaler Schaltungen mittels FPGAs eingesetzt. Die folgenden Abschnitte stellen VHDL und Verilog vor.
UML[5] dient als Sprache zur Modellierung bzw. als Entwurf von Software (siehe Abschnitt 9.3). UML hätte auch dem vorigen Kapitel zugeordnet werden können.
Abschnitt 10.2 stellt Werkzeuge zum Entwurf und zur Implemtierung auf Systemebene vor.

---

[5]UML = Unified Modeling Language

## 10.1.1 C/C++

Die Sprache C zählt zu den höheren Programmiersprachen. Vorteile dieser Sprachen sind neben der Übertragbarkeit der Programme (Portierbarkeit) die höhere Abstraktionsebene (siehe auch Kapitel 9) des Codes. Die Abstraktionsebene ermöglicht eine Entwicklung näher am zu lösenden Problem und ist nicht so feingranular wie Assembler. Dies verbessert die Verständlichkeit, Produktivität und vermindert die Fehleranfälligkeit des Codes.

*Aufgabe:* Nennen Sie drei Vorteile von höheren Programmiersprachen.

Die Programmiersprache C ist aufgrund ihrer Nähe zur Hardware besonders bei der Entwicklung von Eingebetteten Systemen verbreitet. C verfügt hierbei über Mechanismen zur Veränderung von Bits und Bitfeldern, sowie von Zeigern[6]. Die Sprache stellt eine umfangreiche Code- und Daten-Strukturierung zur Verfügung, die effizient in Maschinencodes übersetzt werden kann. Kapitel 14 zeigt die wichtigsten C-Konstrukte. **Eingebettete Systeme**

Die Assembler-Einbindung in C ist aus wirtschaftlichen Gründen wie Speicherplatz- oder Geschwindigkeitseffizienz zu sehen. Assembler wird deshalb nur noch für sehr spezifische, an das System angelehnte Aufgaben eingesetzt. Als Beispiele sind der Startcode nach Reset oder einmalige Initialisierungen zu nennen. Aufgrund der unterschiedlichen Randbedingungen beim Entwurf von Eingebetteten Systemen (siehe auch Kapitel 2) exisitieren viele Varianten von Mikrocontrollern. Die Mikrocontroller unterscheiden sich hierbei in: **Assembler**

**hardware-nahes C**

- Kapazität: Programm- und Datenspeicher

- Art und Anzahl von Peripheriefunktionen: E/A, Zeitgeber, Analog-/Digitalwandler etc.

- Interrupt-Quellen: Anzahl und Priorität

Die hardware-spezifischen Eigenschaften müssen auch bei der Software-Portierung berücksichtigt werden. Der Compiler wird ausgehend von einem Grundtyp an den ausgewählten Prozessor adaptiert. Hierzu liefern die Hersteller zum unmittelbaren Hardware-Zugriff Compilereinstellungen, Include-Dateien und Bibliotheken. **Portierung**

---

[6]engl.: Pointer

> *Beispiel:* Hardware-Erweiterung:
>
> - MSP430: Include/Header-Dateien beinhalten u.a. spezifische Register und Adressen.
>
> - Stellaris: StellarisWare (API[a], siehe Schulungs-DVD[b,c])
>
> ---
> [a]API = **A**pplication **P**rogramming **I**nterface *(deutsch: Programmierschnittstelle)*
> [b]engl.: Teaching ROMs
> [c]TI-URL: `http://e2e.ti.com/group/universityprogram/educators/w/wiki/2037.`
> `teaching-roms.aspx`

**Motivation C++**

In den letzten Jahren ist ein starker Anstieg der Komplexität und Größe von Software für Eingebettete Systeme zu verzeichnen. Den steigenden Anforderungen an die Software-Qualität wirken die Verkürzungen der Entwicklungszyklen entgegen. Es entsteht eine „Schere"[7]. Die Sprache C++ wurde entwickelt, um den Anforderungen, in weniger Zeit qualitativ höherwertige Software für Mikroprozessoren zu entwickeln, gerecht zu werden.

C ist zu C++ aufwärtskompatibel. Dies erlaubt die objektorientierte Programmierung (siehe OOP[8], Abschnitt 9.3). Zahlreiche Compiler unterstützen beide Sprachen, sowohl C als auch C++.

> *Beispiel:* OOP wird oft bei Eingebetteten Systemen mit graphischen Anzeigen verwendet. Hierbei nimmt der Softwareteil für die Bedienungsoberfläche oftmals mehr als 50 Prozent ein ([BHK06], S. 18).

C++ basiert auf C und wurde um die objektorientierten Methoden erweitert. Ursprünglich wurde C++ „C mit Klassen" bezeichnet. Hierbei steht „++" (Inkrement-Operator) für die evolutionäre Entwicklung.

**Implementierungsprozess**

Kapitel 14 stellt den Implementierungsprozess für Mikroprozessoren vor. Hierbei wird der Assembler-Code aus der Hochsprache C erzeugt. Die automatische C-Code-Erzeugung aus dem graphischen Modell zeigt Abschitt 10.2.2.

Im Folgenden der Vergleich der Sprachen (siehe auch ([GM07], S. 155 ff.).

**Vergleich**

Die Abbildungen 10.2 und 10.3 vergleichen die Programmiersprachen Maschinensprache, Assemblersprache, C, C++ und Java bezüglich der „Unabhängigkeit" und „Komplexität".

**Java**

Java ist syntaktisch eng mit der Sprache C++ verwandt. Sie ist viel strenger, klarer definiert und realisiert. Ein in Java geschriebenes Programm ist unabhängig von der Hardware und dem Betriebssystem. Es ist auf allen Plattformen

---
[7]engl.: Design Gap
[8]OOP = **O**bject **O**riented **P**rogramming

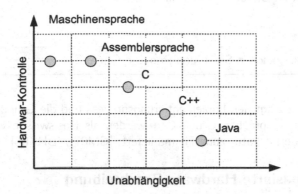

Abbildung 10.2: Vergleich von Maschinensprache, Assemblersprache, C, C++ und Java hinsichtlich der „Unabhängigkeit".

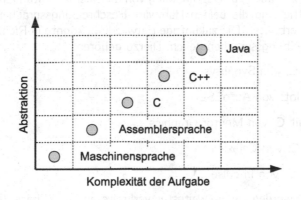

Abbildung 10.3: Vergleich von Maschinensprache, Assemblersprache, C, C++ und Java hinsichtlich der „Komplexität".

lauffähig, von denen eine JVM[9] existiert. Somit muss der Java-Programmierer nur die Spezifikation dieser virtuellen Maschine kennen. Dies stellt einen erheblichen Gewinn an Unabhängigkeit dar ([GM07], S. 151 ff.).

---

*Aufgabe:* Vergleichen Sie in drei Punkten C mit C++.

---

Abschnitt 14.2 zeigt den Implementierungsprozess und die Grundelemente. Die Programmiersprachen C und C++ werden als Basiswissen vorausgesetzt. Weiterführende Literatur zum Thema liefert: [GM07], [BHK06].

## 10.1.2 C-basierte Hardware-Beschreibung

Aus den in Abschnitt 10.1.1 aufgeführten Vorteilen der Programmiersprache C wie:

- Verbreitungsgrad: DSP-Algorithmen

- enger Hardwarebezug

- Simulationszeiten

- Portierung von Mikroprozessoren

**C-orientiert**

empfiehlt sich, C auch zur Beschreibung von digitalen Schaltungen einzusetzen. In der Industrie sind die beiden Hardware-Beschreibungssprachen VHDL und Verilog weit verbreitet. Die zukünftige Entwicklung könnte in Richtung C-orientierte Beschreibungssprachen gehen. Hierzu gehören:

- SystemC: von Synopsys

- AutoPilot: von AutoESL

- Catapult C: von Mentor Graphics

- HandelC: von Celoxica.

- ImpulseC: von Impulse

**Arten**

Im Folgenden werden die am weitesten verbreiteten, auf C basierten Hardware-Beschreibungssprachen, wie SystemC, AutoPilot und Catapult C, besprochen.

---

*Merksatz:* **Hardware-Beschreibung**
Anforderungen an C. Von C $\Rightarrow$ Hardware.

---

[9] JVM = Java **V**irtual **M**achine *(deutsch: Java virtuelle Maschine)*

**SystemC**

Zunächst die Motivation SystemC, einzusetzen, gefolgt vom Entwurf mit SystemC.

**Motivation**

Klassische Entwurfsmethoden stoßen beim Entwurf von System On Chip[10] bestehend aus Prozessorkernen, Speicher, Peripherie und anwendungsspezifischer Hardware, an ihre Grenzen. Der Einsatz von unterschiedlichen Sprachen für die Hardware, wie VHDL, Verilog und Software, wie C/C++, Java, macht ein echtes Hardware-Software-Codesign schwierig und eine taktgenaue Simulation des Komplettsystems fast unmöglich. Das Resultat sind Produkte, die entweder den Anforderungen nicht gewachsen (zu langsam, Abstürze usw.) oder überdimensioniert sind (Hardware nicht ausgelastet, hoher Stromverbrauch). Die Ursache liegt meistens in der Tatsache, dass sich die Entwickler eher auf Erfahrung und Intuition als auf analytisch gewonnene Erkenntnisse verlassen.

**Motivation**

**SoC**

Ein Möglichkeit zur Erhöhung der Entwurfsproduktivität ist die Systembeschreibungssprache SystemC. SystemC kann vereinfacht als eine Erweiterung der Sprache C++ um eine „Template-Library" ansehen werden.

SystemC liefert Sprachkonstrukte, die eine Beschreibung von Hardware-Eigenschaften wie Parallelität und Zeit ermöglichen. Somit kann Register Transfer Logik modelliert und synthetisiert werden. Eine wesentliche Eigenschaft von SystemC ist die Beschreibung von Hardware- und Software-Komponenten sowie deren Kommunikationsbeziehungen auf höherer Abstraktionsebene als RTL in einer gemeinsamen Sprache [GK06].

**Entwurf**

SystemC ermöglicht die Beschreibung von Hard- und Software auf unterschiedlichen Abstraktionsebenen, ausgehend vom abstrakten funktionalen Modell über verschiedene Verhaltensmodelle bis hin zur taktgenauen Register-Transfer-Ebene. Hierdurch ist es möglich, Hard- und Software in einer übergeordneten höheren Sprache zu spezifizieren und in einem systematischen Entwurfsfluss schrittweise bis zu einem finalen synthetisierbaren Modell zu verfeinern. Abbildung 10.4 gibt einen Überblick.

**Entwurf**

SystemC verfügt über verschiedene Abstraktionsebenen:

**Abstraktionsebenen**

- System-Ebene: Funktionale Modelle ohne und mit Timing

- Algorithmen-Ebene: Verhaltensbeschreibung, getaktet, synthetisierbar

- RTL-Ebene: getaktet, synthetisierbar; Teilung in Datenpfad und Zustandsautomat

---

[10]SoC = System On Chip

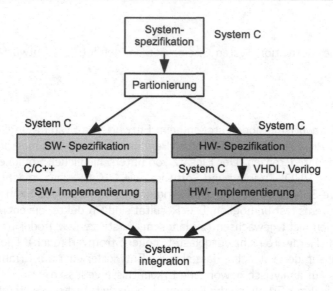

Abbildung 10.4: SystemC: Entwicklungsprozess

Die frei verfügbaren SystemC-Simulatoren erlauben die Simulation der Modelle auf allen unterstützten Abstraktionsebenen vom funktionalen Softwaremodell bis hin zur Hardware-RTL-Realisierung gemeinsam im „Mixed mode". Höhere Abtraktionsebenen erhöhen dramatisch die Simulationsgeschwindigkeit. Software-Entwickler können so ihre Software-Implementierung deutlich schneller verifizieren als mit konventionellen Verilog/VHDL-Modellen. Dieser Leistungsgewinn wird natürlich durch Vernachlässigen von Hardware-Details wie taktgenauer Simulation erkauft. Die Simulationsergebnisse sind zur Software-Entwicklung aussagekräftig genug.

> *Einstieg:*
> SystemC ist unter [Sys06] frei verfügbar.

Der Cocentric SystemC Compiler von Synopsys nimmt die automatische VHDL-Code-Generierung vor. (siehe Abbildung 14.4).

**Konstrukte**   Exemplarisch einige Konstrukte zum besseren Verständnis.

- Funktionsblöcke: sc[11]_module

    module definition (.h): Kommunikation

    module functionality (.cpp): Funktionalität

---

[11]SC = SystemC

- Schnittstellen:

  sc_in, sc_out, sc_inout

- Schnittstellen-Methoden:

  portname.read; portname.write; portname.initialize()

- Prozesse: Modellbildung von Hardware - Nebenläufigkeit!

  Sensitivitätslisten: sc_method

*Beispiel:* Die Quellcodes 10.1 und 10.2 zeigen die Realisierung einer MAC-Funktion in SystemC [Ges04].

Quellcode 10.1: SystemC-Definition: MAC.h

```
1  #include "systemc.h"
2
3  SC_MODULE(mac) {
4    sc_in<sc_int<16> > in1;
5    sc_in<sc_int<16> > in2;
6    sc_in<bool> clock;
7    sc_in<bool> rst;
8    sc_out<sc_int<40> > out;
9
10   sc_int<16> in1_tmp;
11   sc_int<16> in2_tmp;
12   sc_int<40> accu;
13
14   void do_mac();
15   SC_CTOR(mac)
16     {SC_METHOD(do_mac);
17      sensitive_pos <<clock;} };
```

Quellcode 10.2: SystemC-Funktionalität: MAC.CPP

```
1  void mac::do_mac() {
2    if(rst.read()) {
3      accu=0;
4      out.write(0);}
5    else {
6      in1_tmp=in1.read();
7      in2_tmp=in2.read();
8      accu += in1_tmp * in2_tmp;
9      out.write(accu);} }
```

Beispiel: Die Tabelle 10.1 vergleicht die Leistungsfähigkeit von generiertem VHDL-Code (Radarsignalverarbeitungs-Algorithmen) aus SystemC und Matlab/Simulink mit System Generator, abgebildet auf ein Xilinx FPGA Virtex XCV 1000 BG560-4 [GMW04].

| Algorithmus | Wortlänge (Eingang, Koeffizienten) [Bit] | SystemC: Datenrate [MSamples/s] | SystemC: Slices | Simulink: Datenrate [MSamples/s] | Simulink: Slices |
|---|---|---|---|---|---|
| MAC | 16,40 | 125,20 | 179 | 125,17 | 164 |
| Pulskompression | 16,16 | 29,88 | 2634 | 61,76 | 3162 |
| Dopplerfilter | 16,16 | 26,48 | 890 | 22,09 | 789 |
| CA-CFAR | 16,- | 21,09 | 609 | 15,66 | 787 |

Tabelle 10.1: Benchmarks: SystemC und Matlab/Simulink mit System Generator (siehe auch Abschnitt 10.2). Pulskompression, Dopplerfilter und CA-CFAR sind Radar-Signalverarbeitungsalgorithmen.

Einstieg: **SystemC**
Zur weiteren Vertiefung dient [Kes12].

Weiterführende Literatur findet man unter [Sys06], [IT06], [BEM04], [Ayn05].

**AutoPilot**

AutoPilot ist ein Werkzeug der Firma AutoESL[12] Design Technologies, Inc.. AutoPilot verarbeitet eine Funktionsbeschreibung auf hohem Abstraktionsnivau in C, C++ oder SystemC. Das Werkzeug erzeugt daraus eine bauteilespezifische RTL[13]-Beschreibung in VHDL oder Verilog. Mögliche Rechenmaschinen (Bauteile) sind FPGAs (Xilinx oder Altera) oder ASICs. Dies erspart den zeitaufwendigen und fehleranfälligen Schritt einer manuellen RTL-Implementierung aus dem C-basierten Code. Zudem generiert das Werkzeug ein zyklenakkurates SystemC-RTL-Modell mit zugehörigen Testbenches und Skriptdateien, basiert

---

[12]ESL = Electronic System Level
[13]RTL = Register Transfer Level (deutsch: Register-Transfer-Ebene)

auf der Referenz. Dies ermöglicht eine schnellere funktionale Verifikation als mit dem ModelSim-Simulator der Firma Mentor [BDT10]. Weitere Hinweise liefert Abschnitt 16.4.2.

**Catapult C**

Catapult C der Firma Mentor Graphics erzeugt aus abstrakten Spezifikationen in C++ oder SystemC-RTL-Implementierungen. Hierbei werden hierarchische Systeme, bestehend aus Kontrollblocks und arithmetischen Einheiten, automatisch erzeugt. Dies reduziert den Implementierungs- und Testaufwand im Vergleich zur manueller Entwicklung. Ziel-Plattformen sind sowohl FPGAs als auch ASICs [Gra10].

## 10.1.3 VHDL

Very High Speed Integrated Circuit Hardware Description Language[14] ist eine Hardwarebeschreibungssprache. Sie hat ihren Ursprung in der klassischen Programmiersprache ADA, die um zusätzliche Eigenschaften zur Hardware-Beschreibung ergänzt worden ist. Diese Eigenschaften sind: Beschreibung von Hardwaretypen (Signale, Bitketten); Beschreibung von nebenläufigen Aktionen; Beschreibung von Zeitverhalten; datengetriebene Kontrollstrukturen.

VHDL ist ein Produkt des VHSIC[15]-Programmes des amerikanischen Verteidigungsministeriums aus den 70er und 80er Jahren. Anfänglich war das Ziel, VHDL zur Dokumentation komplexer Schaltungen und als Modellierungssprache zur rechnergestützten Simulation[16] einzusetzen. Der Zweck war, die Kommunikation zwischen Eintwicklern und Werkzeugen[17] zu verbessern, eine ausführbare Spezifikation und eine formale Dokumentation zu erhalten. 1987 wurde VHDL zum IEEE-1076-Standard. 1993 wurde der IEEE-1076-Standard aktualisiert und der neue IEEE-1164-Standard etabliert. Dieser wurde 1996 mit dem IEEE 1076.3 zum VHDL-Synthese-Standard. Heute ist VHDL ein Industrie-Standard zur Beschreibung, Modellierung und Synthese von digitalen Schaltungen und Systemen. Die Stärken von VHDL sind ([Ska96], S. 3,4; [GKM92], S. 2; [Woy92], S. 2):

- Mächtig und flexibel: VHDL verfügt über mächtige Sprachkonstrukte zur Schaltungsbeschreibung in unterschiedlichen Abstraktionsebenen. VHDL unterstützt den hierarchischen Entwurf, den modularen Entwurf und Bibliotheksfunktionen. **mächtig und flexibel**

- Simulation: Die Simulation einer mehrere Tausend Gatter großen Schal- **Simulation**

---

[14]VHDL = VHSIC Hardware Description Language
[15]VHSIC = Very High Speed Integrated Circuit
[16]CAE = Computer Aided Engineering
[17]engl.: Tools

tung kann viel Zeit sparen, weil mögliche Fehler frühzeitig entdeckt und korrigiert werden können. VHDL ist Entwurfs- und Simulationssprache.

**baustein-**
**unabhängiger**
**Entwurf**
- Bausteinunabhängiger Entwurf: Mit VHDL kann eine Schaltung entworfen werden, ohne zuerst die Rechenmaschine auszuwählen. Eine Beschreibung kann für viele Rechnerarchitekturen verwendet werden. VHDL unterstützt hierbei unterschiedliche Schaltungsbeschreibungen.

**Portierbarkeit**
- Portierbarkeit: Da VHDL standardisiert ist, kann eine Beschreibung auf den unterschiedlichen Simulatoren, Synthesewerkzeugen und Plattformen portiert werden.

**Benchmarking**
- Benchmarking: Der bausteinunabhängige Entwurf und die Portierbarkeit erlauben den Vergleich von Bausteinarchitekturen und Synthesewerkzeugen.

**ASIC**
- ASIC-Einsatz: VHDL ermöglicht einen schnellen Markteintritt durch Abbildung auf ein CPLD oder FPGA. Bei größeren Produktionsvolumen erleichtert VHDL die ASIC-Entwicklung.

**Markteintritt**
- Schneller Markteintritt und geringe Kosten: VHDL und programmierbare Logikbausteine erleichtern den schnellen Designentwurf. Programmierbare Logik eliminiert NRE[18]-Kosten und erleichtert schnelle Design-Iterationen.

VHDL ist deshalb eine High-level-, Simulations-, Stimulierungs-, Synthese- und Dokumentationssprache.

**Grundlagen**

VHDL ist eine High-Level-, Netzlisten-, Synthese-,Simulations-, Stimulierungs- und Dokumentensprache ([Sch02], Session 1, 7, 8). VHDL unterstützt hierzu verschiedene Beschreibungsformen:

- Verhalten

- Datenfluss

- Struktur

Diese sind beliebig kombinierbar (siehe Abbildung 14.3). Ein VHDL-Modell kann aus den vier Bestandteilen aufgebaut sein:

- Entity: Ein-/Ausgabe der Schaltung (Schnittstelle)

- Architecture: Beschreibung der Schaltung

---

[18]NRE = Non Recurring Engineering *(deutsch: Einmalige Entwicklungskosten)*

- Configuration: Auswahl der verschiedenen Beschreibungen (Architekturen)

- Packages: häufig verwendete Unterprogramme, Typdeklarationen usw.

Jeder Modellbestandteil ist für die Beschreibung bestimmter Hardware-Eigenschaften zuständig. Eine Schaltung kann nur eine Schnittstellenbeschreibung (Entity), aber mehrere unterschiedliche Schaltungsbeschreibungen (Architectures) haben (siehe Abbildung 10.5). Die Auswahl der jeweiligen Beschreibung geschieht mittels der sogenannten „Configuration".

**Entity**

**Architecture**

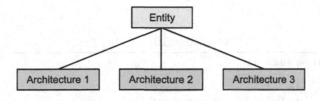

Abbildung 10.5: Entity und Architecture

Die Abbildungen 10.6, 10.7 zeigen den Aufbau eines Volladdierers mit Schnittstellen (Entity) und innerem Aufbau, bestehend aus zwei Halbaddierern (Architecture). Die Datenfluss-Beschreibung des Addierers lautet:

$Sum = S \boxplus C_{in}; S = X \oplus Y$

$C_{out} = X \wedge Y \vee S \wedge C_{in}$ (siehe auch Abschnitt 3.2.1)

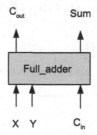

Abbildung 10.6: Schnittstellen des Volladdierers („Black-Box"). Die Eingangssignale sind beide Operanden X,Y und der Überlauf $C_{in}$ der vorherigen Addiererstufe. Ausgangssignale sind die Summe und das Überlauf-Bit $C_{in}$.

Der VHDL-Code ist nicht unabhängig von Groß- und Kleinschreibung. Quellcode 10.3 zeigt die Entity. Die Ein- und Ausgänge werden mit „port" festgelegt. Hierbei werden die Richtung „in", „out" und der Datentyp „bit" festgelegt.

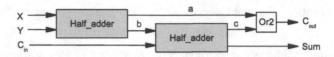

Abbildung 10.7: Innerer Aufbau Volladdierer aus zwei Halbaddierern

Kommentare werden mit „–" angezeigt. Ein weiterer Datentyp ist std_logic. Er verfügt über ein 9-wertiges Logikmodell unter anderem mit "0"-, "1"- und "Z"-Zustand[19].

Quellcode 10.3: Entity

```
1  entity full_adder is
2  port
3    (X,Y,Cin: in bit;        -- inputs
4    sum,Cout: out bit);      -- output
5  end full_adder;
```

Quellcode 10.4, 10.5 und 10.6 zeigen die Architectures mit den verschiedenen Beschreibungsformen: Datenfluss, Struktur und Verhalten. Durch „port map" kann die Struktur, bestehend aus Halbaddierern (siehe Abbildung 10.7), umgesetzt werden.

Quellcode 10.4: Innerer Aufbau Volladdierer: Datenfluss mit Angabe von künstlichen Gatterlaufzeiten

```
1  architecture dataflow_view of full_adder is
2            ...
3  begin
4    S <= X xor Y after 10 ns;
5    Sum <= S xor Cin after 10 ns;
6    Cout <= (X and Y) or (S and Cin) after 20 ns;
7  end dataflow_view;
```

*Aufgaben:*

1. Implementieren Sie Halbaddierer aus Quellcode 10.5 in VHDL.

2. Entwickeln Sie die ALU aus Abbildung 3.5 in VHDL.

---

[19]engl.: Tri-State

Quellcode 10.5: Innerer Aufbau Volladdierer: Struktur

```
1  architecture structure_view of full_adder is
2        ...
3  begin
4    U1:  half_adder port map (X,Y,a,b);
5    U2:  half_adder port map (b,Cin,c,Sum);
6    U3:  or2 port map (a,c,Cout);
7  end structure_view;
```

Quellcode 10.6: Innerer Aufbau Volladdierer: Verhalten

```
1  architecture behavioral_view of full_adder is
2  begin
3    process
4      variable n: integer;
5      constant sv : bit_vector (0 to 3) := "0101";
6      constant cv : bit_vector (0 to 3) := "0011";
7    begin
8      n:=0;
9      if X = '1' then n:=n+1; end if;
10     if Y = '1' then n:=n+1; end if;
11     if Cin = '1' then n:=n+1; end if;
12     Sum <= sv(n) after 10 ns;
13     Cout <= cv(n) after 30 ns;
14     wait on X,Y,Cin;
15   end process;
16 end behavioral_view;
```

## Nebenläufige und sequentielle Beschreibungen

VHDL verfügt über die beiden Anweisungsarten nebenläufig[20] und sequentiell[21]. Sequentielle Anweisungen werden nacheinander, entsprechend der Reihenfolge, ausgeführt. Einsatzgebiete sind algorithmische Beschreibungen und abstrakte Simulations-Modelle. Auch Hochsprachen wie Pascal oder C führen Programme sequentiell aus. Die VHDL-Anweisungen „if", „case " usw. sind Hochsprachen-Befehlen sehr ähnlich (siehe Quellcode 10.6, 10.9).

**sequentiell**

**Pascal, C**

Nebenläufigkeit (siehe Abschnitt 9.1.2) ermöglicht die gleichzeitige Verarbeitung von Aufgaben und ist aufgrund der Leistungsfähigkeit (CIS[22]) wichtig beim Entwurf von digitalen Schaltungen (siehe Quellcode 10.6). „Architectures" beinhalten nebenläufige Anweisungen, hierbei spielt die Reihenfolge der nebenläufigen Anweisungen keine Rolle. „Architectures" können aus Prozessen[23] bestehen, die dann wiederum sequentiell ablaufen (siehe Quellcode 10.8 und 10.9).

**Nebenläufigkeit**

---

[20] engl.: Concurrent
[21] engl.: Sequential
[22] CIS = Computing In Space
[23] engl.: Processes

Quellcodes 10.7, 10.8 zeigen den allgemeinen Aufbau von Entity und Architecture.

Quellcode 10.7: Allgemeiner Aufbau der Entity

```
1  entity e is
2    generic list —— interface parameters
3    port list    —— interface signals
4  end e ;
```

**Parametrierung**

VHDL verfügt über die beiden Anweisung „generic" (generisch) und „for...generate" zur Parametrierung einer digitalen Schaltung.

Mit der Anweisung „generic" können Parameter wie die Wortbreite oder die Anzahl übergeben werden. „For...generate" ist eine Zählschleife zur Duplizierung von Komponenten.

Quellcode 10.8: Allgemeiner Aufbau der Architecture mit nebenläufigen Einheiten

```
1  architecture a of e is
2    declarations
3    —— signals , components , other declarations ( type , file )
4  begin
5    b : block
6    declarations
7    —— signals , components , other ( type , file )
8    begin
9      concurrent statements
10     —— block , process ,
11     —— signal assignments , component instantiations
12   end block b ;
13 end a ;
```

Quellcode 10.9: Allgemeiner Aufbau eines „Process" als Teil der Architecture mit sequentiellen Abläufen

```
1  ...
2  p : process
3    declarations
4    —— variables , other declarations ( type , file )
5    begin
6      sequential statements
7      —— if , case , loop
8      —— procedure call
9      —— variable assignment
10     —— signal assignment
11     —— wait
12 end process p ;
13 ...
```

**Simulationsumgebung**

VHDL hat Sprachkonstrukte, die Hochsprachen wie Pascal oder C sehr ähnlich sind. Diese dienen der Beschreibung eines Moduls auf hohem Abstraktionsniveau zur Modellbildung und Simulation. Man unterscheidet zwischen folgenden Simulationsstrategien:

- Mixed-Level-Simulation: gemeinsame Simulation von Teilblöcken unterschiedlicher Abstraktionsebenen (wegen Komplexität)

- Multilevel-Simulation: Simulation eines Moduls auf unterschiedlicher Ebene (Überprüfung eines Entwurfsschritts)

- Mixed-Mode-Simulation: gemeinsame Simulation von analogen und digitalen Teilblöcken (z. B. VHDL-AMS)

VHDL-AMS[24] ist die Abkürzung für „Analog Mixed Signal" und stellt eine analoge Erweiterung von VHDL dar. **VHDL-AMS**

Die Testumgebung[25] wird zur Funktionsüberprüfung des Entwurfs[26] benutzt. Hierzu werden dem „Design Under Test"[27] Stimuliwerte zugeführt und ein Vergleich der Soll-/Istwerte durchgeführt. Abbildung 10.8 und Quellcodes 10.10 und 10.11 geben hierzu einen Überblick. Sämtliche Einheiten werden in VHDL geschrieben. **Testbench**

**DUT**

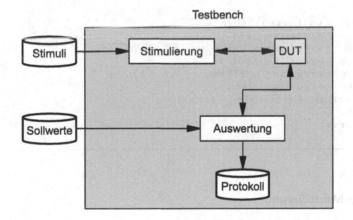

Abbildung 10.8: Testumgebung mit „Design under Test" (DuT)

---

[24]VHDL-AMS = VHDL-Analog Mixed Signal
[25]engl.: Testbench
[26]engl.: Design
[27]DUT = Device Under Test

Quellcode 10.10: VHDL-Testbench: Die Komponente „DuT" wird durch den Prozess „Stim" stimuliert.

```vhdl
 1 entity tb is
 2 end tb;
 3 architecture stimulation of tb is
 4    component DuT
 5       port (...);
 6    end component;
 7    signal portIn, portOut: ...
 8 begin
 9    design1 : DuT port map (...);
10    -- Instanz DUT
11    Stim : process
12       ...
13       -- Stimulierung
14    end process;
15 end stimulation;
```

Quellcode 10.11: VHDL-Testbench: Auswertung des „Design under Test" durch den Vergleich der „Soll"- und „Ist"-Werte

```vhdl
 1 ...
 2 process
 3    file errorfile: text is out "errors.txt";
 4    variable errorline : line;
 5 begin
 6    ...
 7    if (not (soll=ist)) then
 8       write (errorline, NOW);
 9       write (errorline, STRING'("Soll:"));
10       write (errorline, soll);
11       write (errorline, STRING'("Ist:"));
12       write (errorline, ist);
13       writeline (errorfile, errorline);
14    end if;
15 end process;
16 ...
```

**Synthese-Modellierung**

VHDL verfügt über die folgenden Beschreibungsebenen (siehe Tabelle 10.2). Die Synthese (siehe Abschnitt 14.2.1) ist die automatische Abbildung des Codes auf Gatter. VHDL ist keine reine Synthesesprache. Nicht alle Sprachkonstrukte können synthetisiert werden. Beispielsweise bietet die „after-Anweisung" die Möglichkeit einer zeitlichen Verzögerung, kann aber schaltungstechnisch nicht umgesetzt werden.

| Abstraktions-ebene | Zeitschema | Zeiteinheit | Modellierung |
|---|---|---|---|
| System | Kausalität | Events | gesamter Sprachumfang VHDL |
| RTL | Taktzyklen | Takte | Synthese VHDL-Untermenge |
| Logik | Zeiteinheiten | ns | Struktur-beschreibung, VITAL-Modelle |

Tabelle 10.2: Abstraktionsebenen von VHDL

*Beispiele:*

1. Die Quellcodes 10.12, 10.13 und 10.14 zeigen eine ALU.

2. Quellcodes 10.15, 10.16 zeigen ein D-Latch und ein D-Flip-Flop (siehe Abschnitt 9.2.7) in VHDL.

3. Quellcode 10.17 zeigt einen Zustandsautomaten (allgemein).

Quellcode 10.12: Synthetisierbarer VHDL-Code: Package der ALU mit Typdeklarationen (opMode)

```
1 package aluPack is
2   type opMode is (ADD,SUB);
3 end aluPack;
```

Quellcode 10.13: Synthetisierbarer VHDL-Code: Entity der ALU mit Operatoren und Ergebnisausgang (result)

```
1 use WORK.alupack.ALL;
2 entity alu is
3   port (op1,op2 : in   integer range 0 to 15;
4   opCode : in opMode;
5   result : out integer range -15 to 30);
6 end alu;
```

*Einstieg:* **VHDL-Kurs**
Ein Online-VHDL-Kurs und eine VHDL-Einführung findet man unter [AEM06].

Quellcode 10.14: Synthetisierbarer VHDL-Code: Architecture der ALU mit den beiden Funktionen addieren („ADD") und subtrahieren („SUB")

```
1  architecture aluArch of alu is
2  begin —— aluArch
3    comb : process (opCode,op1,op2)
4    begin —— process comb
5      case opCode is
6        when ADD => result    <= op1 + op2;
7        when SUB => result    <= op1 − op2;
8      end case; ——    opCode
9    end process comb;
10 end aluArch;
```

Quellcode 10.15: Synthetisierbarer VHDL-Code: D-Latch. Das Weglassen des „else"-Zweiges impliziert Speicher.

```
1  seq1: process (clk,dataIn)
2  begin —— process seq
3    if (clk='1') then
4      dataOut   <= dataIn;
5    end if;
6  end process seq1;
```

Quellcode 10.16: Synthetisierbarer VHDL-Code: D-Flip-Flop mit steigender Flanke und synchronem Reset

```
1  seq2: process (clk)
2  begin —— process seq
3    if (clk'event and clk='1') then
4      if (res = '1') then
5        dataOut   <= 0;
6      else
7        dataOut   <= dataIn;
8      end if;
9    end if;
10 end process seq2;
```

Quellcode 10.17: Synthetisierbarer VHDL-Code: Zustands-Automat

```
1  architecture rt of fsm is
2    type    states is (S1, S2, S0);
3    signal state, nextState: states;
4  begin
5
6  seq: process — Sequentieller Anteil
7   begin
8    wait until clock = '1';
9    state <= nextState;
10   end process;
11
12 comb: process(state, inVector) — Kombinatorischer Teil
13 ...       (Mealy, Moore)
14 end process;
15
16 end rt;
```

Den vollständigen Aufbau einer CPU zeigt ([Per02], S. 311).
Abschnitt 14.2 zeigt den Implementierungsprozess und die Grundelemente.
Weiterführende Literatur zum Thema findet man unter [Per02].

---

*Aufgaben:*

1. Schreiben Sie eine MAC-Funktion in VHDL.

2. Wie kann aus der CIT eine CIS-Architektur realisiert werden?

3. Schreiben Sie einen Timer in VHDL.

4. Schreiben Sie einen Adressdekoder in VHDL

5. Realisieren Sie ein 8 Bit NAND-Gatter in C und VHDL.

---

## 10.1.4 Verilog

Verilog Hardware Description Language oder kurz Verilog wurde 1984 von Phil
Moorby von Gateway Design Automation entwickelt. Verilog kam erstmals 1985
zum Einsatz und wurde im Wesentlichen bis 1987 weiter entwickelt. Im Jahre
1989 kaufte die Firma Cadence Design Systems Gateway und vermarktete Verilog weiter als Sprache und Simulator. Verilog war jedoch an Cadence gebunden.
Kein anderer Hersteller dürfte einen Verilog-Simulator herstellen. Als Folge unterstützten die anderen CAE[28]-Hersteller die Standardisierung von VHDL. Als
Konsequenz organisierte Cadence die Open Verilog International und brachte

---

[28]CAE = Computer Aided Engineering

1991 die erste Verilog-Dokumentation heraus. In Europa wird fast ausschließlich VHDL eingesetzt. In der USA hingegen ist Verilog die am meisten eingesetzte Beschreibungssprache. Mehr als 10.000 Entwickler benutzen diese Sprache, beispielsweise bei Sun Microsystems, Apple Computer und Motorola.

Der gewaltige technologische Fortschritt mit zunehmender Transistordichte und somit steigender Entwurfskomplexität führte zur Suche nach Alternativen zur bisherigen Beschreibung auf Logikebene.

Der Grund, „Assemblersprachen" durch Sprachen auf höheren Beschreibungsebenen zu ersetzen, liegt auf der Hand. Heute passen auf einen integrierten Schaltkreis mehrere Millionen Transistoren. Um diese Komplexität für den Entwickler handhabbar zu machen, wurde die HDLs entwickelt. Die Verwendung von Hardware-Beschreibungssprachen hat viele Vorteile:

**HDL-Vorteile**

- formale Sprache zur kompletten und eindeutigen Spezifiaktion. Eine HDL-Spezifikation kann mit jedem Textverarbeitungsystem erstellt werden, ohne dass unbedingt ein spezieller Grafikeditor eingesetzt wird.

- die Simulation des Entwurfs kann viele Fehler vor der Hardware-Realisierung sichtbar machen. Sie kann auf verschiedenen Ebenen, wie zum Beispiel der Verhaltens- oder Gatter-Ebene, stattfinden.

- Synthese: Es gibt Synthesewerkzeuge, die zur Entwurfsbeschreibung und zur Implementierung auf Gatter-Ebene mit Bibliothekskomponenten benutzt werden können.

- Dokumentation des Entwurfs

Verilog hat große Ähnlichkeiten mit C. Da die Hochsprache C eine der meist eingesetzten Sprachen ist, ist es für den Programmierer ein Muss, sie zu lernen und zu verstehen.

Das Modul stellt eine Basiseinheit in Verilog dar. Zur Beschreibung von digitalen Systemen verwendet man Module. Hierbei kann ein Modul beispielsweise ein Gatter, Addierer oder ein Computersystem sein [RLT96, PI05].

**Kopf**

**Rumpf**

Ein Modul besteht aus den Teilen Kopf[29] und Rumpf als Kern des Moduls. Der Kopf besteht aus dem Modulnamen und den Ein- und Ausgängen. Alle Ein-/Ausgänge und Variablen müssen deklariert werden. Ein- und Ausgänge im Beispiel 10.19 sind „input" und „output". Variablen sind „wire" (Draht) und „reg" (Register). Mit den eckigen Klammern kann die Busbreite festgelegt werden. Quellcode 10.18 zeigt die allgemeine Struktur eines Moduls.

Quellcode 10.18: Verilog Modulstruktur

```
1  module <module name> <optional liste of inputs/outputs> ;
2
3    <input/output declaration> ;
```

---

[29]engl.: Header

```
4    <local variable delarations> ;
5
6    <module item> ;
7    ...
8    <module item> ;
9  endmodule
```

Die Felder (<module item>) können von unterschiedlichem Typ sein: kontinu-
ierliche Zuweisung, strukturelle Instanz und Verhaltensinstanz. Die Verhaltensinstanz besteht aus einem Block mit dem Schlüsselwort „initial" oder „always".
„Initial" führt die Befehle nur einmalig zu Beginn der Simulation aus. Hingegen
wiederholt „always" die Befehle ständig in einer Endlosschleife. Im Beispiel wird
die Summe neu berechnet, wenn sich die Eingänge „in1" und „in2" ändern. Das
Summationsergebnis wird anschließend ausgegeben. Der Ablauf wiederholt sich
in einer Endlosschleife.

---

*Beispiel:* Einen simplen Addierer in Verilog zeigt Quellcode 10.19.

---

Quellcode 10.19: Einfacher Addierer in Verilog

```
1  module add2bit (in1, in2, sum);
2
3  input in1, in2;
4  output[1:0] sum;
5  wire in1, in2;
6  reg[1:0] sum;
7
8  always @(in1 or in2) begin
9    sum = in1 + in2;
10   $display (The sum of %b and %b is %0d
11   (time = %0d), in1, in2, sum, $time);
12 end
13
14 endmodule
```

---

*Aufgabe:* Nennen Sie Vorteile einer HDL-Beschreibung.

---

**Vergleich mit VHDL**                                          Vergleich

Vor 1987 gab es mehr als 100 verschiedene Hardware-Beschreibungssprachen.
Ab 1987 haben sich im Wesentlichen die beiden Beschreibungssprachen VHDL
und Verilog durchgesetzt. Im Folgenden ein kurzer Vergleich:

- VHDL:

  ADA-orientierte HDL

  IEEE-Standard 1076-1987, 1076-1992,...: VHDL87, VHDL92,...

  Stärken: erster Standard, Dokumentation,

  Simulation, Bibliothekskonzepte

  Marktdominanz in Europa

- Verilog:

  C-orientierte HDL

  erst ab 1997: IEEE-Standard 1364-1997, 1364-2001

  Stärken: Synthese, schnelle Simulation von Verilog & Software

  Marktdominanz in USA und Asien

## 10.2 Werkzeuge

**Systemebene**  Im Folgenden werden wichtige Werkzeuge zum Entwurf auf Systemebene (siehe Kapitel 9), zur Simulation und automatischen Codegenerierung für hybride Systeme aus Mikroprozessoren und FPGAs vorgestellt.

---

*Definition:* **Modellbasierte Software-Entwicklung**[a]

Im Gegensatz zu den bisher besprochenen textbasierten Ansätzen handelt es sich hierbei um einen graphik-orientierten, auf Modellen basierten Ansatz. Die Umsetzung des Modells in Software (Code) erfolgt durch Interpretation – es existiert lediglich gedankliche Verbindung zwischen Modell und Implementierung (siehe Abbildung 10.9). Die Software-Entwicklung ist ein kreativer Akt mit Überwindung von Abstraktionsstufen (siehe [GW13]).

---

[a]MBSD = Model Based Software Development

---

*Definition:* **Modellgetriebene Software-Entwicklung**[a]

Im Gegensatz zum modellbasierten Ansatz erfolgt die Umsetzung des Modells in Software (Code) automatisch durch Generierung (siehe Abbildung 10.9). Die im Folgenden vorgestellten Matlab/Simulink-Werkzeuge gehören zur Klasse der modellgetriebenen Software-Entwicklung (siehe [GW13]).

---

[a]MDSD = Model Driven Software Development

---

Zunächst wird auf Matlab/Simulink, danach auf die automatische VHDL- und C-Codegenerierung mit den Werkzeugen System Generator, HDL-Coder und Embedded Target eingegangen.

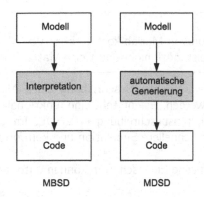

Abbildung 10.9: Modellbasierte und Modellgetriebene Software-Entwicklung

## 10.2.1 Matlab/Simulink

Matlab- und Simulink-Software sind ein weitverbreitetes Werkzeug zur Analyse, **Matlab**
Synthese und Simulation linearer und nichtlinearer dynamischer Systeme. Das
Basispaket wird durch Toolboxen und Blocksets erweitert. Aus der Abkürzung
„Matlab"[30] leiten sich zwei Konzepte ab. Zum einen wurden mit der effizienten
Matrizenberechnung Grundlagen für den optimalen Einsatz von numerischen
Methoden geschaffen. Zum anderen steht „Laboratory" für die Weiterentwick-
lung und Erweiterung sowohl in der Lehre, als auch in der technischen und
wissenschaftlichen Forschung [BB99].

Simulink stellt eine graphische Erweiterung von Matlab dar. Sie ermöglicht es **Simulink**
den Entwicklern, mit wenig Programmieraufwand Modelle von komplexen Systemen mittels Blockdiagrammen zu beschreiben. Funktionsblöcke aus unterschiedlichen Bibliotheken werden zu einem Systemmodell verbunden. Hierbei
sind die Funktionsblöcke nach Kategorien geordnet. Unter anderem sind Sig-
nalquellen und -senken, lineare, nichtlineare und diskrete Komponenten verfügbar. Heute stehen mehr als 40 Toolboxen und Blocksets zur Verfügung.

Ein Grund für die zunehmende Verbreitung in der Industrie ist zum einen die
knappe Entwicklungszeit für die Lösung technischer Aufgaben. Zum anderen
besteht die Möglichkeit, direkt aus Matlab/Simulink Codes zur Implementierung (Rapid Prototyping), sowohl für Mikroprozessoren als auch für FPGAs, zu
simulieren und zu generieren ([Hof99], S. 11; [Bog04]).

Matlab wird häufig für die digitale Signalverarbeitung eingesetzt.

---

[30]Matlab = MATrix LABoratory

> *Einstieg:*
> Eine Studentenversion von Matlab kostet circa 100 Euro. Das Softwarepaket „Scilab" ist ein leistungsfähiger und freier Matlab-Clone [Sci20].

**Algorithmen-ebene**

Matlab kann zur hardware-nahen Beschreibung eines Algorithmus und deren Simulation verwendet werden. Es entsteht eine funktionale Verhaltensbeschreibung ähnlich der Verhaltensbeschreibung in VHDL. Im Gegensatz zu VHDL ermöglicht Matlab eine schnellere Simulation und komfortable graphische Darstellung.

Implementierungsspezifische Eigenschaften können unter anderem wie folgt berücksichtigt werden:

- Matlab: Beschreibung auf Bit-Ebene mit den Funktionen: bitget, bitand, bitcmp, bitmax, bitor, bitset, bitshift, bitxor

- Simulink: Fixed Point Blockset ist eine Bibliothek von Blöcken zur Simulation von Festkomma-Zahlen [Hof99].

## 10.2.2 Matlab/Simulink und Embedded Coder

Der Simulink Coder[31] in Verbindung mit Embedded Coder[32] ermöglicht die automatische C-Code-Generierung aus graphischen Simulink-Modellen. Der Designflow dient zur Evaluierung der Simulink-Modelle der DSP-Familie C2000 (Firma Texas Instruments, siehe Abschnitt 3.2.4) und für Rapid Prototyping. Hierbei können Peripheriemodule wie ADC[33], Speicher oder CAN[34]-Schnittstelle von Simulink aus angesprochen werden.

Anwendungen für diese DSPs sind Antriebssysteme, wie beispielsweise Motorregelungen.

Abbildung 10.10 zeigt die verwendeten Werkzeuge für die C2000-DSP-Familie (siehe auch Abschnitt 3.2.4). Die Aufgaben der einzelnen Werkzeuge sind:

- Embedded Coder: Parametrierung & Einbindung spezifischer Prozessordaten

- Simulink Coder: C-Code-Generierung aus Simulink-Modellen

- Embedded IDE Link[35] (for Code Composer Studio): Verbindung zwischen Simulink und Code Composer Studio für Compilierung und Test

- TI Code Composer Studio: Entwicklungswerkzeug vom Hersteller Texas Instruments

---

[31] früher: Real-Time Workshop
[32] früher: Embedded Target
[33] ADC = **A**nalog **D**igital **C**onverter *(deutsch: Analog-Digital-Wandler)*
[34] CAN = **C**ontroller **A**rea **N**etwork
[35] in Embedded Coder integriert

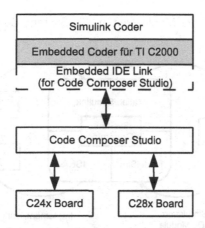

Abbildung 10.10: Embedded Coder: Entwicklungsprozess

Zur Evaluation dienen C24x-(16Bit Festkomma) und C28x-(32Bit Festkomma) Boards eines Drittanbieters[36].

Das Werkzeug Embedded Target ist auch verfügbar für den Motorola Mikrocontroller MPC 5xx (PowerPC)- und für die Infineon-C166-Mikrocontroller-Familie. **Mikrocontroller**

---

*Merksatz:* **Portierung**

Die Portierung auf einen anderen Prozessor ist einfacher zu vollziehen als bei einem Entwurf mit FPGAs. Den allgemeinen Simulink-Blöcken stehen herstellerspezifische IPs bei den FPGAs gegenüber. Der Matlab-Code steht der Hochsprache C näher als der Hardwarebeschreibungssprache VHDL. Bei den Mikroprozessoren sind die spezifischen Anteile nur die Peripherie und nicht der Algorithmus selber [KYH06], [Mat05].

---

*Einstieg:* **Embedded Coder**

Zur weiteren Vertiefung, auch in Verbindung mit dem System Generator, dienen [USG12a], [USG12b], [SPD11a], [SPD11b] und [SPH+10].

## 10.2.3 Matlab/Simulink und System Generator

Simulink dient zur graphischen Modellierung, Simulation und Analyse dynamischer Systeme. Der Xilinx System Generator schließt die Lücke zwischen der abstrakten Modellbeschreibung eines Entwurfs und der Implementierung in einem Xilinx FPGA.

---

[36]engl.: Third-party

Abbildung 10.11 zeigt die Möglichkeiten des System Generators. Das Werk-

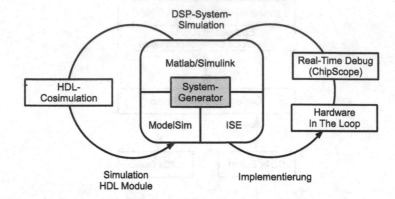

Abbildung 10.11: System Generator: Überblick [Xil06b]. ISE ist die Abkürzung für Integrated Software Environment (Entwicklungsumgebung).

**Systemebene**

zeug ermöglicht die Entwicklung von hochperformanten DSP-Applikationen für
Xilinx FPGAs aus Matlab/Simulink auf Systemebene[37]).
Der System Generator ermöglicht:

- HDL[38]-Cosimulation mit dem ModelSim HDL-Simulator von Mentor Graphics

**Hardware in
der Schleife**

- „Hardware in der Schleife"[39] und Funktionsüberprüfung in Echtzeit[40] mit
  dem Werkzeug „Chip Scope" von Xilinx.

- Abschätzen der benötigten Hardware-Ressourcen aus Simulink

- Stimulieren der Implementierung durch synthetische Szenarien (Modelle)

- automatische Erzeugung von VHDL-Code

**Rapid
Prototyping**

Zielgruppe sind Systementwickler. Das System dient zur schnellen Prototypen-
realisierung („Rapid Prototyping").
Abbildung 10.12 zeigt den Entwurfsprozess mit Matlab/Simulink und dem System Generator. Dem Entwickler stehen drei Bereiche zur Verfügung:

- Library: Bibliothek

---

[37]engl.: System Level Design Flow
[38]HDL = Hardware Description Language *(deutsch: Hardware-Beschreibungssprache)*
[39]engl.: Hardware In The Loop
[40]engl.: Real Time

- Matlab/Simulink mit System Generator

- Xilinx Vivado (ISE[41]-Nachfolger): FPGA-Entwicklungsumgebung.

In der Bibliothek stehen die verfügbaren FPGA-Module. Für jedes Modul exis- **Bibliothek**
tiert eine Simulationsbeschreibung für Simulink und eine Synthesebeschreibung
(engl.: Synthesis), die bei der späteren Erstellung der Netzliste benötigt wird.
Andere Module können zur Synthese nicht eingesetzt werden. In Simulink werden Modelle zur VHDL-Code Erzeugung mit dem System Generator entworfen. Liefert das entworfene Modell (siehe in Abbildung 10.12 grauunterlegtes

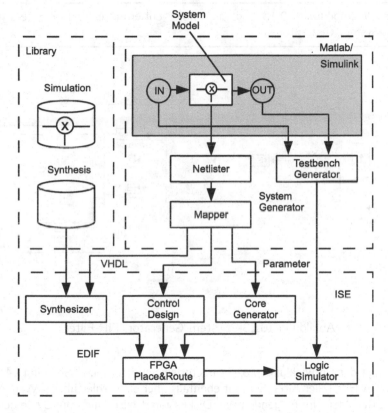

Abbildung 10.12: System Generator: FPGA-Entwurfsprozess [Xil06b].

Modul) die gewünschte Funktion, so wird der System Generator aufgerufen. **System**
Das Werkzeug besteht aus den beiden Funktionen Netlister und Mapper. Der **Generator**
Netlister extrahiert die hierarchische Modellstruktur mit Parametern und Si-
gnaldatentypen. Der Mapper analysiert im Anschluss die Hierarchie-Elemente

---

[41]ISE = Integrated Software Environment

und generiert VHDL-Codes. Die resultierende Netzliste beinhaltet zusätzliche Ports, wie beispielsweise Clock, Enable und Reset-Signale. Sie sind aufgrund der Beschreibung auf Systemebene im Simulink-Modell nicht sichtbar. Makros könnte mittels des Xilinx-Core-Generators in den Entwurf eingebunden werden. Der Testbench Generator erzeugt aus den Simulationsdaten Testvektoren zur funktionalen Simulation [Neu05, Bog04]. Der System Generator erzeugt diverse VHDL-Dateien, wie VHDL-Netzlisten, VHDL-Testbench usw., zur anschließenden weiteren Synthese.

> *Beispiel:* Abbildung 10.13 zeigt die Implementierung eines FIR-Filters mit dem System Generator.

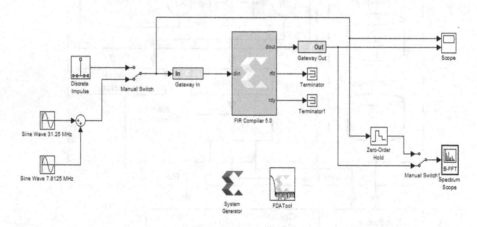

Abbildung 10.13: System Generator: FIR-Filter

**Altera**

**Diskussion**

**Vorteile**

Dann folgt der Entwicklungsprozess nach den Schritten aus Abbildung 14.4. Der FPGA-Hersteller Altera verfügt ebenfalls über ein vergleichbares Werkzeug, den „DSPBuilder". Im Folgenden eine Diskussion des Entwurfs auf Systemebene mit dem System Generator.

Im Folgenden die Vorteile von System Generator:

- automatische VHDL-Code-Erzeugung („Rapid Prototyping")

- gute Performance: aufgrund der verwendeten herstelleroptimierten IPs[42]

- automatische Testbench-Erzeugung

---

[42]IP = Intellectual Property

- schnelle und umfangreiche Simulation: mit synthetischen Toolboxen und HDL-Simulator, wie ModelSim von Mentor Graphics

- gute Modellierung von Festkomma-Größen

- „BlackBox": Integration von eigenem VHDL-Code

- IP-Konfiguration über GUIs[43]

- System Level Design: kein direktes VHDL-Know How notwendig

- graphische Schaltplan[44]-Eingabe

Nachteile von System Generator sind: **Nachteile**

- eingeschränkte Kompatibilität zu anderen Herstellern: Im Gegensatz zum reinen VHDL-Code ist es notwendig das System erneut den Modulen des neuen Herstellers zu erstellen.

- eingeschränkter Hardware-Bezug: Takt- und Resetnetz sind in Simulink schwer zugänglich.

---

*Einstieg:* **System Generator und HDL Coder**
Zur weiteren Vertiefung dient [Ges12a].

---

## 10.2.4 HDL Coder

Das Werkzeug HDL Coder der Firma Mathworks erzeugt portierbaren und synthetisierbaren Verilog- und VHDL-Code aus Matlab-Funktionen oder Simulink-Modellen oder Zustandsdiagrammen. Der erzeugte HDL-Code kann zur Konfiguration von FPGAs oder ASIC-Prototypen und -Entwicklung genutzt werden. Der HDL Coder unterstützt den Entwicklungsprozess von Xilinx- und Altera-FPGAs. Im einzelnen können Hardware-Architektur und -Implementierung gesteuert, der kritische Pfad angezeigt und Schätzungen der Hardware-Ressourcen durchgeführt werden. Das Werkzeug unterstützt den Vergleich des Simulink-Modells mit dem erzeugten VHDL- und Verilog-Code. Und ermöglicht die Code-Verifikation für hoch integiere Applikationen, die an den DO-254[45] und andere Standards angelehnt sind [Mat13].

---

*Beispiel:* In Simulink kann ein hybrides System aus FPGA und DSP realisiert werden.

---

[43]GUI = **G**raphical **U**ser **I**nterface *(deutsch: graphische Benutzeroberfläche)*
[44]engl.: Schematic
[45]engl.: **D**esign **A**ssurance **G**uidance **F**or **A**irborne **E**lectronic **H**ardware

Weiterführende Literatur findet man unter [Mat13], [JR05], [Frö06].

**Vergleich System Generator und Embedded Target**

Im Rahmen von Projektlaboren [KYH06, KHU07, WMN07] wurden Benchmarks für eine „MAC"-Funktion und einen FIR-Filter mit Code-Generatoren System Generator und Embedded Target durchgeführt.

---

*Zusammenfassung[a] :*

1. Der Leser kennt die Begriffe modellbasierte und modellgetriebene Software-Entwicklung und kann Sie einordnen.

2. Er kennt Matlab/Simulink und deren Einsatzgebiete.

3. Der Leser Matlab/Simulink und die automatische Code-Erzeugung.

---

[a]mit der Möglichkeit zur Lernziele-Kontrolle

# 11 Test

Lernziele:

1. Das Kapitel gibt einen allgemeinen Überblick über das Thema Test und den Test-Ablauf.

2. Das Kapitel diskutiert die unterschiedlichen Test-Scenarien (Testfälle) und deren Anwendungsgebiete.

3. Es zeigt die für eine Durchführung notwendigen Test-Werkzeuge.

Kapitel 9 stellt den vollständigen Entwicklungs-Prozess vor. Hierbei wird der System-Test oftmals „unterschätzt" und „stiefmütterlich" behandelt. Die syntaktische Überprüfung mit dem Ergebnis Null Fehler und Warnungen sagt noch lange nichts über einen fehlerfreien Betrieb aus. Eingebettete Systeme haben eine Funktion unter bestimmten Randbedingungen zu erfüllen. Die spätere Verifikation muss schon in Entwurf und Implementierung mitberücksichtigt werden.

**Test-freundlicher Entwurf**

Die folgenden Betrachtungen beziehen sich sowohl auf den Software-Test für Mikroprozessoren als auch FPGAs (Digitale Schaltungen).

Ein unvollständiger Test kann hohe Folgekosten verursachen. Es gilt im allgemeinen die „Zehner-Regel". Die Kosten für die Fehlerbeseitigung wachsen um den Faktor 10 in Abhängigkeit davon, in welcher Phase ein Fehler entdeckt wird: Chipfertigung Faktor 1, verpackt Faktor 10, Platine Faktor 100, System Faktor 1000, Feld Faktor 10000 ([HRS94], S. 28 ff.). Weitere Hinweise zur Fehler-Statistik bei Software-Projekten liefert ([GM07], S. 124).

Für die folgenden Abschnitte wurden die folgenden Quellen [SS03, SW04, SD02] verwendet.

**Motivation**

## 11.1 Einführung

Der Software-Test sowie der dazugehörige Dokumenten-Test gehören zum Bereich der analytischen Qualitätssicherung (siehe Kapitel 8.1). Das Ziel dieser Tests ist es, Fehler aufzuspüren, um das mit der Software-Entwicklung verbun-

**Qualitäts-sicherung**

**Fehler**

231

© Springer Fachmedien Wiesbaden GmbH, ein Teil von Springer Nature 2020
R. Gessler, *Entwicklung Eingebetteter Systeme*,
https://doi.org/10.1007/978-3-658-30549-9_11

dene Risiko zu minimieren. Aus diesem Grund ist ein Test erfolgreich, wenn Fehler entdeckt werden [SW04].

---

*Definition:* **Test**
Test ist Oberbegriff; er verfolgt das Ziel, Fehler zu entdecken. Hierdurch wird das mit der Software-Entwicklung verbundene Risiko reduziert.

---

*Definition:* **Fehler**
Ein Fehler ist jede Abweichung von der geforderten Anforderungen (Qualitätseigenschaft) einer Spezifikation.

---

*Merksatz:* **Fehler-Entdeckung**
Werden keine Fehler lokalisiert, so bleiben Sie unentdeckt. Die Praxis zeigt aber, dass komplexe Systeme Fehler besitzen.

---

Abbildung 11.1 zeigt den Zusammenhang der Begriffe Verifikation, Validierung und Test mittels Fragen.

Abbildung 11.1: Einordnung Begriffe: Verifikation, Validierung und Test ([SD02], S. 64)

---

*Definition:* **Verifikation**
Hierunter versteht man die Überprüfung des Entwurfsschrittes anhand von Vorgaben (Spezifikation). Abbildung 11.1 zeigt die damit verbundenen Fragen. Das Ziel der Verfikation ist die Überprüfung, ob die Transformation ausgehend von der Spezifikation hin zur Implementierung, korrekt erfolgt ist ([SD02], S. 177).

---

---

*Definition:* **Funktionale und formale Verifikation**

- funktional: Einsatz von Systemmodellen (als exakte Spezifikation) zur frühzeitigen Überprüfung des (System-)Entwurfs (siehe auch Abschnitt 10.2).

- formal: Verfahren, welche die korrekte Funktion eines Systems anhand von mathematischen Methoden nachweisen (Beweismethoden)

---

*Merksatz:* **Funktionale Verifikation**
Viele Digitale Schaltungen (Systeme) werden auf hoher Abstraktionsebene mit z. B. Sprachen wie C beschrieben. Dies ermöglicht erste frühzeitige Tests, ob sich das System wie spezifiziert verhält.

---

*Definition:* **Valdierung**
Überprüfung, ob die Spezifikation die Aufgabenstellung richtig wiedergibt. Die Spezifikation stellt die Dokumentation der Aufgabenstellung dar ([SS03], S. 140).

---

# 11.2 Ablauf

Als Produkt aus der Analyse-Phase des Software-Entwicklungsprozesses entsteht die Spezifikation (siehe Kapitel 9). Die entstandene Implementierung muss mit dem Verhalten der Spezifkation verglichen werden. Diesen Vorgang nennt man Verifikation. Abbildung 11.2 zeigt das Grundprinzip.

**Produkt**
**Spezifikation**

Der Prüfling DUT[1] kann die Test-Hardware (Zielsystem), Emulator oder Simulations-Modell sein (Details siehe auch Abschnitt 11.2). Beim Test werden Testfälle (Eingangssignale) an den Prüfling angelegt und dabei die Ausgangssignale des Systems beobachtet. Diese werden dann mit der Spezifikation (Berechnungen) oder dem Referenz-Modell[2] verglichen.

**Verifikation**

Einen Überblick über die Test-Werkzeuge für die Prüfung zeigt Abschnitt 11.4.

---

*Merksatz:* **Modelle und Simulation**
Modelle sind eine Nachbildung eines beliebigen Systems oder Prozesses durch ein kybernetisches System oder einen anderen Prozess. Unter Simulation versteht am das Experimentieren mit Modellen.

---

Den kompletten Test-Ablauf zeigt Abbildung 11.3.
Die Testplanung übernimmt die Kooperation der Testaktivitäten wie Testobjek-

**Planung**

---

[1]DUT = Device Under Test
[2]engl.: Golden design

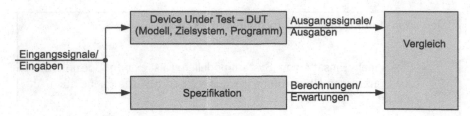

Abbildung 11.2: Grundprinzip (funktionale) Verifikation mit Testdurchführung ([SD02], S. 64) (siehe auch Abbildung 11.3)

**Realisierung**

**Auswertung**

**Abnahme**

te, zeitliche Planung und Verantwortlichkeiten. Testrealisierung beinhaltet die Zusammenstellung der Testfälle (siehe Abschnitt 11.3) und die Bereitstellung der Testumgebung oder Werkzeuge (siehe Abschnitt 11.4). Die Testauswertung beinhaltet die Analsyse der identifizierten Fehler. Testabnahme ist ein offizieller Meilenstein mit den Teilnehmern Projektteam und Kunde. Basierend auf den Testergebnissen wird die Entscheidung auf Akzeptanz/Nichtakzeptanz abgeleitet ([SW04], S. 260 ff.).

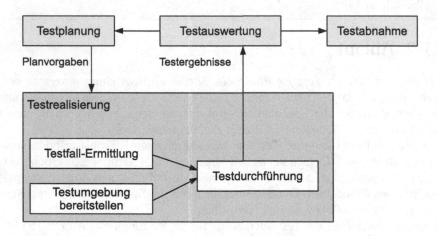

Abbildung 11.3: Kompletter Test-Ablauf [SW04]

**Ebenen**

**Personen**

**Hinweise**

Abbildung 11.4 zeigt die einzelnen Test-Ebenen (Phasen) im V-Modell (siehe auch Kapitel 8). Die unterschiedlichen Ebenen mit Test-Methoden und involvierten Personen zeigt Tabelle 11.1 (siehe auch Abschnitt 11.3). Im Folgenden einige Hinweise im Test-Ablauf, die sich in der Praxis bewährt haben ([SW04], S. 258 ff.):

- frühzeitige Fehlerentdeckung: Test frühzeitig und begleitend zur Entwicklung

234

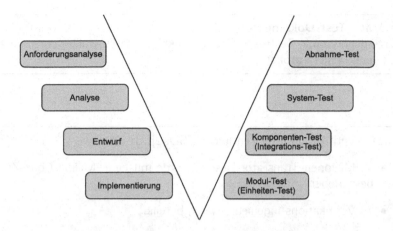

Abbildung 11.4: Test-Ebenen im V-Modell (siehe Kapitel 8)

| Ebenen | Methode | Personen |
|---|---|---|
| Module | White Box | Programmierer, der den Code geschrieben hat |
| Integration, Komponenten | White, Black Box | Programmierer, der den Code geschrieben hat |
| System | Black Box | unabhängige Tester |
| Abnahme | Black Box | Kunde |

Tabelle 11.1: Test-Ebenen ([Wil06], S. 42)

- aus Fehlern lernen und zukünfigt vermeiden: Fehlerursache überprüfen, um diese in Zukunft zu vermeiden.

- Durchführung von unabhängigen Tests bei komplexen Testobjekten: Einsatz zusätzlicher unabhängiger Tester zum Entwickler

- Testziele erreichbar und messbar formulieren: überprüfbare Testziele formulieren

- Testfälle professionell handhaben: sichern der Testfälle für spätere Testwiederholungen (Regressionstests)

- Testaktivitäten planen: Planung der Tests in die Projektplanung aufnehmen

- Testaktivitäten dokumentieren: schafft Transparenz und Revisionssicherheit.

---

*Merksatz:* **Test-Dokumente**
Hierzu gehören u.a. Testpläne, Testspezifikationen, Testfallbeschreibungen,
Test- und Fehlerprotokolle.

---

*Beispiel:* Verifikation Intel Pentium 4 ([SD02], S. 179):

- 42-Millionen-Transisitor-Design: wurde mit einer Million Code-Zeilen
  beschrieben

- 70 Verifikations-Ingenieure waren beteiligt

- ingesamt wurden 7855 Fehler gefunden

- 200 Milliarden Zyklen wurden durch Simulation berechtet - nur 2
  CPU-Minuten, 1 GHz

## Simulation

Einer der allgemeinen Ansätze zur Verfikation ist die Simulation.
Im Vergleich zur Test-Hardware (physikalischen Implementierung) hat die Si-

**Vorteile** mulation in Bezug auf Test- und Fehlersuche einige Vorteile. Einer der wichtigsten Vorteile sind die Steuer-[3] und Beobachtbarkeit[4]. Unter Steuerbarkeit

**Steuerbarkeit** versteht man die Fähigkeit des Systems zu steuern. Dies kann sowohl die Zeit
(Simulationsstart/-stop), als auch die Daten (Eingangsdaten oder interne Grö-

**Beobacht-** ßen) betreffen. Unter Beobachtbarkeit versteht man die Möglichkeit, Werte
**barkeit** des Systems zu überprüfen. Die Simulation benötigt zur Einrichtung deutlich
weniger Zeit als die physikalische Implementierung.

---

*Beispiel:* Die Simualtion eines Verhaltens-Modells dauert Stunden oder Tage
im Gegensatz zur Implementierung, die Wochen oder Monate benötigen
kann ([VG02], S. 297).

---

**Nachteile** Zudem ist die Simulation sicher – es kann nichts beschädigt werden.
Die Simulation hat aber auch Nachteile:

---

[3]engl.: Controllability
[4]engl.: Observability

- Modell mit komplexer externen Umgebung: die Einrichtung der externen Umgebung kann mehr Zeit benötigen als das Modell selbst.

- Unvollständiges Umgebungs-Modell durch schwierige Realisierung oder mangelnde Dokumentation.

- Die Simulation-Geschwindigkeit kann im Vergleich zur Implementierung sehr langsam sein.

---

*Definition:* **Steuerbarkeit und Beobachtbarkeit**
Hierunter versteht man das Einspeisen von Testmustern und die Überprüfung der Antworten des Schaltkreises oder Programmes auf Richtigkeit.

---

*Aufgabe:* Nennen Sie drei Vor- und Nachteile der Simulation.

---

Der größte Nachteil der Simulation ist die geringe Geschwindigkeit. Ein Grund hierfür liegt in der Serialisierung der parallelen Schaltung (bei der Digitalen Schaltungstechnik). Ein weiterer Grund liegt darin, dass einige Programme wie Simulator, Betriebsystem zur Simulation notwendig sind. **Geschwindig- keit**

Eine Möglichkeit zur Reduktion der langen Simulationszeiten ist die Verkürzung der Zeit. Dies reduziert aber die Anzahl der zu testenden Szenarien. Nichtsdestotrotz werden viele Eingebettete Systeme nur einige Sekunden simuliert, bevor sie zum ersten Mal implementiert werden. Eine weitere Möglichkeit ist der Einsatz eines schnelleren Simulators, wie z. B. eine spezielle Simulations-Hardware. Dieses Gerät nennt man Emulator. Eine andere Möglichkeit ist die Verwendung eines Simulators mit weniger Genauigkeit. Mit anderen Worten, es werden Steuerbarkeit und Beobachtbarkeit gegen Geschwindigkeit getauscht. **Maßnahmen**

**Emulator**

---

*Definition:* **Emulator**
Durch den Einsatz von Emulatoren können Nachteile der Simulation, wie langsame Geschwindigkeit oder fehlende Umgebungsmodelle, kompensiert werden. Beispielsweise besteht ein Emulator für Mikroprozessoren typischerweise aus 10-100 FPGAs. Der Entwickler wird bei der Fehlersuche wie Anhalten der Ausführung und Darstellung interner Werte unterstützt.

> *Merksatz:* **Genauigkeit versus Geschwindigkeit**
> Bei der Simulation von Modellen muss zwischen Genauigkeit und Geschwingkeit abgewogen werden. Eine hohe Genauigkeit ermöglicht lange Szenarien, aber nur simple Modelle. Ist hingegen die Simulations-Geschwindigkeit gering, so ist mit vertretbarem Aufwand nur eine kürze Simulationszeit möglich. Dies erlaubt die Simulation komplexer Modelle bei geringer Detail-Genauigkeit.

> *Beispiel:* Simulations-Beschleunigung ([SD02], S. 120):
>
> - Digitale Schaltung besteht aus 1 Million logischer Verknüpfungen pro Prozessortakt
>
> - Die Zielschaltung wird mit 100 MHz betrieben
>
> - Mikroprozessor-Taktfrequenz: 1 GHz
>
> - $\Rightarrow t_{sim}(1s) = \frac{10^8\,Zyklen \cdot 10^6\,Operationen/Zyklus}{10^9\,Operationen/s} = 10^5 s$

**Simulations-arten**

**Analog-Simulation**

**Digital-Simulation**

**Fehler-Simulation**

**Mixed-Signal-Simulation**

**Systemebene**

**Simulations-Arten**

Als Basis für den Abschnitt diente ([SW04], S. 152 ff.).

Bei der Analog-Simulation werden Gatter durch Transistor-Modelle (meist Differenzengleichungen) repräsentiert. Die funktionale und zeitliche Simulation erfolgen feingranular durch Ströme und Spannungen. Hierdurch ist die Analog-Simulation zeitaufwendig. Als Beispiel ist das Programm PSPICE[5] zu nennen.

Die Digital-Simulation arbeitet auf der RTL[6]. Durch die Abbildung auf zwei- oder mehrwertige Signalzustände wird im Vergleich zur analog-Simulation eine erhebliche Beschleunigung der Simulation erreicht. Beispiel ist der Sprachstandard VHDL[7].

Die Fehler-Simulation versucht eine möglichst komplette Testbarkeit durch eine hohe Fehlerabdeckung[8] der Schaltungen nachzuweisen. Im Gegensatz hierzu prüft die Digital-Simulation nur einzelne besonders wichtige Fälle.

Die Mixed-Signal-Simulation arbeitet mit Schaltungs-Teilen auf unterschiedlichem Abstraktionsniveau. Hierbei werden gleichzeitig analoge und digitale Schaltungsmodule simuliert. Beispiel ist der Sprachstandard VHDL-AMS[9].

Die System- oder High-Level-Simulation[10] beschreibt komplexe und heterogene

---

[5] PSPICE = Personal Simulation Program With Integrated Circuit Emphasis
[6] RTL = Register Transfer Level *(deutsch: Register-Transfer-Ebene)*
[7] VHDL = VHSIC Hardware Description Language
[8] engl.: Code Coverage
[9] AMS = Analog Mixed Signal

Systeme grobgranular auf hohem Abstraktionsnivau. Ziel ist hierbei eine ausführbare Spezifikation. Als Beispiele sind Matlab/Simulink der Firma Mathworks zu nennen (siehe auch Abschnitt 10.2). **ausführbare Spezifikation**

Die Hardware-Software-Cosimulation nutzt Software- und Hardware-Komponenten zur Simualationsbeschleunigung. Beispielsweise kann bei Simulink die Simulationgeschwindigkeit durch Einsatz von Test-Hardware verbessert werden. Man unterscheidet hierbei zwischen SIL[11] und PIL[12]. **Cosimulation**

Der Fokus der vorliegenden Arbeit liegt bei der Digital-Simulation auf Systemebene.

---

*Beispiel:* Abbildung 11.5 zeigt die Simulationszeiten eines SoC[a] für unterschiedliche Simulationsarten (Abstraktionsebenen) mit Werkzeugen (siehe auch Abschnitt 11.4). Der Baustein besteht aus circa 100 Millionen Transistoren. Die Ausführung einer Stunde benötigt 10 Millionen Stunden Simulationszeit auf Gatterebene (circa 1.000 Jahre).

---

[a]SoC = System On Chip

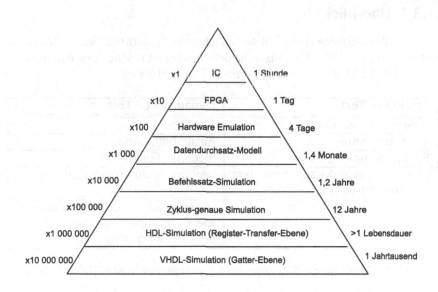

Abbildung 11.5: Vergleich von Simulationszeiten ([VG02], S. 298)

---

[10]engl.: System-/High-Level-Simulation
[11]SIL = Software In The Loop
[12]PIL = Processor In The Loop

## 11.3 Test-Fälle

Eine vollständige Simulation ist aufgrund der hohen Komplexität nur in seltenen Fällen möglich. Deshalb werden die Stimuli[13] so gewählt, dass sie eine große Menge möglicher Fehler abdecken. Die Qualität der Stimuli werden mittels Maßen bewertet. Sie ermöglichen Aussagen über die erreichte Überdeckung,

**Zeilen-Überdeckung** beispielsweise der Zeilenüberdeckung[14] ([SD02], S. 178).

> *Beispiel:* Die vollständige Simulation einer 32-Bit-ALU benötigt $2^{32} * 2^{32} = 2^{64}$ Test-Kombinationen. Bei einer Simulation von einer Million Kombinationen pro Sekunde würden hierzu eine halbe Million Jahre benötigt. In der Praxis ist deshalb eine vollständige Simulation nur für kleine Modelle möglich ([VG02], S. 297).

### 11.3.1 Überblick

**Klassifikation** Die testenden Verfahren sind Teil der analytischen Qualitätssicherung-Verfahren (siehe auch Kapitel 8). Man unterscheidet zwischen statischen und dynamischen

**Statische und Dynamische Tests** Tests . Tabelle 11.2 vergleicht die beiden Test-Methoden.

| Statischer Test | Dynamischer Test |
|---|---|
| Dokumente und Code | nur Code |
| keine Ausführung | Ausführung nötig |
| Syntax, Semantik, Logik | Struktur, Funktion |
| sollte vor dem dynamsichen Test durchgeführt werden | benötigt ausführbaren Code |
| – | Untersuchung von Eigenschaften wie Performanz, die nur während der Laufzeit prüfbar sind |

Tabelle 11.2: Vergleich Statischer und Dynamischer Tests ([DZ07], S. 18)

Zu den statischen Tests gehören z. B. manuelle Prüfungen („Debugging") und die Dokumenten-Tests. Zu den dynamischen Tests zählen die Strukturtests („White Box") und die funktionalen Tests („Black Box").

---

[13] Test-Fälle oder -Szenarien
[14] engl.: Code Coverage

**Dokumenten-Test**

Dokumenten-Tests erfolgen normalerweise in Form einer Nachbearbeitung oder Besprechung[15]. Hierunter versteht man Prozesse, in denen ein Team seine Arbeitsergebnisse Gutachtern präsentiert. Das Ziel hierbei ist, mögliche Fehler zu identifizieren. Der Einsatz von Reviews ist in allen Phasen der Software-Entwicklung möglich ([SW04], S. 263 ff.).

**Nach-bearbeitung**

Methoden zum Entwurf von Testfällen werden eingeordnet, ob für den Test der intere Aufbau des Prüfunglings notwendig ist oder nicht.

Im folgenden wird auf die statischen und dynamischen Tests detailliert eingegangen.

## 11.3.2 Strukturelle Tests

Diese Test-Verfahren nutzen die Kenntnis über die Implementierung (Programmstruktur). Das Programm wird aus Entwicklersicht als "White Box" angesehen. Diese Verfahren werden auch „Glass-Box-" oder „Clear-Box"-Tests genannt. Zu den strukturellen Tests zählen (kontrollflussorientiert):

**White Box**

- Anweisungs-Überdeckung (c0-Test)

- Zweig- (oder Kanten-)Überdeckung) (c1-Test)

- Pfad-Überdeckung (c2-Test)

- Bedingungsüberdeckung (c3-Test)

---

*Beispiel:*
c0 = ((#[a] ausgeführte Anweisungen) / (# gesamte Anweisungen)) * 100%

---
[a]#: Anzahl

---

*Merksatz:* **Ziel**
ist, dass alle Anweisugen, Bedingungen und Pfade mindestens eimal ausgeführt werden.

---

Der Überdeckungsgrad[16] ist ein Maß darüber, wie viele Anweisungen, Zweige,

**Überdeckungs-grad**

---

[15]engl.: Review
[16]engl.: Coverage Level: c0 - c3

Pfade durchlaufen wurden. Zur Überprüfung dienen Kontrollflussgraphen[17] (siehe auch Programmablaufdiagramm, Kapitel 9).

Ein Kontrollflussgraph ist ein gerichteter Graph mit Start- und Endknoten.

**Kontrollfluss**

Rechteckige Knoten repräsentieren Anweisungen, rautenförmige Knoten Bedingungen und runde Knoten kommen beim Zusammenführen von Entscheidungen zum Einsatz (siehe auch Abbildung 11.6) [Wir03].

**Anweisung**

Bei der Anweisungsüberdeckung werden jede Anweisung bzw. Knoten im Kontrollflussgraphen einmal durchgeführt.

**Zweig**

Bei der Zweigüberdeckung wird jeder Zweig einmal ausgeführt. Dies entspricht der Ausführung aller (gerichteten) Kanten von einem Knoten „i" zu einem Knoten „j" im Kontrollflussgraphen.

**Pfad**

Bei der Pfadüberdeckung wird jeder Pfad im Kontrollflussgraphen einmal ausgeführt. Als Pfad bezeichet man die abwechselnde Folge von Knoten und Kanten, die mit einem Startknoten beginnen und mit einem Endknoten abschließen.

**Bedingung**

Das Ziel der Bedingungsüberdeckung ist, dass alle Bedingungen mindestens einmal logisch wahr oder falsch ausgeführt werden. Bei einfachen Tests (c2) werden alle atomaren Teilformeln von Bedingungen auf wahr und falsch geprüft. Beim Mehrfach-Bedingungstest (c3) werden zusammengefasste Teilformeln auf wahr und falsch geprüft. Bedingungsüberdeckung ist vor allem bei komplizierter Verarbeitungslogik anzuwenden.

**Einsatzgebiet**

Die strukturellen Verfahren kommen hauptsächlich in den frühen Phasen beim Komponenten- und Modultest zum Einsatz (siehe Tabelle 11.1).

**datenfluss-orientierte**

Die bisherigen Verfahren waren sogenannte kontrollflussorientierte; alternativ hierzu existieren datenflussorientierte Verfahren. Diese werden hier nicht weiter betrachtet.

---

*Beispiel:* Das folgende Code-Beispiel bestimmt die Quadartwurzel aus einer positiven Zahl (siehe Code 11.1). Abbildung 11.6 zeigt den dazugehörigen Kontrollflussgraphen. Hierbei sind „Knoten" ausführbare Anweisungen; eine „Kante" von Knoten i zu j ein möglicher Kontrollfluss und ein „Pfad" eine abwechselnde Folge von Knoten und Kanten, beginnend mit Startknoten und endend mit einem Endeknoten ([Sch08], S. 13).

---

Quellcode 11.1: Beispiel Wurzel

```
1  float Wurzel (float Zahl) {
2  float Wert = 0.0;
3  if (Zahl > 0) {
4         Wert = 2.0;
5         while (abs(Wert*Wert−Zahl) > 0.01)
6         {
```

---
[17]CFG = Control Flow Graph

```
7              Wert=Wert−((Wert∗Wert−Zahl)/(2.0∗Wert));
8        } //end while
9  } // end if
10 return Wert;
11 }
```

---

*Aufgabe:* Das Programm „Wurzel" (siehe Code 11.1) ist mit Hilfe eines Programmablaufdiagramm, darzustellen.

---

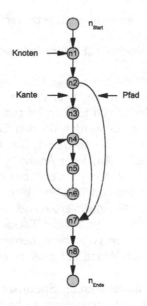

Abbildung 11.6: Code-Beispiel „Wurzel" mit Kontrollflussgraphen

---

*Merksatz:* **Strukturelle Tests**
Die Verfahren sind vorzugsweise für Software/Programme von Mikroprozessoren einzusetzen.

## 11.3.3 Funktionale Tests

Funktionale oder „Black-Box"-Tests stellen einen Testansatz dar, bei dem die Tests von der Programm- oder Komponentenspezifikation abgeleitet werden. Das System ist eine „Black Box", deren Verhalten nur durch die Untersuchung

**Black Box**

**Prinzipien**

ihrer Eingaben und der dazugehörigen Ausgaben festgestellt werden kann. Funktionales Testen beschäftigt sich nur mit der Funktionalität und nicht mit der Implementierung. Es handelt sich hierbei um die „Benutzersicht" im Gegensatz zur „Entwicklersicht" bei den strukturellen Verfahren. Die Auswahl der Testfälle orinetiert sich an den Prinzipien: Normal-, Extrem- und Falschwerte. Hieraus ergeben sich die einzelen „Black-Box"-Methoden:

- Äquivalenzklassenmethode

- Grenzwertanalyse

- zustandsbasierte

- Fehlererwartung (siehe erfahrungsbasierte Verfahren)

- Sonstige (siehe auch Abschnitt „Erfahrungsbasierte"): spezielle Werte, Zufallswerte

**Äquivalenz-klasse**

Die Äquivalenzklassenmethode ist ein heuristisches Verfahren. Hierbei ist eine Äquivalenzklasse eine Menge von Eingabewerten, die auf die Software eine gleichartige Wirkung ausüben. Es werden für den Eingabebereich Äquivalenzklassen für gültige und ungültige Werte kreiert. Die Testfälle entsprechen dann Kombinationen aus den Klassen. Aus jeder Äquivalenzklasse wird dann mindestens ein Testfall ausgewählt. Wird ein Testfall aus der Klasse nicht entdeckt, dann wird er auch nicht von den anderen Testfällen der Klasse entdeckt.

**Grenzwert-analyse**

Die Grenzwertanalyse ergänzt die Äquivalenzklassenbildung. Wie der Name „Grenzwert" schon sagt, baut das Verfahren auf der Tatsache auf, dass Fehler oft an (unteren, oberen) an Grenzen von Wertebereichen vorkommen. Hierbei werden zu den normalen Werten auch Werte auf oder in der Nähe der Grenzen von Äquivalenzklassen getestet.

**Zustands-basierte**

Zustandsbasierte Verfahren analysieren die Spezifikation mit dem Ziel, das Verhalten der Software bei Zustandsübergängen zu beschreiben. Sie gründet sich auf Zustandsdigrammen oder Zustandsautomaten (siehe Kapitel 9).

> *Beispiel:* Zustandsbasierte Verfahren eignen sich besonders zum Test von reaktiven Systemen wie Eingebetteten Systemen und sicherheitsrelelevanter Software.

**Einsatzgebiet**

Die funktionalen Verfahren kommen hautpsächlich auf höheren Ebenen wie System- und Abnahme-Tests zum Einsatz (siehe Tabelle 11.1).

*Beispiel:* Numerische Darstellung eines Monats (Wertebereich). Die Tabellen 11.3 und 11.4 zeigen die Äquivalenzklassen. Tabelle 11.5 die Grenzwertanalyse ([DZ07], S. 24, S. 29).

| Eingabe | Gültig (G) | Ungültig (U) |
|---------|-----------|--------------|
| Monat | $\geq 1$ und $\leq 12$ | $< 1$ oder $> 12$ |

Tabelle 11.3: Äquivalenzklassen I

| Eingabe | U1 | G | U2 |
|---------|-----|-----------------|------|
| Monat | $< 1$ | $\geq 1$ oder $\leq 12$ | $> 12$ |

Tabelle 11.4: Äquivalenzklassen II

| U1 | U1 | G | G | U2 | U2 |
|-----|------|------|--------|--------|----------|
| Min., Min.+1 | -1, 0 | 1, 2 | 11, 12 | 13, 14 | Max.-1, Max. |

Tabelle 11.5: Grenzwertanalyse

*Beispiel:* ein Auto zwischen 1 bis 6 Besitzern.
gültige Äquivalenzklasse: 1 bis 6 Besitzer
ungültige Äquivalenzklassen (zwei): kein Besitzer, mehr als 6 Besitzer ([Sch08], S. 21).

*Aufgabe:* Diskutieren Sie die strukturellen und funktionalen Tets.

**Erfahrungbasierte Verfahren**

Erfahrungsbasierte Verfahren nutzen das Wissen und die Erfahrung von Personen zum Entwurf für Testfälle. Tester, Entwickler und der Kunde bringen das Wissen bezüglich wahrscheinlicher Fehler und ihrer Verteilung in der Software-Verwendung und ihrer Umgebung ein.

Testfälle gründen sich stets auf Erfahrung und Intuition. Aufgrund ihres großen Erfahrungsschatzes und eines „sechsten Sinnes" (Gefühls) für das zu entwickelnde System sind manche Tester sehr erfolgreich bei der Lokalisierung von Fehlern.

Eine strukturierte Vorgehensweise zur intuitiven Testfallermittlung[18] ist es, eine Liste mit möglichen Fehler zu erstellen und hieraus Testfälle zu entwerfen, die auf diesen Fehlern gründen.

> *Merksatz:* **Erfahrungsbasierte Verfahren**
> zur Bestimmung von Testfällen ergänzen die systematisch kreierten Testfälle, sollten diese aber niemals ganz ersetzen. Das Verfahren sollte auf höheren Test-Ebenen verwendet werden.

> *Merksatz:* **strukturelle und funktionale Verfahren**
> Die strukturellen Verfahren sind vorzugsweise beim Software-Test für Mikroprozessoren einsetzbar. Die funktionalen hingegen sind auch für die Entwicklung digitaler Schaltungen geeignet.

**Vergleich**

Tabelle 11.6 vergleicht abschließend die beiden Verfahren „strukturierter und funktionaler Test".

| Strukturierter Test | Funktionaler Test |
| --- | --- |
| Testfälle basieren auf der Spezifikation. | Testfälle basieren auf der Struktur des Prüflings (Testobjekt). |
| Der interne Aufbau des Testobjekts sind beim Entwurf der Testfälle unbekannt („Benutzersicht"). | Testfälle werden vorzugsweise vom Entwickler geschrieben („Entwicklersicht"). |
| Testüberdeckung wird anhand der Spezifikation (Ein-/Ausgabeverhalten) gemessen. | Testüberdeckung wird mittels des Codes gemessen. |

Tabelle 11.6: Vergleich strukturierter und funktionaler Tests ([Wir03], S. 5)

> *Merksatz:* **Funktionale Verfahren**
> sind aufgrund des hohen Abstraktionsniveaus der Spezifikation als alleiniger Test nicht ausreichend.

---

[18]engl.: Error Guessing

Im Folgenden einige grundsätzliche Bemerkungen zum Entwurf von Testfällen ([SW04], S. 261):

**Bemerkungen**

- zur Indentifikation eines Fehlers nur einen Testfall kreieren

- der ganze Prüfling soll durch Testfälle abgedeckt werden beispielsweise alle Funktionen und alle Programmanweisungen sollen abgearbeitet werden.

- Spezialfälle und Grenzwerte testen, nicht nur Standardfälle

> *Einstieg:* **Systemtest**
> Zur weiteren Vertiefung dient [SBS11].

## 11.4 Werkzeuge

Zum Test in der Praxis kommen folgende Hardware-/Software-Werkzeuge der Mikroprozessor- und digitalen Schaltungstechnik zum Einsatz (siehe auch Abschnitt 11.2):

**Praxis**

- Software

  Instruktions-Simulator: Mikroprozessortechnik

  zyklenakkurater Simulator: Digitale Schaltungstechnik

- Hardware

  (In-Circuit-)Emulator: Mikroprozessortechnik

  Test-Hardware[19]: Mikroprozessoren und Digitale Schaltungstechnik

Die Instruktions-Simulatoren bilden lediglich die Funktion eines Mikroprozessors nach (ISA[20]). Das genaue zeitliche Verhalten wird nur sehr vereinfacht abgebildet. Diese Art von Simulatoren werden bei der Software-Implementierung für „Mikroprozessoren" verwendet.

**Instruktions-Simulatoren**

Zyklenakkurate Simulatoren ermöglichen, die Funktion und das taktgenaue Verhalten einer Architektur zu testen. Dies ist besonders bei der Implementierung einer „Digitalen Schaltung" (Zyklus- und Bit-genau) wichtig. Bei der Simulation von Digitalen Schaltungen wird weiterhin unterschieden zwischen den Arten: funktionale, Pre- und Post-Layout-Simulation (siehe Abschnitt 14.2.1).

**Zyklenakkurate Simulatoren**

Bei den VHDL-Simulatoren werden ereignisgesteuerte Simulatoren[21] eingesetzt. Der Wechsel eines Signalzustandes startet den Simulator. Dieser verifiziert alle nebenläufigen Anweisungen auf Empfindlichkeit (Sensitivität) bezüglich dieses

**Ereignis-gesteuerte Simulatoren**

---

[19]engl.: Evaluaton Board
[20]engl.: Instruction Set Architecture
[21]engl.: Event Driven Simulation

**Emulatoren**

**Test-Hardware**

Signals und arbeitet diese dann ab (siehe auch Abschnitt 10.1.3)([SD02], S. 118).

Emulatoren bilden das funktionale und zeitliche Verhalten von „Mikroprozessoren", einer speziellen Hardware wie beispielsweise FPGAs, ab. Dies ermöglicht einen Test in Echtzeit und verbessert die „Test-" und „Beobachtbarkeit".

Der generierte Code wird auf die Test-Hardware (Ziel-Hardware) transferiert und getestet[22] ([BH01], S. 354 ff.).

Tabelle 11.7 diskutiert Test-Werkzeuge für Mikroprozessoren und FPGAs.

|  | **Simulation** | **Emulation** | **Test-Hardware** |
|---|---|---|---|
| **Mikroprozessor** |  |  |  |
| Pro | gute Aussagen über Funktion und Performance; gute Beobachtbarkeit | gute Aussagen über Funktion und Performance; gute Beobachtbarkeit | sehr gute Aussagen über Funktion und Performance |
| Contra | langsame Ausführung; schlechte Peripherie-Anbindung | evtl. reduzierte Leistungsfähigkeit; hoher Aufwand | evtl. schlechte Beobachtbarkeit (Variable) |
| **FPGAs** |  |  |  |
| Pro | gute Beobachtbarkeit | – | sehr gute Aussagen über Funktion und Performance |
| Contra | langsame Ausführung; schlechte Peripherie-Anbindung | – | evtl. schlechte Beobachtbarkeit (interne Zustände) |

Tabelle 11.7: Test-Werkzeuge ([SD02], S. 65)

---

*Merksatz:* **ASIC-Emulation**
Die Emulation von ASICs kann mittels FPGAs erfolgen.

---

[22]engl.: Trial And Error

> *Merksatz:* **Simulationsgeschwindigkeit**
> Die ereignisgesteuerte Simualtion ermittelt den Gatterausgang nur zum Änderungszeit der Eigangssignale. Bei der zyklusbasierten Simulation hingegen erfolgt die Auswertung des Logikverhaltens nur zu aktiven Taktflanken. Dies führt zu einer weiteren Geschwindigkeitssteigerung im Verleich zur ereignisgesteuerten Simulation.

Die Werkzeuge finden auch Verwendung bei den Benchmarks (siehe Kapitel 13). **Benchmarks**

> *Aufgabe:* Was ist der Unterschied zwischen zyklenakkuratem Simulator und Emulator? Welche Rechenmaschinen werden damit getestet?

### Vergleich

Der Programm-Test[23] (siehe „Einheiten-Test" im V-Modell (Abbildung 11.4)) von Mikroprozessoren inhaltet die schrittweise Überprüfung: **Mikroprozessoren**

- Step into, Step over

- Breakpoint

- Watch

- Memory ...

Der Programm-Test in der integrierten Entwicklungsumgebung[24] kann im Simulator, wie auch auf der Test-Hardware erfolgen. Die Entwicklungsumgebungen für den Software-Entwurf werden als CASE[25]-Werkzeuge bezeichnet.

> *Beispiel:* Das Software-Entwicklungs-Werkzeug Code Composer Studio der Firma Texas Instruments ist ein CASE-Werkzeug.

Beim Entwurf digitaler Schaltungen (siehe Abschnitt 14.2.1) steht die Simulation auf unterschiedlichen Abstraktionsebenen im Vordergrund. Hierbei wird zwischen funktionaler, Pre- und Postlayout-Simulation unterschieden. Es folgt **Digitale Schaltungen**

---

[23]engl.: Debugging
[24]IDE = Integrated Development Environment
[25]CASE = Computer Aided Software Engineering

die Überprüfung auf der Test-Hardware. Die Entwicklungsumgebung nennt man EDA[26].

Die Bezeichung des Prüflings als DUT[27] wird sowohl in der Mikroprozessortechnik als auch in der Schaltungstechnik verwendet.

---

*Beispiel:* Quellcode 10.8 im Abschnitt 10.1.3 zeigt einen VHDL-Testbench.

---

*Aufgabe:* Was versteht man unter Pre-, und Post-Layout-Simulation?

---

## 11.5 Testfreundlicher Entwurf

Beim testfreundlichen Entwurf[28] wird versucht, bereits beim Schaltungsentwurf den späteren Test vorzubereiten. Integrierte Schaltungen können im Extremfall selbsttestend bzw. fehlertolerant sein, d. h. Fehler selber entdecken oder sogar automatisch korrigieren ([SS03], S. 207 ff.).

---

*Merksatz:* **Mikroprozessoren**
Die vorgestellten Methoden zur Berücksichtigung der Testbarkeit beim Schaltungs-Entwurf lassen sich auch auf Eingebettete Systeme mit Mikroprozessoren anwenden.

---

**BIST**

Eine Schaltung, die in der Lage ist, ihre korrekte Funktion selbst zu überprüfen, bezeichnet man als selbsttestende Schaltung (BIST[29]). Hierzu können die „Boundary-Scan"-Zellen (siehe Abschnitt 11.4) benutzt werden. Von einer fehlertoleranten Schaltung spricht man, wenn die Schaltung kleinere Fehler nicht nur erkennt, sondern sogar kompensieren kann.

**Kanal-codierung**

Als Kanalcodierung (Encoder) bezeichnet man die Anpassung der zu übertragenden Nachrichten an die Eigenschaften des Übertragungskanals (hier die zu testende Schaltung (DUT[30])). Bei aktiven Verfahren zur Minimierung von Übertragungsfehlern verwendet man Fehlererkennungs- und -korrekturmethoden, die

---

[26] EDA = Electronic Design Automation
[27] DUT = Device Under Test
[28] Design For Testability
[29] BIST = Build In Self Test
[30] DUT = Device Under Test

auf die im Übertragungskanal zu erwartenden Fehler hin optimiert sind. Ein Codewort besteht aus dem zu sichernden Datum und Prüfzeichen – redundanten Bits. Ein Kanaldecodierer (Decoder) speichert die aus dem Übertragungskanal empfangenen Daten und versucht, in Kenntnis der im Kanalcodierer angewandten Verfahren eventuell auftretende Fehler zu korrigieren (Fehlerkorrektur). Ist eine Fehlerkorrektur nicht möglich, sollte die Tatsache, dass ein Fehler aufgetreten und nicht korrigierbar ist, als Fehlermeldung ausgegeben werden (Fehlererkennung) ([GK15a], S. 12 ff.). Mittels einer zusätzlichen Testschaltung (Decoder) wird dann eine Fehlermeldung ausgegeben, wenn das DUT bei Zwischen- oder Endergebnissen falsche Codewörter erzeugt. Die einfachste Form ist die Paritäts-Prüfung.

Mittels der Signaturanalyse werden über längere Zeit Daten der zu testenden Schaltung gesammelt. Hieraus wird eine verhältnismäßig kurze sogenannte Signatur ermittelt. Sie dient zur Kontrolle der Schaltungsfunktion. Als Testschaltung dient beispielsweise ein liner-rückgekoppeltes Schieberegister[31], das auch bei der CRC[32]-Prüfung verwendet wird.

**Signatur-analyse**

**LFSR**

Weiterführende Literatur findet man unter: [SS03].

> *Merksatz:* **Hybride Systeme**
> Hybride Systeme aus Mikroprozessoren und FPGAs verbessern die Testbarkeit.

### Test-Schnittstellen

Teststrukturen erleichtern die Steuer- und Beobachtbarkeit[33]. Hierunter versteht man das Einspeisen von Testmustern und die Überprüfung der Antworten des Schaltkreises auf Richtigkeit.

**DFT**

Eine Automatisierung der Testmustererzeugung kann mittels Scan-Paths erfolgen. Hierdurch können durch Flip-Flops am Eingang der Kombinatorik Testdaten seriell geschrieben und die Ausgangs- Ergebnisse durch die entsprechenden Register gelesen werden. Durch diese Maßnahme sind die internen Knoten einfach steuer- und beobachtbar.

**Scan-Path**

Boundary-Scan stellt eine Methode auf Platinenebene dar. Hierbei werden die Baustein-Pads mit einem Schieberegister verbunden. Der Boundary-Scan unterstützt ein spezielles Busprotokoll, das im JTAG[34]-Standard definiert ist. Hierzu gehört auch die Boundary-Scan Description Language[35]([HRS94], S. 28 ff.). Boundary-Scan ist heute synonym für JTAG. JTAG wurde für den Test von Printed Circuit Boards[36] konzipiert. Heute dient die JTAG-Schnittstelle vor-

**Boundary-Scan**

**JTAG**

---

[31]LFSR = Linear Feedback Shift Register *(deutsch: linear rückgekoppeltes Schieberegister)*
[32]CRC = Cyclic Redundancy Check *(deutsch: Zyklische Redundanzprüfung)*
[33]DFT = Design For Testability
[34]JTAG = Joint Test Action Group
[35]BSDL = Boundary-Scan Description Language
[36]PCB = Printed Circuit Board *(deutsch: Leiterkarte)*

zugsweise zur Überprüfung von Sub-Blöcken in ICs. JTAG wird ebenfalls in Eingebetteten Systemen zur Fehlersuche eingesetzt. In Verbindung mit einem In-Circuit-Emulator können z. B. CPU-Register abgefragt und die Software getestet werden [Wik08].

Die JTAG-Schnittstelle besteht aus den Anschlüssen:

- Test Data In[37]

- Test Data Out[38]

- Test CK[39]

- Test Mode Select[40]

- Test ReSeT[41].

Die Taktfrequenz (TCK) beträgt typischerweise 10-100 MHz.

---

*Merksatz:* **JTAG**
Viele Mikroprozessoren- und FPGA-Hersteller verwenden JTAG zum Laden der Daten[a].

[a]engl.: Data Download

---

Weiterführende Literatur findet man unter [Has05, Sai05].

---

*Zusammenfassung[a]:*

1. Der Leser kennt die unterschiedlichen Simulations-Arten.

2. Er kennt strukturelle und funktionale Test-Verfahren und kann sie anwenden.

3. Er kennt Test-Werkzeuge für Mikroprozessoren und FPGAs.

[a]mit der Möglichkeit zur Lernziele-Kontrolle

---

[37]TDI = Test Data In
[38]TDO = Test Data On
[39]TCK = Test CK
[40]TMS = Test Mode Select
[41]TRST = Test ReSeT

# 12 Zahlensysteme und Arithmetik

*Lernziele:*

1. Das Kapitel erläutert natürliche und ganze Zahlen.

2. Es zeigt Unterschiede bei den reellen Zahlen: Festkomma- und Fließkomma-Zahlen, und liefert zahlreiche Beispiele.

3. Das Kapitel zeigt die Grundrechenarten: Addition, Subtraktion, Multiplikation und Division auf Basis der obigen Zahlensysteme.

Grundlage für die Realisierung algorithmischer Aufgaben in Mikroprozessoren und Digitalschaltungen sind Zahlensysteme und Arithmetik. Sie sind Teil des Datenpfades bei Eingebetteten Systemen (siehe auch Abbildung 14.1 und Kapitel 2). In diesem Abschnitt dienten folgende Quellen als Basis: [Krü05], [Car03].    **Datenpfad**

Zwischen der Computer-Numerik und der üblich bekannten Mathematik gibt es einige Unterschiede. Die wesentlichen Merkmale von Zahlensystemen digitaler Arithmetik sind:    **Merkmale**

- endlicher Zahlenbereich: es exisitiert ein kleinster und ein größter Wert

- endliche Auflösung: alle Zahlen sind quantisiert (wertdiskret)

- endliche zeitliche Auflösung (bei Signalen): die Wertefolgen sind zeitdiskret; es entsteht ein wert- und zeitdiskretes Signal und somit ein digitales Signal (siehe Abschnitt 2.4.3)

## 12.1 Zahlensysteme

Der Abschnitt stellt die Formate natürliche, ganze, Fest- und Fließkomma-Zahlen vor.

### 12.1.1 Natürliche und ganze Zahlen

Natürliche Zahlen sind vorzeichenlose ganze Zahlen[1]. Anders ausgedrückt könn-    **Natürliche Zahlen**

253

© Springer Fachmedien Wiesbaden GmbH, ein Teil von Springer Nature 2020
R. Gessler, *Entwicklung Eingebetteter Systeme*,
https://doi.org/10.1007/978-3-658-30549-9_12

te man sie auch als positive ganze Zahlen einschließlich der Null bezeichnen. Wesentliche Merkmale sind:

- Auflösung: 1

- Zahlenbereich: 0 bis $2^n - 1$; bei einer n Bit Zahlendarstellung

Natürliche Zahlen lassen sich allgemein darstellen:

$$z = x_{n-1} \cdot b^{n-1} + ... + x_1 \cdot b^1 + x_0 \cdot b^0$$

- $x_i$: Ziffernwert

- b: Basis

In Abhängigkeit der Basis „b" spricht man vom Dualsystem (b=2), Oktalsystem (b=8), Dezimalsystem (b=10) und Hexadezimalsystem[2] (b=16).

---

*Aufgabe:* Stellen Sie $z = 430_{10}$ im Dual-, Oktal- und Hexadezimalsystem dar.

---

*Beispiel:* Natürliche Zahl als C/C++-Datentyp:
unsigned char i; /* 0 ... 255 */

---

*Beispiel:* Der darstellbare Zahlenbereich legt die Wortlänge eines Rechners fest. Beispielsweise können mit 8 Bit natürliche Zahlen im Intervall $[0, 2^8 - 1] = [0, 255]$ codiert werden.

---

**Ganze Zahlen**    Ganze Zahlen stellen eine Erweiterung der natürlichen Zahlen um negative ganze Zahlen dar. Wesentliche Merkmale sind:

- Auflösung: 1

---

[1]engl.: Integer
[2]Zahlen „0-9": haben die gleichen Werte wie im Dezimalsystem. Zahlen „10-15" werden mit Buchstaben A-F codiert.

- Zahlenbereich: $-2^{n-1}$ bis $2^{n-1} - 1$; bei einer n Bit Zahlendarstellung (Zweierkomplement)

Negative Zahlen lassen sich durch eine Vorzeichen-Betrags-Darstellung codieren. Hierbei wird das höchstwertige Bit (MSB[3]) für das Vorzeichen und die restlichen Bits für den Betrag der Zahl verwendet.

**Vorzeichen-Betrag**

> *Beispiel:* $z = -19_{10}$, n=8 Bit, $x = \underbrace{1}_{-}\,\underbrace{0010011}_{19}$

Mit *n* Bits können somit Zahlen im Bereich $[-2^{n-1} + 1, 2^{n-1} - 1]$ dargestellt werden. Diese Codierung ist zwar intuitiv, besitzt aber auch Nachteile:

- Für die Zahl Null gibt es zwei Darstellungen: +0 (00...00), -0 (10...00)

- Es ist nicht nur ein Addier-, sondern auch ein Subtrahierwerk und eine Entscheidungslogik für Addition und Subtraktion notwendig.

Einen Ausweg bietet die Komplementdarstellung. Da sie die Subtraktion auf die Addition zurückführt, reicht ein reines Addierwerk aus:

**Komplement-darstellung**

> *Definition:* **Einerkomplement K1**
> zu wandelnde negative Zahl: x; Binäre Menge: B(Kennung „2");
> $x = (x_{n-1}, ..., x_0)_2 \in B^n$
> $K1 := (1 \oplus^a x_{n-1}, ..., 1 \oplus x_0)_2$
> _____
> [a] exklusives Oder

Somit ergibt sich dieser Zahlenbereich für das Einerkomplement:

$$[-2^{n-1} + 1, 2^{n-1} - 1]$$

Im Einerkomplement gibt es allerdings immer noch zwei Notationen für die Null. Das Zweierkomplement behebt auch diesen Nachteil:

> *Definition:* **Zweierkomplement K2**
> zu wandelnde Zahl: x; Binäre Menge: B;
> $x = (x_{n-1}, ..., x_0)_2 \in B^n$
> $K2 := (1 \oplus x_{n-1}, ..., 1 \oplus x_0)_2 + 1 = K1 + 1$

Das Einerkomplement einer Zahl x erhält man durch bitweises Invertieren von x, das Zweierkomplement durch eine anschließende zusätzliche Addition von 1.

_____

[3] MSB = Most Significiant Bit *(deutsch: höchstwertiges Bit)*

> *Beispiel:* $z = -19_{10}$, n=8 Bit, $x = |-19_{10}| = (00010011)_2$
> $K1 = (11101100)_2$, $K2 = (11101101)_2$

Der Zahlenbereich für das Zweierkomplement ist:

$$[-2^{n-1}, 2^{n-1} - 1]$$

> *Merksatz:* **Mehrdeutigkeit**
> Bei der Interpretion von natürlichen und ganzen Zahlen ist auf den Wertebereich zu achten. Die Mehrdeutigkeit kann am Beispiel der 4 Bit Zahl $(1111)_2$ erläutert werden. Das MSB kann zum einen als Vorzeichen, somit als $-1_{10}$ (siehe Abbildung 12.1) oder im Falle von natürlichen Zahlen als $(+15)_{10}$ interpretiert werden.

Die Subtraktion kann jetzt in der Komplement-Darstellung ein konventionelles Addierwerk ausführen:

1. zu subtrahierende Zahl bitweises invertieren und, falls Zweierkomplement, Eins addieren

2. Addition ausführen

> *Merksatz:* **Betrag**
> Eine Zweierkomplement-Zahl kann einfach durch Betragsbildung überprüft werden. Dies geschieht durch erneute Bildung des Zweierkomplements (Multiplikation mit „-1").

> *Merksatz:* **Vorzeichen-Erweiterung**[a]
> Das Vorzeichen kann bei der Erweiterung des Zahlenbereiches in Richtung des MSB ohne Veränderung des Zahlenwertes „aufgedoppelt" werden.
>
> ---
> [a]engl.: Sign Extension

> *Beispiel:* $z = -19_{10}$, $K2 = (11101101)_2$, n=8 $\rightarrow$ 16 Bit, $K2 = (1111111111101101)_2$; Kontrolle $|K2| = (0000000000010011)$ $\rightarrow z = 19_{10}$

**Zahlenkreis**    Die ganzen Zahlen können in einem Zahlenkreis mit Vorzeichen (Zweierkom-

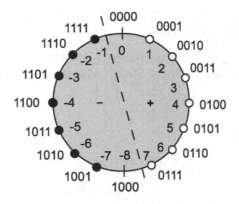

Abbildung 12.1: Zahlenkreis mit Vorzeichen

plement) dargestellt werden (siehe Abbildung 12.1).
Die Arithmetisch Logische Einheit (ALU) zeigt die positiven/negativen Übergänge durch die Übertrags-Flag (Carry-Flag („C")) beziehungsweise Vorzeichen-Flag (negatives Vorzeichen(„N")) an (siehe auch Abschnitt 3.2).

*Beispiel:* Darstellung in der Programmiersprache C:
int a=-1000;

*Merksatz:* **Dynamik (D)**
Dynamik-Bereich bei Wortbreite: n=16 Bit
$D = 20 \cdot log_{10}(2^{16})$
$= 20 \cdot log_{10}(65536)$
= 96 dB
n=32 Bit: D = 192 dB

*Merksatz:* **Addierer-Implementierung**
Carry-Ripple- und Carry-Lookahead-Addierer sind mögliche Implementierungen (siehe Abschnitt 3.2).

## 12.1.2 Reelle Zahlen

Reelle Zahlen können auf zwei verschiedene Weisen dargestellt werden:

- Festkomma-Darstellung[4]: Das Komma bleibt für alle Zahlen an einer beliebigen, aber fest vorgegebenen Stelle.

- Fließkomma[5]- oder auch Gleitkomma-Darstellung: Das Komma wird so verschoben, dass signifikante Stellen erhalten bleiben.

**Auflösung**      Die Auflösung ist hierbei $< 1$.

### Festkomma-Zahlen

Festkomma-Zahlen setzen sich aus folgenden Teilen zusammen:

$$z = (s, i, f)$$

- s: Vorzeichen[6]

- i: ganzzahliger Anteil[7]

- f: gebrochender Anteil[8]

In der Festkomma-Darstellung stellt im Allgemeinen der Bitvektor

$$(x_{vk-1}, \ldots, x_1, x_0, x_{-1}, \ldots, x_{-nk+1}, x_{-nk})_2$$

die Zahl

$$z = \sum_{i=-nk}^{vk-1} x_i \cdot 2^i$$

vk: Vorkommastellen; nk: Nachkommastellen
dar. Das Komma liegt somit rechts der Stelle $x_0$. Negative Zahlen werden durch ein Bit für das Vorzeichen oder der Komplementdarstellung codiert.

**Signal-**      In der Signalverarbeitung wird häufig mit Zahlen $< 1$ gerechnet. Der Grund
**verarbeitung**  hierfür ist, dass die Multiplikation $0,99 \cdot 0,99$ ein Ergebnis kleiner Eins liefert und somit zu keinem Überlauf führt. Ein gängiges Datenformat für Festkomma-Zahlen $< 1$ ist das Q15[9].

---

*Beispiel:* $z = 5,5625_{10}$, vk=4 Bit; nk=4 Bit, $x = \underbrace{0101}_{5} \underbrace{1001}_{0,5625}$

---

[4]engl.: Fixed Point
[5]engl.: Floating Point
[6]engl.: Sign
[7]engl.: Integer
[8]engl.: Fraction
[9]Q(uantity) Of Fractional Bits – 15 ist die Abkürzung für die Anzahl der Nachkommastellen, hier 15

*Merksatz:* **Umwandlung**

Festkomma-Zahlen können einfach in ganze Zahlen durch Multiplikation mit einem Faktor umgewandelt werden. Der Faktor beträgt: $2^f$; f [Bit].

*Aufgabe:* Interpretieren Sie die 16 Bit Hex-Folge „AFFA" als natürliche, ganze, und Festkomma-Zahl.

*Aufgabe:* Stellen Sie die 5.25 als 8 Bit Bus (digitale Schaltung) mittels VHDL dar.

*Beispiel:* Darstellung in der Hardware-Beschreibungssprache VHDL:
bit_vector(7 downto 0)= "10001000";

*Einstieg:* **IQ-Math-Bibliothek**

Quellcode 12.1 zeigt die Codierung einer Multiplikation von Festkomma-Zahlen mit Hilfe der Bibliothek „IQ-Math" der Firma Texas Instruments. Die Abkürzungen „I" stehen für die Vorkomma-Stellen[a] und „Q" für die Nachkomma-Stellen[b]. Die Bibliothek vereinfacht die Implementierung von Festkomma-Arithmetik auf DSPs (siehe C2000-Schulungs-DVD[c,d]).

---

[a]engl.: Integer
[b]engl.: Q(uantity)
[c]engl.: Teaching ROM
[d]TI-URL: http://e2e.ti.com/group/universityprogram/educators/w/wiki/2037.
teaching-roms.aspx

Quellcode 12.1: Multiplikation mit IQ-Math (32 Bit)

```
1 #define  GLOBAL_Q   18      // set in "'IQmathLib.h"' file
2 _iq  Y, M, X, B;
3 Y = _IQmpy(M,X) + B;        // all values are in Q = 18
```

**Fließkomma-Zahlen**

Häufig werden sehr große oder sehr kleine Zahlenwerte benötigt (z. B. $z_1 = 3 \cdot 10^{31} = (3\underbrace{0000\ldots0000}_{31})$ und $z_2 = 6 \cdot 10^{-31} = (0,\underbrace{0000\ldots0000}_{30}6)$. Als ganze Zahlen dargestellt, wäre deren Verarbeitung aufwändig. Zudem haben diese Zahlendarstellungen viele Nullen und somit viel Redundanz.

Eine kompaktere Darstellung ist „Fließkomma":

$$z = (-1)^s \cdot \underbrace{(1,f)}_{m} \cdot 2^{\overbrace{eb-b}^{e}}$$

mit

- Vorzeichen[10]: $s$ (0:positiv; 1:negativ)

- (normalisierte) Mantisse: $m = (1,f) = \sum_{i=-nk}^{vk-1} m_i \cdot 2^i$; f: gebrochener Anteil[11]

- Exponent: $e = \underbrace{\sum_{i=0}^{n-1} e_i \cdot 2^i}_{eb} - b$; b: Basiswert[12]; eb[13]; n: Stellen des Exponents

**Format Exponent**

Das Format des Exponenten nennt man Excess-Darstellung. Sie agiert als Versatz[14], hierdurch wird ein möglicher negativer Exponent in den positiven Bereich verschoben. Werte für den Basiswert sind: 127 (einfach), 1023 (doppelt).

Hierbei gibt der Exponent e die „Anzahl der Nullen" (Wertebereich) an und die Mantisse m den signifikanten Wert (Genauigkeit).

**IEEE-Formate**

Gebräuchliche Fließkomma-Formate der IEEE-754 sind:

- 32 Bit: 1 Bit Vorzeichen; 8 Bit Exponent; 23 Bit Mantisse (nur „f" – '1' wird gelöscht); b=127 (einfache Genauigkeit)

- 64 Bit: 1 Bit Vorzeichen; 11 Bit Exponent; 52 Bit Mantisse; b=1023 (doppelte Genauigkeit)

Die Speicherung erfolgt vom höchstwertigen zum niedrigstwertigen Bit in der Reihenfolge: s, eb, f.

**Normalisierung**

Bei Fließkomma-Zahlen kann es für einen Wert mehrere Darstellungen geben.

---

[10]engl.: Sign
[11]engl.: Fractional Part
[12]engl.: Bias
[13]engl.: Biased Exponent
[14]engl.: Offset

Beispielsweise kann die Zahl $z = 123$ als $z = 123 \cdot 10^0 = 1,23 \cdot 10^2 = 12300 \cdot 10^{-2}$ geschrieben werden. Durch Normalisierung erzwingt man jedoch eine eindeutige Umsetzung. Hierbei gibt es binär nur eine einzige Stelle vor dem Komma und diese Stelle ist „1". Die führende „1" wird nicht gespeichert. Bei Normalisierungen wird die Mantisse so oft nach links (rechts) verschoben und hierbei gleichzeitig der Exponent dekrementiert (inkrementiert), bis die Mantisse (m) im Bereich $1 \le m < 2$ liegt.

---

*Beispiel:* $z = -3,3125_{10}$; normalisiert: $x = -(1,10101)_2 \cdot 2^1$; $s = 1$
$e = 1 + 127 = 128_{10} = (10000000)_2$, $f = (10101\underbrace{0\dots0}_{18})_2$

---

Reservierte Werte für den Exponenten sind ([SS03], S. 84):

**Reservierte Werte**

- Null: Exponent, Mantisse und Vorzeichen sind Null

- „Unendlich": Exponent $(1111\dots111)_2$; Mantisse $(0000\dots000)_2$; Vorzeichen bestimmt $(+/-)\infty$

---

*Merksatz:* **FPU**
In Mikroprozessoren sind zur Verarbeitung von Fließkomma-Zahlen meistens eigene FPU[a] vorhanden (siehe DSP, Abschnitt 3.2.4 und Zynq MPSoC: Cortex-A53, Abschnitt 6.2).

---
[a]FPU = Floating Point Unit

---

*Beispiel:* Die C2000-DSP-Familie F2833x verfügt über eine 32 Bit Fest- und Fließkomma-Einheit (siehe auch Abschnitt 3.2.4).

---

*Merksatz:* **DSP**
Eine effiziente Implementierung von Fest- und Fließkomma-Apllikationen erfolgt mit DSP[a] (siehe auch Abschnitt 3.2.4).

---
[a]DSP = Digital Signal Processor

*Aufgabe:* Wie lautet der Wert der einfach genauen Fließkommazahl:
0100 0000 0110 0000 0000 0000 0000 0000 ([Car03], S. 43).

*Beispiel:* Darstellung in der Programmiersprache C:
float a=3.14e10; // einfache Genauigkeit
double b=2e-12; // doppelte Genauigkeit

*Merksatz:* **Zahlenbereich einfache Genauigkeit (float)**
kleinste positive Zahl: $\approx 1,175 \cdot 10^{-38}$
größte positive Zahl: $\approx 3,403 \cdot 10^{38}$

*Beispiel:* Kapitel 10, VHDL, zeigt die Implementierung der Grundrechenarten in VHDL.

## 12.2 Arithmetik

Der Abschnitt zeigt die Grundrechenarten: $+,-,\cdot,:$ mit ganzen, Fest- und Fließkomma-Zahlen.

### 12.2.1 Ganze Zahlen

Im folgenden Abschnitt wird nur noch die ganzen Zahlen, d. h. die Erweiterung der natürlichen Zahlen, näher betrachtet.

*Definition:* **Begriffe**

- Adition: $z = a + b$; z=Summe, a=1. Summand, b=2. Summand

- Subtraktion: $z = a - b$; z=Differenz, a=Minuend, b=Subtrahend

- Multiplikation: $z = a \cdot b$; z=Produkt, a=Multiplikand, b=Multiplikator

- Division: $z = a : b$; z=Quotient, a=Dividend, b=Divisor

Die Addition von ganzen Zahlen erfolgt ausgehend von der niederwertigen (LSB[15]) zur höherwertigen (MSB[16]) Stelle unter Berücksichtigung des Übertrags[17] (siehe Abbildung 3.7). Bei der Addition zweier *n* Bit großen Zahlen ist das Ergebnis maximal $(n + 1)$ Bit lang.

**Addition**

Die Subtraktion kann wie folgt mit der Zweierkomplement-Darstellung auf die Addition zurückgeführt werden:

**Subtraktion**

$$z = a - b = a + (-b)$$

Die binäre vorzeichenlose Multiplikation kann auf simple Addition und Schiebeoperationen zurückgeführt werden.

**Multiplikation**

Die vorzeichenbehaftete Multiplikation basiert auf der vorzeichenlosen. Folgender Algorithmus stellt die vorzeichenbehaftete Multiplikation dar (siehe auch Vorzeichen-Betrags-Darstellung):

- Betragsbildung: Multiplikand und Multiplikator

- vorzeichenlose Multiplikation

- Vorzeichenermittlung: gleiche: Ergebnis positiv; ungleiche: Ergebnis negativ

- Negation: bei Bedarf

*Beispiel:* $z = 4_{10} \cdot 4_{10}$

```
      0100
 ·    0100
      0000
     0000
    0100
 + 0000
   0010000 = 16₁₀
```

*Aufgabe:* Implementieren Sie in Pseudo-C einen Multiplizierer elementar aus Additionen und Schiebefunktionen.

---

[15]LSB = **L**east **S**ignificiant **Bit** *(deutsch: niederwertiges Bit)*
[16]MSB = **M**ost **S**ignificiant **Bit** *(deutsch: höchstwertiges Bit)*
[17]engl.: Carry

> *Merksatz:* **Alternative Multiplikation**
> Die Vorgehenweise ist zunächst die selbe wie bei der vorzeichenbehafte-
> ten Multiplikation. Allerdings erfolgt die Vorzeichenermittelung „direkt". Das
> Vorzeichen-Bit des Multiplikators wird als Faktor „-1" interpretiert.

> *Merksatz:* **Multiplikation**
> Eine nichtvorhandene Multiplikation in der ALU kann in Software durch
> Addition- und Schiebeoperationen nachgebildet werden.

Bei der Multiplikation zweier $n$ Bit großen Zahlen entsteht maximal eine $(2 \cdot n)$ Bit große Zahl.

Dies muss bei der späteren Kommasetzung (Festkomma-Zahlen) berücksichtigt werden.

**Division**

**Prinzip**

Die Division kann durch wiederholtes Subtrahieren des Divisors vom Dividenden und durch Zählen der Anzahl, wie oft dies möglich ist, bis der Dividend kleiner als der Divisor ist, durchgeführt werden [Car03].

> *Beispiel:* $12_{10}/4_{10}$
> Zwischenergebnisse: 8,4,0
> = 3 (Anzahl der Subtraktionen)

Die Division stellt die Umkehrung der Multiplikation dar und berechnet:

$$q = a/b$$

(„/", ganzzahlige Division, a: Dividend, b: Divisor) durch wiederholte bedingte Subtraktionen und Schiebeoperationen. Allgemein gilt:

$$a = q \cdot b + r$$

(mit Rest r < b). In Analogie zur Multiplikation verfügt der Dividend meist über eine größere Wortbreite als der Divisor. Das Vorzeichen kann wie bei der Multiplikation nachträglich berücksichtig werden.

**Algorithmus**

Folgender Algorithmus beschreibt die Division mit „Rest". In jedem Schritt wird der Divisor (b) testweise vom aktuellen Rest (r) subtrahiert, bis alle Positionen des Dividenden verarbeitet sind [Str05]:

- $q_i = 1$, falls $r = (r - b) \geq 0$; -b durch Zweierkomplement

- $q_i = 0$ und Korrektur durch $r = (r + b)$, falls $r < 0$

*Beispiel:* Division $103_{10}/9_{10}$; $K2(9) = 10111_2$ (Subtraktion) [Str05]

```
    01100111/01001 = 1011
  + 10111
    000111
  + 10111
    11110
  + 01001 ← Korrektur (9₁₀)
    001111
  + 10111
    001101
  + 10111
    00100 ← Rest
```

Abbildung 12.2 zeigt den prinzipiellen Aufbau eines seriellen Dividier-Werks.

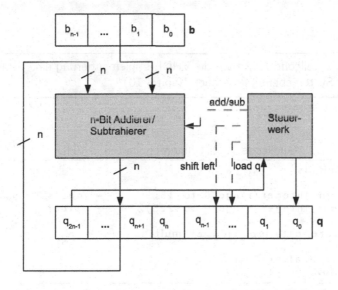

Abbildung 12.2: Aufbau serielles Dividier-Werk [DP12]

Die binäre Multiplikation und Division mit $2^n$ kann auf eine n-fache Links- oder Rechts-Schiebeoperationen zurückgeführt werden.

**Schiebe-operationen**

*Merksatz:* **C, ganzzahlige Division**
z = a / b; „/": Divisions-Operator
Rest: z = a % b; Modulo-Operation: „%"

**Runden**

Vergrößert sich der Wertebereich wie beispielweise bei der Multiplikation, so muss gegebenenfalls der Wertebreich durch Runden wie folgt angepasst werden:

- Korrektes Runden: Setzen des Wertes auf den dem Zielformat nächstliegenden Wert; ab dem Wert 0,5 aufrunden

- Abschneiden[18] (Runden gegen Null): Über das Zielformat hinausgehende Bits werden abgeschnitten.

*Aufgaben:*

1. Addieren Sie binär im 8-Bit-Format die Zahlen $4_{10}$ und $4_{10}$.

2. Subtrahieren Sie vom obigen Ergebnis $8_{10}$ und kontrollieren Sie das Ergebnis.

*Beispiel:* Quellcode 12.2 zeigt die VHDL-Implementierung einer Multiplikation auf Systemebene (siehe auch Kapitel 10).

Quellcode 12.2: Grundrechenarten in VHDL

```
1 entity mult is
2 port
3   (a,b:  in integer range 0 to 15;     — inputs
4      y: out integer range 0 to 225);   — output
5 end mult;
6 architecture dataflow_view of mult is
7 begin
8   y <= a * b after 10 ns;
9 end dataflow_view;
```

## 12.2.2 Reelle Zahlen

Der Abschnitt zeigt die Durchführung der Grundrechenarten für Fest- und Fließkomma-Zahlen.

---

[18]engl.: Truncate

**Festkomma-Zahlen**

Die Addition und Subtraktion von Festkomma-Zahlen basiert auf den ganzen Zahlen. Die Komma-Position der beiden Operanden muss hierbei gleich sein.    **Addition Subtraktion**

---

*Beispiel:* Addition von Festkommazahlen (Q4): $0,25_{10} + 0,25_{10}$

$0,0100_2 + 0,0100_2$

$= 0,1000_2 = 0,5_{10}$

---

Bei der Multiplikation addieren sich die Bitbreiten der Vor- und Nachkommastellen. Dies muss, beim Setzen der Komma-Position beginnend, beim LSB berücksichtigt werden. Folgendes Beispiel zeigt die Addition und Multiplikation zweier Q4-Zahlen [IAI06, OV06]:    **Multiplikation**

---

*Beispiel:* Multiplikation von Festkommazahlen: $0,25_{10} \cdot 0,25_{10}$

$0,0100_2 \cdot 0,0100_2$

$0,00010000_2 = 0,0625_{10}$

---

Die Division erfolgt in Analogie zur Division von ganzen Zahlen. Folgende Schritte sind notwendig:    **Division**

**Schritte**

- Komma-Verschiebung nach rechts bei Dividend und Divisor, bis gebrochen-rationale Anteile des Divisors Null sind.

- eigentliche Division (siehe Division ganze Zahlen)

---

*Aufgabe:* Führen Sie nachfolgende Division binär aus:

z = 8,75 : 3,5

Lösung: z = 010001,1 : 0111 = 010,1

---

*Aufgabe:* Addieren Sie folgende Zahlen im Q5-Format:

+0,875; -0,125; -0,5; -0,0625

**Fließkomma-Zahlen**

**Addition**
Bei der Addition von Fließkomma-Zahlen sind folgende Schritte notwendig [Die06]:

1. Verschieben eines der Exponenten

2. Addition der Mantissen

3. Normalisierung

4. Runden (anpassen der Mantisse an verfügbare Stellenzahl)

**Verschieben**
Das Verschieben eines der Exponenten dient der Anpassung der Zahlen auf gleiche Exponenten. Hierbei wird die Zahl mit dem kleineren Exponenten durch Rechtsschieben der Mantisse an den Exponenten der größeren Zahl angepasst. Somit können die signifikanten Bits der kleineren Zahl besser berücksichtigt werden.

**Subtraktion**
Die Subtraktion von Fließkomma-Zahlen verläuft in gleicher Weise, nur dass anstatt der Addition der Mantissen eine Subtraktion durchgeführt wird.

*Beispiel:* Addition von Fließkomma-Zahlen: $0,25_{10} + 1,5_{10}$
$1,0 \cdot 2^{-2} + 1,1 \cdot 2^0$
Verschieben: $0,01 \cdot 2^0 \Rightarrow$ Exponent: 0
gebrochener Anteil: $0,01 + 1,1 \Rightarrow$ Mantisse: 1,11
$\Rightarrow 1,11 \cdot 2^0 = 1,75_{10}$

**Multiplikation**
Die Multiplikation wird wie folgt berechnet:

1. Addition der Exponenten

2. Multiplikation der Mantissen

3. Multiplikation der Vorzeichen

4. Normalisierung

5. Runden

**Division**
In Analogie zur Multiplikation wird die Division durchgeführt. Hierbei werden die Exponenten subtrahiert und die Mantissen dividiert.

*Beispiel:* Multiplikation von Fließkomma-Zahlen: $32_{10} \times 16_{10}$ [Car03]
$1,0 \cdot 2^5 \times 1,0 \cdot 2^4 =$
Exponent: $5 + 4 = 9$
Mantisse: $1,0 \cdot 1,0 = 1,0$
$\Rightarrow 1,0 \cdot 2^9 = 512_{10}$

Für die Realisierung einer Fließkomma-Einheit in Hardware sei auf Literatur [Hwa79] hingewiesen.

*Aufgabe:* Beschreiben Sie, wie zwei Fließkomma-Zahlen miteinander verglichen werden können.

*Aufgabe:* Vergleichen Sie den Aufwand für die Addition und Multiplikation von Fest- und Fließkomma-Zahlen. Welche Darstellung ist aufwendiger?

### Emulation von Fließkomma-Zahlen

Fließkomma-Zahlen können auf Prozessoren ohne spezielle Fließkomma-Arithmetik emuliert werden. Dazu werden die Zahlen von der Fließkomma- in die Festkommadarstellung transformiert. In dieser Darstellung werden die Zahlen arithmetisch verarbeitet und anschließend in Fließkomma-Darstellung zurückgewandelt. Beispielsweise nutzt die Festkomma-DSP-Familie C5x von Texas Instruments diese Methode, um Fließkomma-Operationen auszuführen ([Ins93], S. 7 - 31).

*Merksatz:* **Emulation**
Mit jedem Mikroprozessor kann man auch ohne Fließkomma-Befehle Gleitkommaverarbeitung betreiben. Die einzelnen Fließkomma-Operationen werden in Unterprogrammen (Funktionen) nachgebildet ([Krü05], S. 31-18).

*Aufgabe:* Implementieren Sie die Emulation einer Fließkomma-Muliplikation in Pseudo-C.

Im Folgenden ein Vergleich von Festkomma- und Fließkomma-Arithmetik:     **Vergleich**

- Prozessoren für Verarbeitung von Fließkomma-Arithmetik sind deutlich aufwendiger zu realisieren und der Energieverbrauch ist im Vergleich zu Festkomma-Prozessoren höher.

- Spezialprozessoren, wie DSPs für energiesparende Applikationen[19], werden oft mit Festkomma-Arithmetik realisiert.

- Heutige FPGAs besitzen festverdrahtete Hardwarestrukturen für Festkomma-Arithmetik, nicht für Fließkomma-Arithmetik.

- Für die Implementierung auf FPGAs sind Kenntnisse über Festkomma- und Fließkomma-Zahlenformate und -Arithmetik von Vorteil.

## 12.2.3 Implementierung von Standardfunktionen

Der folgende Abschnitt gibt eine Einführung in die Implementierung von Standardfunktionen wie:

- trigonometrische Funktionen: Sinus, Cosinus, Tangens

- Quadratwurzel

- Exponentialfunktion

- Logarithmusfunktion

Die folgenden Algorithmen stehen zur Verfügung [RS12]:

- Werte[20]-Tabelle

- Taylor-Reihe

- BKM (Bit) Algorithmen

- Cordic-Algorithmus

**Werte-Tabellen**  Werte-Tabellen sind Tabellen für Funktionen und benötigen viel Platz. Für jede Funktion ist die Erstellung einer eigenen Tabelle notwendig und zwischen den einzelnen Werten ist eine Interpolation nötig.

**Taylor-Reihe**  Die Taylor-Reihe stellt eine mathematische Reihenentwicklung dar. Sie benötigt Multiplikationen die oft sehr viel Verarbeitungszeit sind und sehr gross (Chipfläche) sind.

*Beispiel:* Sinus-Reihe $sin x = x - \frac{x^3}{3!} + \frac{x^5}{5!} - \dots + \frac{x^{4k+1}}{(4k+1)!} - \frac{x^{4k+3}}{(4k+3)!} + \dots$

---

[19] engl.: Low Power
[20] engl.: Lookup

---

*Beispiel:* Exponential-Reihe $e^x = 1 + \frac{x}{1!} + \frac{x^2}{2!} + ... + \frac{x^k}{k!} + ...$

---

Beim BKM[21] (Bit)-Algorithmus handelt es sich um einen iterativen Schiebe- und Addier-Algorithmus zur effizienten Implementierung mittels digitaler Schaltungen. Iterative Algorithmen kommen ohne den Einsatz von Multiplikationen aus. Er ist nur für Logarithmus- und Expotentialfunktionen geeignet. Beim CORDIC[22]-Algorithmus handelt es sich um ein Konvergenzverfahren auf Basis von Koordinatentransformation. Der Algorithmus benötigt nur einfache Operationen wie Addition[23], Schiebeoperationen (Multiplexer), Abfragen (Multiplexer) und Tabellenzugriffe (ROM, Zähler). Er ermöglicht die Implementierung aller Standardfunktionen.

**BKM**

**CORDIC**

---

*Aufgaben:*

1. Entwerfen Sie eine CIT-Architektur für eine Exponential-Reihe mit 4 Gliedern.

2. Entwerfen Sie eine CIS-Architektur für eine Exponential-Reihe mit 4 Gliedern.

3. Schätzen Sie die MOPS[a] für beide Architekturen ab.

---

[a]MOPS = Million Operations Per Second

---

*Zusammenfassung[a]:*

1. Der Leser kennt Fest- und Fließkomma-Zahlen und kann Sie einsetzen.

2. Er kennt die Vor- und Nachteile von Fest- Fließkomma-Zahlen.

3. Der Leser kann die Grundrechenarten mit Fest- und Fließkomma-Zahlen anwenden.

---

[a]mit der Möglichkeit zur Lernziele-Kontrolle

---

[21]nach den Autoren J.-C. Bajard, S. Kla, J.-M. Muller
[22]CORDIC = **CO**ordinate **R**otation **DI**gital **C**omputing
[23]engl.: Ripple Carry Adder

# 13 Auswahlkriterien

*Lernziele:*

1. Das Kapitel zeigt allgemein Methoden zur Bewertung in der Entwurfs-phase.

2. Das Kapitel „Auswahlkriterien" stellt Maßzahlen zur quantitativen Be-wertung von Algorithmen für Mikroprozessoren und FPGAs vor.

3. Das Kapitel diskutiert unterschiedliche Kategorien von Benchmarks und stellt Werkzeuge zur Durchführung vor.

Im Folgenden werden Hilfen zur Auswahl von Rechenmaschinen bzw. zur Architektur-Bewertung vorgestellt. Dies ist für den Entwurf Eingebetteter Systeme besonders wichtig zur Berücksichtigung der Randbedingungen (siehe Kapitel 9). Ziel ist die einfache und schnelle Abschätzung. Im vorliegenden Abschnitt dienten folgende Quellen als Basis: [Kar07], [Car03].

## 13.1 Randbedingungen

Wichtige technische Randbedingungen beim Entwurf Eingebetteter Systeme (siehe auch Kapitel 2) sind:

- Datenrate [Bit/s] oder Rechenleistung

- Verlustleistung [W]

- Ressourcenverbrauch: Speicher, Gatter, Peripherie

**Magisches Dreieck**

Fasst man die drei Randbedinungen als Eckpunkte eines Dreiecks, so besteht die Herausforderung für den Entwickler im Ausbalancieren dieses sogenannten „Magischen Dreiecks" (siehe Abbildung 2.7). Die drei Größen sind miteinander gekoppelt. Soll beispielsweise die Datenrate erhöht werden, ist es meistens notwendig Ressourcen, zu parallelisieren (CIS[1]). Dies hat dann einen größeren Bedarf zur Folge.

---

[1]CIS = Computing In Space

© Springer Fachmedien Wiesbaden GmbH, ein Teil von Springer Nature 2020
R. Gessler, *Entwicklung Eingebetteter Systeme*,
https://doi.org/10.1007/978-3-658-30549-9_13

## 13.2 Methoden zur Leistungsbewertung

Die Methoden zur Leistungsbewertung lassen sich den

- analytischen Methoden: Maßzahlen zur schnellen Orientierung

- Messungen: Benchmarks liefern genauere Aussagen

zuordnen.

**Maßzahlen**  Grundlage bei den analytischen Methoden sind Gleichungen, die approximativ oder numerisch gelöst werden. Es werden quantitative Leistungsmaße, wie beispielsweise Durchsatz oder Latenz, im stationären Zustand berechnet. Mit Anstieg der Komplexität eines Systems wird das Finden geeigneter analytischer Modelle schwieriger und aufwendiger.

**Benchmarks**  An bereits existierenden Systemen wie Herstellerkarten[2] können im Vorfeld Messungen durchgeführt werden. Dies führt zu einer beobachtenden Leitungsbewertung mit dem Ziel, einzelne Komponenten oder das komplette Rechnersystem zu vermessen. Hierfür kommen als Mess-Software Benchmarks zum Einsatz [Fey01].

---

*Merksatz:* **Rapid Prototyping**
Zur schnellen Leistungs- und Ressourcenermittelung (siehe Randbedingungen) für beispielsweise eine Angebotsabgabe werden Maßzahlen und Benchmarks eingesetzt. Hierbei wird die Applikation auf Systemebene als „Black Box" betrachet. Eine vollständige Implementierung setzt eine vollständige Applikationsplattform (Hard- und Software) voraus und ist viel zu aufwendig.

---

## 13.3 Maßzahlen

Die Bewertung der Applikation erfolgt durch definierte Maßzahlen. Hierdurch
**quantitativ**  wird der quantitative Vergleich von Rechenmaschinen bezüglich ihrer Leistungsfähigkeit ohne großen Aufwand möglich. Maßzahlen bewerten nur spezielle Aspek-
**spezielle Aspekte**  te. Hierbei wird zwischen Mikroprozessoren und FPGAs unterschieden. Aus diesem Grund ist eine kritische Betrachtung notwendig. Die Bewertung erfolgt stets für die spezifische Applikation bzw. spezifische Hardware-Umgebung.

### 13.3.1 Allgemeine Maßzahlen

Der Abschnitt stellt einfache Maßzahlen zur Abschätzung von Algorithmen für allgemeine Rechenmaschinen – Mikroprozessoren und FPGAs vor. Diese Maß-
**spezielle Aspekte**  zahlen bewerten nur spezielle Aspekte [BH01, Car03, Stu04].

---

[2]engl.: Evaluation Kits

Zunächst ist die Frage zu beantworten: Wann ist eine Rechenmaschine schneller als eine andere Rechenmaschine? Rechenmaschine A ist schneller als Rechenmaschine B, wenn eine Aufgabe oder ein Algorithmus zur Bearbeitung auf A weniger Zeit benötigt. Dies führt uns zur Definition der Beschleunigung. Rechenmaschine A ist n-mal schneller als B.

### Beschleunigung B

Der Begriff Beschleunigung beschreibt die Leistungsverbesserung mit den Ausführungszeiten[3] $t_{A,B}$:

$$B = t_B / t_A$$

**System**

Die Definition kann auch zur Bewertung einer neuen Konfiguration verwendet werden. Hierbei wird $t_B$ durch $t_{Alt}$ und $t_A$ durch $t_{Neu}$ ersetzt.

### Leistungsfähigkeit L

Sie ist eine Maßzahl zur Bewertung des Gesamtsystems: Rechenmaschine, Speicher, Busse usw.. Die Leistungsfähigkeit mit der Ausführungszeit (t) ist wie folgt definiert:

$$L = (1/t)$$

### Leistungsverbrauch P

Bewertung des elektrischen Leistungsverbrauchs P in Watt [W]. Die Gesamtleistung P von CMOS-Schaltungen, unter Vernachlässigung der Anteile Kurzschlussleistung und Leckstrom, kann wie folgt ermittelt werden:

$$P = 1/2 \cdot f_{Clk} \cdot C_L \cdot U_B^2 \cdot \sum A_G.$$

Hierbei sind $f_{Clk}$ die Taktfrequenz, $C_L$ die Lastkapazität, $U_B$ die Betriebsspannung und $A_G$ die Schalt-Aktivität der Gatter (nicht alle Gatter schalten in jedem Taktzyklus). Weitere Details zum CMOS-Leistungsverbrauch liefert Abschnitt 2.3.1.

### Applikationsspezifischer Leistungsbedarf AL

Diese Maßzahl beschreibt den mittleren Bedarf eines Gesamtsystems an elektrischer Leistung für eine bestimmte Funktionalität:

$$AL = P/L$$

**Speicher**

Die reine Betrachtung der Rechenmaschine (Kern) reicht zur vollständigen Betrachtung nicht aus. Es ist notwendig, das vollständige System aus Rechenmaschine ⇔ Speicher ⇔ Bus zu betrachten.

### Gesamtrate GR

---

[3]engl.: Execution Time

Die Gesamtrate[4] beschreibt, mit welcher Geschwindigkeit die Daten zwischen Prozessor und Speichersystem transferiert werden. Sie ist mit Durchsatz (DS) in Operationen pro Sekunde und Datenbreite (DB) in Bit wie folgt definiert:

$$GR = DB \cdot DS$$

**Latenzzeit LZ**

**Pipelines**

Bei der Erörterung von Pipelines und der Computer-Leistung fallen des öfteren zwei Begriffe: Latenz und Durchsatz. Unter Latenz versteht man die Zeit, die eine einzelne Operation zur Abarbeitung benötigt. Der Durchsatz beschreibt die Rate, mit der die Operationen verarbeitet werden. Dies wird oft in Operationen pro Sekunde angeben (siehe auch Abschnitt 9.1.2).

Werden die Operationen der Reihe nach ausgeführt (ohne Pipelines), so gilt:

$$DS = 1/LZ$$

Bei einer Rechenmaschine mit Pipelining gilt:

$$DS > 1/LZ$$

**Zyklusdauer Pipeline-Prozessoren** Die Zyklusdauer eines Pipeline-Prozessors ($ZD_{MP}$) ist mit Zyklusdauer ohne Pipelines ($ZD_{OP}$), Anzahl von Pipeline-Stufen (PS) und der Latenz der Pipeline-Verteiler[5] (PL) definiert:

$$ZD_{MP} = \frac{ZD_{OP}}{PS} + PL$$

Hieraus ergibt sich die Latenzzeit (LZ):

$$LZ = PS * ZD_{MP}$$

---

*Aufgabe:*

Wie groß sind Datendurchsatz und Bandbreite eines Speichersystems, wenn dieses eine Latenzzeit von 10 ns pro Operation (OP) sowie eine Datenbreite von 32 Bit besitzt?

Lösung: DS = 1/LZ = 100.000.000 OP/s

GR = DB · DS = 400.000.000 Byte/s ([Car03], S. 180)

---

[4]oder Bandbreite
[5]engl.: Switches (Netzwerk-Weiche)

> *Merksatz:* **Datenrate**
> beschreibt die Anzahl an Informationseinheiten, die in einer bestimmten Zeit über einen Übertragungskanal transferiert werden. Sie wird in Bit pro Sekunde [Bit/s] angegeben.

> *Merksatz:* **Schnittstellen**
> Letztendlich ist es auch notwendig, die seriellen und parallelen Schnittstellen mitzubetrachten.

Die folgenden Maßzahlen haben die Bestimmung der Operationsgeschwindigkeit im Fokus.

**Operationsgeschwindigkeit**

### Operationsrate MOPS

Die Operationsrate MOPS[6] ist wie folgt mit der Operationen-Anzahl (OP) und der Ausführungszeit (t) definiert:

$$MOPS = OP/(t \cdot 10^6)$$

### Fließkomma-Operationsrate MFLOPS

Die Fließkomma-Operationsrate MFLOPS[7] ist wie folgt mit der Fließkomma-Operationen-Anzahl (OP) und der Ausführungszeit (t) definiert:

$$MFLOPS = OP/(t \cdot 10^6)$$

### Amdahl's Gesetz

Eine wichtige Regel beim Entwurf von leistungsfähigen Rechenmaschinen heißt: „Mach den häufigsten Fall schnell". Mit anderen Worten, der Einfluss einer bestimmten Leistungsverbesserung auf die Gesamtleistung hängt nicht nur von der Verbesserung allein, sondern auch von deren Häufigkeit ab.

**Verbesserung**

Hierbei ist $At_{Be}$ der Anteil, in dem die Verbesserung benutzt wurde und $(1-At_{Be})$ der unbenutzte Teil. Die Beschleunigung des benutzten Anteils stellt $B_{Be}$ dar.

$$t_{Neu} = t_{Alt} \cdot ((1 - At_{Be}) + (At_{Be}/B_{Be}))$$

$$B = t_{Alt}/t_{Neu} = 1/((1 - At_{Be}) + (At_{Be}/B_{Be}))$$

> *Merksatz:* **Operationen**
> Die Art der Operationen wie beispielweise Addition, Multiplikation etc. muss festgelegt werden.

---

[6]MOPS = Million Operations Per Second
[7]MFLOPS = Million FLoating Point Operations Per Second

> *Aufgabe:* Ein Mikroprozessor verfügt über keine Hardware-Untersützung für Muliplikationen. Die Multiplikation erfolgt durch wiederholte Additionen. Wie hoch ist die Beschleunigung mittels Hardware-Untersützung, wenn für eine Muliplikation mittels Software-Lösung (Programm) 200 Taktzyklen und durch Hardware-Unterstützung 4 Taktzyklen benötigt werden und das Programm 10 Prozent der Zeit für Mulitplikationen aufwendet?
> Lösung: $B_{Be}$=200/4; $At_{Be}$=0,1; B=1/(0,9 + (0,1/50)) ([Car03], S. 20)

## 13.3.2 Spezifische Mikroprozessor-Maßzahlen

**Prozessor-kern**

Der folgende Abschnitt stellt wichtige Größen zur Beurteilung einer Mikroprozessor-Applikation vor.

### Taktzyklen pro Befehl CPI

Die Maßzahl CPI[8] mit Taktzyklen[9] und Befehlsanzahl[10] eines Programms ist definiert:

$$CPI = (CC/IC)$$

> *Merksatz:* **Profiler**
> Das Werkzeug dient zur Analyse des Zeitverhaltens (Taktzyklen) von Software (siehe auch Kapitel 11).

### CPU-Zeit $t_{CPU}$

Die benötigte CPU-Zeit ($t_{CPU}$) zur Verarbeitung eines Programmes (Aufgabe) mit Taktdauer $t_{Clk}$ und -frequenz $f_{Clk}$ ist definiert als:

$$t_{CPU} = CC/f_{Clk} = IC \cdot CPI/f_{Clk}$$

### Instruktionsrate MIPS

Bei der Instruktionsrate MIPS[11] wird das arithmetische Mittel der ausgeführten Befehle gebildet:

$$MIPS = IC/(t \cdot 10^6)$$

**Speicher**

Aktuelle Mikroprozessorsysteme haben zur hohen Prozessorleistung auch hohe Datentransferraten zwischen Zentraleinheit ⇔ Hauptspeicher ⇔ externer Peripherie.

---

[8]CPI = Clock Cycles Per Instruction
[9]CC = Clock Cycles *(engl.)* = Taktzyklen
[10]IC = Instruction Count *(engl.)* = Befehlszählung
[11]MIPS = Million Instructions Per Second

**Instruktionsdichte ID**
Die Instruktionsdichte mit Speicherbedarf (SB) ist definiert:

$$ID = 1/SB$$

**Speicherbandbreite**
Die Speicherbandbreite ($SBB_P$) ist mit der Prozessorleistung $L_P$ in MIPS und dem Speicherbedarf $SB_P$ für einen Druchschnittsbefehl in Bytes wie folgt definiert (siehe auch Gesamtrate GR):

$$SBB_P = L_P \cdot SB_P$$

*Beispiel:* Bei einem 32-Bit-CISC-Prozessor (P) ist SB = 8,6 Bytes. Diese Zahl gilt näherungsweise auch für einen 32-Bit-RISC-Prozessor ([BH01], S. 149).

*Merksatz:* **Digitale Schaltungen**
Aufgrund der allgemeinen Architektur können für die Implementierung digitaler Schaltungen mit FPGAs keine spezifischen Maßzahlen genannt werden.

**Kontextwechselzeit** $t_{Kw}$
In Applikationen werden häufig mehrere Aufgaben[12] abgearbeitet (siehe Kapitel 2). Die Kontextwechselzeit beschreibt die Zeit zum Sichern des aktuellen Kontextes ($t_{Kakt}$) und Laden des neuen Kontextes ($t_{Kn}$):   **Betriebssysteme**

$$t_{Kw} = t_{Kakt} + t_{Kn}$$

**Interrupt-Antwortzeit** $t_{Int}$
Die Interrupt-Antwort ist die Zeitspanne zwischen Auftreten eines Interrupts und dem Bearbeiten der ersten Instruktion der entsprechenden ISR[13].   **Interrupts**

**Interrupt-Overhead** $t_{Oh}$
Unter Interrupt-Overhead versteht man die Zeit, über welche eine Interrupt-Anforderung die CPU belegt, bis die erste Instruktion der entsprechenden ISR

---

[12]engl.: Task, Threads, Processes
[13]ISR = Interrupt Service Routine

bearbeitet werden kann.

---

*Aufgabe:* Bei der Ausführung auf einem bestimmten System braucht ein Programm 1.000.000 Taktzyklen. Wie viele Anweisungen wurden ausgeführt, wenn das System eine CPI von 40 erreicht?

---

*Aufgabe:* Bei der Ausführung eines bestimmten Programms erreicht Rechenmaschine A 100 MIPS und Rechenmaschine B 75 MIPS. A braucht jedoch 60 s für die Ausführung, Rechenmaschine B dagegen nur 45 s. Wie ist dies möglich? [Car03]

---

*Aufgabe:*

Wie hoch ist die max. Taktfrequenz des Prozessors, wenn das Lesen aus dem Speicher 5 ns, Dekodieren 2 ns, Lesen der Registerdatei 3 ns, Ausführen der Anweisung 4 ns und das Schreiben des Ergebnisses 2 ns dauert?
Lösung: Summe der Zeiten = 16 ns ⇒ 62,5 MHz ([Car03], S. 119).

---

### 13.3.3 Diskussion

**mittlere Rate** Maßzahlen bewerten lediglich die mittlere Rate der ausgeführten Operationen, nicht jedoch die Komplexität. Gängige Kenngrößen sind:

- MIPS

- MFLOPS

- CPI

Die Maßzahl MIPS ist problematisch beim Vergleich von RISC- und CISC-Architekturen, da sie vom Programm abhängig ist.
Das Anwendungsfeld von MFLOPS sind technische und wissenschaftliche Applikationen. Problematisch ist die unterschiedliche Dauer von Gleitkomma-Operationen.
Die Maßzahl CPI ist unabhängig von der Taktfrequenz (Architekturbewertung).

> *Merksatz:* **Hinweise**
> Die genannten Maßzahlen hängen von der ISA[a] (siehe auch Kapitel 2) und
> vom Programm ab.
>
> ---
> [a]ISA = Instruction Set Architecture

Die Maßzahlen ermöglichen einen Leistungs-Vergleich der Rechenmaschinen **Bewertung**
ohne hohen Aufwand. Dabei ziehen die Zahlen nur bestimmte Aspekte in Betracht. Somit ist eine kritische Analyse der Angaben wichtig. Maßzahlen dienen
zur Ermittelung einer hypothetisch maximalen Rechenleistung.

## 13.4 Benchmarks

Benchmarks bewerten die Leistungsfähigkeit eines Systems durch Messungen. **Messung**
Der Prüfalgorithmus liegt als Quellcode vor. Zur Laufzeitmessung ist eine Übersetzung notwendig. In die Bewertung fließt ebenfalls die Compilergüte und gegebenenfalls das Betriebssystem ein. Programme zur Bewertung ermitteln die
Programmlaufzeiten. Hierbei haben die Compiler einen großen Einfluss und es
erfolgt keine Abbildung des Zielproblems. Zudem ist für die Durchführung von
Benchmarks ein Testsystem notwendig. Nachfolgende stehen zur Verfügung:

- Basisfunktionen: grundlegende Algorithmen wie FIR-Filter, Quicksort etc.

- Applikationsroutinen: spezifische Herstellerroutinen

- Standardbenchmarks: SPEC CPU 2000, Dhrystone-MIPS etc.

> *Definition:* **Benchmarks**
> Benchmarks dienen der Bewertung der Rechenleistung, basierend auf Messungen. Hierzu liegt ein Programm oder eine Programmsammlung als Quellcode vor. Diese wird übersetzt (Compiler oder Synthese-Werkzeug) und
> die Ausführungszeit gemessen. Somit fließt die Güte des Compilers (oder
> Synthese-Werkzeugs) und gegebenenfalls das Betriebssystem mit ein. Sie
> stehen im Kontext des kompletten Systems (Hard- und Software).

Das Ziel der standardisierten Benchmarks ist die Vergleichbarkeit von Rechnern **Standar-**
(mit Betriebssystem und Compiler). Die Anforderungen sind hierbei: gute Por- **disierte**
tierbarkeit, repräsentativer Algorithmus für eine typische Nutzung. **Benchmarks**

> *Merksatz:* **Standardisierungsorganisation**
> Eine bekannte Standardisierungsorganisation im Bereich Eingebettete Systeme ist die EEMBC[a,b].
>
> ---
> [a]EEMBC = EmbEdded Microprocessor Benchmark Consortium
> [b]URL: http://www.eembc.org

> *Beispiel:* EEMBC liefert Benchmarks in den Bereichen:
>
> - Automatisierungstechnik: z. B. Steuerungsprogramme aus dem Automobilsektor
>
> - Unterhaltungselektronik: z. B. Multimedia-Benchamrks wie JPEG-Kompression/Dekompression
>
> - Netzwerktechnik: z. B. kürzester Weg-Berechnung
>
> - Grafik- und Textbenchmarks: z. B. Textverarbeitung
>
> - Telekommunikation: Filter und DSP-Applikationen

**Mikroprozessor**

**SPEC**

**Untergruppen**

Eines der bekanntesten Benchmarks zum Leistungsvergleich von Mikroprozessoren mit Compiler ist von Standard Performance Evaluation Cooperation[14,15]. Bei der SPEC wird zwischen den folgenden Untergruppen unterschieden [Kar07]:

- SPEC CPU 2000: Benchmark-Leistung der Rechenmaschine

- SPEC JVM98: Benchmark Java Virtual Machine Client-Plattformen

- SPEC Mail2001: Benchmark für Mail-Server

- SPEC SFS 2.0: Benchmark für System File Server

- SPEC WEB99: Benchmark für WWW-Server

**SPEC CPU 2000**

Im Weiteren wird der SPEC CPU 2000 genauer betrachtet. Die Benchmarks setzen sich aus 12 nicht numerischen Programmen in C/C++ (CINT2000) und 14 numerischen Programmen in Fortran/C (CFP2000) zusammen. Die Benchmarks unterliegen strengen und genau festgelegten Regeln, wie automatische Messung und Protokollierung ab der Version CPU95. Die Versionen werden regelmäßig aktualisiert, wie z. B. Version CPU92, 95, 2000.

---

[14]SPEC = Standard Performance Evaluation Cooperation
[15]URL: http://www.spec.org

*Beispiel:* Tabelle 13.1 zeigt Beispiele für SPEC CINT2000 und SPEC CFP2000.

| Benchmark | Bezeichnung | Referenzzeit [s] | Kommentar |
|---|---|---|---|
| SPEC CINT2000 | 164.zip | 1400 | Daten-kompression |
| SPEC CINT2000 | 175.vpr | 1400 | FPGA Layout und Routing |
| SPEC CINT2000 | 176.gcc | 1100 | C Compiler |
| SPEC CFP2000 | 168.wupwize | 1600 | Quantenphysik |
| SPEC CFP2000 | 171.swim | 3100 | Gleichungslösung, Flachwasser-Modellierung |
| SPEC CFP2000 | 172.mgrid | 1800 | 3D-Mehrgitter-verfahren |

Tabelle 13.1: SPEC CPU 2000-Beispiele [Kar07]

Kategorien der SPEC CPU 2000 sind Geschwindigkeit und Datenrate. Jeweils mit einer aggressiven und einer konservativen Optimierung. Im Weiteren wird die Benchmark-Ermittelung basierend auf der Geschwindigkeit bei einer aggressiven Optimierung gezeigt. **Kategorien**

*Merksatz:* **Geschwindigkeit**
Das Ergebnis des Benchmarks (Geschwindigkeit) ergibt sich dann aus:
$SPEC_{ratio,x}=Referenzzeit_x/(Laufzeit_x$ auf Testsystem)
für den Benchmark „x" (siehe Tabelle 13.1). Die Endwerte werden dann aus je einem geometrischen Mittel (siehe Gleichung (8.2)) der $SPEC_{ratio,x}$ für alle CINT2000 und CFP2000 Benchmarks ermittelt.

Wegen der vielen auf dem Markt verfügbaren FPGAs und der für den Entwickler komplizierten Auswahl hat der Journalist Stan Baker 1992 die Orgranisation PREP[16] gegründet. An diesem Zusammenschluss sind alle namhaften Hersteller beteiligt. **FPGA**

**PREP**

Um die Integrationsfähigkeiten eines programmierbaren Logikbausteines zu untersuchen, werden Teststrukturen wiederholt hintereinander gereiht, bis der Baustein voll ist. Der Vergleich mit den anderen Herstellern geschieht anhand der Komponentenanzahl und der erreichten Geschwindigkeit.

Zur Durchführung werden Werkzeuge zur Beurteilung der Funktionalität und **Durch-führung**

---

[16]PREP = **PR**ogrammable **E**lectronics **P**erformance **C**ooperation

des Zeitbedarf benötigt (siehe auch Kapitel 11):

- Software

  Instruktionssimulator

  zyklenakkurater Simulator

- Hardware

  Emulator: hardwarenahe Nachbildung eines Mikroprozessors

  Testhardware (Evaluation Boards)

*Beispiel:* Die Reportdateien bei den programmierbaren Logikschaltkreisen und die Link-/Map-Datei bei Mikroprozessoren geben Auskunft über verbrauchte Ressourcen.

*Aufgabe:* Nennen Sie drei Maßnahmen bei Mikroprozessoren und FPGAs zur Verbesserung/Optimierung der Maßzahlen bzw. Benchamrks.

### Geometrische und arithmetrische Mittelwerte

Viele Benchmarks verwenden zur Berechnung des Durchschnitts nicht den arithmetrischen, sondern den geometrischen Mittelwert. Beim geometrischen Mittelwert beeinflusst ein extremer Wert das Ergebnis weniger.
Arithmetischer Mittelwert:

$$\overline{m} = \sum x/n \qquad (13.1)$$

Geometrischer Mittelwert:

$$\overline{m} = \sqrt{\prod x} \qquad (13.2)$$

### Kenngrößen

Im Folgenden werden wichtige Kriterien bei der Benchmark-Auswertung genannt. Sie dienen z. B. der optimalen Auswahl von Mikroprozessoren und FPGAs.
**Mikroprozessoren** Kenngrößen von Mikroprozessoren sind:

- Taktfrequenz ($f_{Clk}$)

- Wortbreite

- Energiespar-Modi

- Speicher: Programm- und Datenspeicher

- Peripherie: digitale Ein- Ausgänge, Zeitgeber[17], ADC[18] usw. (bei Mikro-controllern)

FPGAs sind wie Mikroprozessoren eng mit der IC-Technologie verknüpft. Des-halb sind folgende hardwarenahen Größen für die Bausteinauswahl entscheidend:

**FPGAs**

- Taktfrequenz ($f_{Clk}$)

- Fläche: Systemgatter und Ausnutzungsgrad

- Gehäuse und Anschlüsse[19]

---

*Beispiel:* Beim FPGA-Hersteller Xilinx sind die Systemgatter CLBs[a] und die IC-Anschlüsse den IOBs[b] zugeordnet. Die Auswahl der Geschwindigkeit erfolgt über Speedgrades.

---

[a]CLB = Complex Logic Block
[b]IOB = IO-Block

---

*Aufgabe:* Rechenmaschine C erreicht für ein Benchmark-Paket 42 Punkte (mehr Punkte sind besser), Rechenmaschine D dagegen nur 35. Bei der Ausführung Ihres Programms stellen Sie fest, dass Rechenmaschine C 20 Prozent länger braucht als Rechenmaschine D. Wie ist dies möglich?

---

[17]engl.: Timer
[18]ADC = **A**nalog **D**igital **C**onverter *(deutsch: Analog-Digital-Wandler)*
[19]engl.: Pins

*Zusammenfassung[a]:*

1. Der Leser ist in der Lage, die allgemeinen und spezifischen Maßzahlen (Mikroprozessoren und FPGAs) anzuwenden.

2. Er kennt die unterschiedlichen Benchmarks für Mikroprozessoren und FPGAs.

3. Der Leser kennt die Grenzen der Bewertung von Maßzahlen und Benchmarks.

[a]mit der Möglichkeit zur Lernziele-Kontrolle

# 14 Vergleichende Entwicklung

*Lernziele:*

1. Das Kapitel zeigt den Hardware-Vergleich: Rechenmaschine, Architektur.

2. Es vergleicht Software: Implementierungsprozess und die Grundelemente in C und VHDL.

3. Eine Fallstudie fasst alle erlernten Inhalte anhand eines durchgehenden Beispiels zusammen.

Für die Entscheidung zwischen Mikroprozessoren und Digitaler Schaltungstechnik (FPGAs) zur Lösung einer Aufgabenstellung für ein Eingebettetes System ist es notwendig, die Stärken und Schwächen beider Techniken zu kennen. Das vorliegende Kapitel vergleicht sowohl die Hardware (Architektur, Rechenmaschine) als auch die Software-Entwicklung für Entwurf (Modelle) und Implementierung (Implementierungsprozess mit C, VHDL). Im Fokus des Vergleichs steht die Rechenleistung.

**Rechenleistung**

Der Vergleich ermöglicht das Wesen beider Techniken (auf Systemebene) zu erschließen. Dies dient dem besseren Verständnis der Portierung und Partionierung und verbessert die Ausnutzung von Synergie.

**Synergie**

Moderne hybride Rechenmaschinen (siehe [GM07], S. 213 ff.) wie der Xilinx Zynq beinhalten als SoC[1] sowohl ein Mikroprozessor-, als auch ein FPGA-Teil (siehe Kapitel 16).

**Hybrid**

## 14.1 Hardware

Der Abschnitt beschreibt die Hardware Rechenarchitektur und darauf basierende Rechenmaschinen.

---

[1]SoC = System On Chip

287

© Springer Fachmedien Wiesbaden GmbH, ein Teil von Springer Nature 2020
R. Gessler, *Entwicklung Eingebetteter Systeme*,
https://doi.org/10.1007/978-3-658-30549-9_14

### 14.1.1 Rechnerarchitektur

**Wesen**

Rechnerarchitektur stellt den inneren Aufbau (das Wesen) einer Rechenmaschine dar (siehe Kapitel 2).

Rechenmaschinen können prinzipiell eine Aufgabe sequentiell oder parallel verarbeiten. Mikroprozessoren arbeiten sequentiell (CIT[2]). Programmierbare Logikschaltkreise (siehe Kapitel 2) wie FPGAs hingegen sind in der Lage, Algorithmen parallel zu rechnen (CIS[3]).

**CIT, CIS**

---

*Merksatz:* **CIS**

die Parallelisierung kann sowohl für mathematische Aufgaben (Algorithmen), als auch für andere Aufgaben wie Steuerungen genutzt werden.

---

*Aufgaben:*

1. Erläutern Sie CIT und CIS anhand des vorliegenden Algorithmus:

$$y = \sum_{n=1}^{N} x_n, \ N=8.$$

2. Wieviele Taktzyklen benötigt die CIT- bzw. die CIS-Lösung?

---

**Abstraktions-ebenen**

Der Entwurf digitaler Schaltungen wird die Abstraktions-Ebenen beschreiben (siehe auch Kapitel 9):

- Systemebene: Beschreibung auf hohem Abstraktionsniveau

- Algorithmenebene: Beschreibung durch Rechenvorschriften

- Register-Transfer-Ebene(RTL[4]): Beschreibung des zeitlichen Ablaufs der Registerwerte - und -änderungen

- Logikebene: Beschreibung durch kombinatorische und sequentielle Logik

**Kontrollpfad**

**Datenpfad**

Eine Zentraleinheit[5] (siehe auch Abschnitt 3.2) ist eine digitale Schaltung. Die Implementierung von Algorithmen mittels digitaler Schaltungen setzt deshalb eine Ebene tiefer an als die Mikroprozessoren auf der Register-Transfer- bzw. Logikebene. Dies hat zur Konsequenz, dass bei digitalen Schaltungen der Kontroll- und Datenpfad, quasi die CPU, zuerst implementiert und getestet werden

---

[2] CIT = Computing In Time
[3] CIS = Computing In Space
[4] RTL = Register Transfer Level *(deutsch: Register-Transfer-Ebene)*
[5] CPU = Central Processing Unit *(deutsch: Zentrale Verarbeitungseinheit)*

muss. Bei Mikroprozessoren liegt er bereits vor und es können die Algorithmen ummitellbar eingespielt werden.

> *Merksatz:* **Zentraleinheit**
> Bei digitalen Schaltungen muss der Kontroll- und Datenpfad, quasi die CPU zuerst implementiert und testet werden. Bei Mikroprozessoren liegt sie bereits vor und die Entwicklung beginnt eine Hierarchie-Ebene höher auf der Algorithmen-Ebene.

Vorteilhaft ist hierbei die maßgeschneiderte Implementierung mit guter Leis- **Vergleich** tungsfähigkeit. Nachteilig sind der hohe zeitliche Aufwand und somit die hohen Kosten. Die Programmierung in C erfolgt auf der Algorithmenebene.
Abbildung 14.1 gibt einen Überblick über die unterschiedlichen Prozessor-Arten mit Kontroll- und Datenpfad. Auf der linken Seite a) ist die universelle[6] Architektur von Mikroprozessoren dargestellt. Der Programmzähler (PC[7]) zeigt (Adresse) auf den aktuellen Befehl im Programmspeicher. Das Befehlsregister (IR[8]) beinhaltet den zu verarbeiteten Befehl. Die Berechnung erfolgt dann mit Zugriff auf den Datenspeicher in der ALU[9]. Im Vergleich ist auf der rechten Seite c) die Schaltungs-Implementierung abgebildet. Die Lösung ist auf den Algorithmus maßgeschneidert[10] – die ALU entfällt. Der Programmspeicher entfällt ebenfalls, es wird kein Programm abgearbeitet. In der Mitte b) ist die Architektur eines applikationsspezifischen Prozessors[11] abgebildet. Ein bekannter Vertreter ist der DSP[12].

> *Merksatz:* **Rekursionen**
> Leider lassen sich nicht alle Algorithmen parallelisieren wie die obige Addition. Manche Algorithmen kann man gar nicht parallelisieren, da jede Berechnung von allen vorangegangenen Berechnungen abhängt. Bei diesen nicht-parallelisierbaren Algorithmen sind die höher getakteten Rechenmaschinen, meist Mikroprozessoren, von Vorteil.

> *Merksatz:* **Kontroll- und Datenpfad**
> Kapitel 9 liefert mit dem Zustandsautomaten die Grundlagen für den Kontrollpfad und Kapitel 12 für den Datenpfad.

---

[6]engl.: General purpose
[7]PC = Program Counter
[8]IR = Instruction Register
[9]ALU = Arithmetical Logical Unit *(deutsch: Arithmetische Logische Einheit)*
[10]engl.: Single purpose
[11]ASIP = Application Specific Instruction Set Processor
[12]DSP = Digital Signal Processor

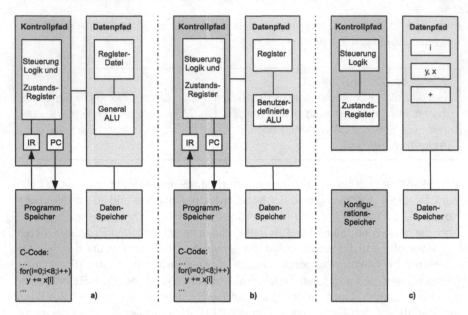

Abbildung 14.1: Prozessor-Arten mit Kontroll- und Datenpfad: a) Mikroprozessor (general-purpose), b) ASIP (application-specific), c) FPGA (single-purpose)

## 14.1.2 Rechenmaschinen

Die Rechenmaschine besteht aus einer Rechnerarchitekutr, die auf einem Rechenbaustein abgebildet wird. Der Rechenbaustein basiert auf einer Hardware-Technologie (hier IC-Technologie) (siehe Kapitel 2).

**Gesamt-Vergleich** Tabelle 14.1 vergleicht die Rechenmaschinen Mikroprozessoren (GPP[13], DSP) und Rechenmaschinen mit DS*[14] (FPGA, ASIC[15]) miteinander. Hierbei sind bei den ersten vier Kriterien die Leistungen von DSP, FPGA und ASIC auf die eines Universalprozessors normiert.

Diese Tabelle zeigt nur ein verdichtetes Ergebnis, eine Tendenz. Zu groß ist die Vielzahl unterschiedlicher Messprozeduren, Rechenmaschinen[16] und deren Ausstattungsmerkmalen, wie Vektoreinheit auf einem Universalprozessor (GPP), Anzahl DSP-Funktionen auf FPGA und Softkern[17]-Lösungen.

Im Folgenden werden die Rechenmaschinen mit Fokus auf eine hohe Rechen-

---

[13] GPP = General Purpose Processor *(deutsch: Universalprozessor)*

[14] DS* = Digitale Schaltungen (aus VDS und KDS) ohne CPU

[15] ASIC = Application Specific Integrated Circuit *(deutsch: Anwendungsspezifische Integrierte Schaltung)*

[16] Alleine in der Rubrik GPP > AMD Athlon > Desktop Prozessoren > Athlon 64 sind unter URL: http://www.amdcompare.com/us-en/desktop/ 80 Produkte aufgelistet.

[17] engl.: Soft Core

| Rechenbaustein | GPP | DSP | FPGA | ASIC |
|---|---|---|---|---|
| Rechengeschwindigkeit | 1 | 1-1,8 | 3-20 | 3-50 |
| Elektrischer Leistungsverbrauch | 1 | 0,5 | 0,25-2 | 0,1-0,3 |
| Entwicklungskosten | 1 | 2 | 4 | 20 |
| Stückkosten | 1 | 0,8-3 | 2-4 | 0,1-0,2 |
| Langlebigkeit der Entwurfsentscheidungen | +++ | + | + | - - |
| Verfügbarkeit von Entwicklern auf dem Arbeitsmarkt | +++ | + | - | - - - |

Tabelle 14.1: Vergleich der vier Rechenmaschinen GPP, DSP, FPGA und ASIC nach [Bec05]. Die Leistung ist auf ein GPP normiert.

leistung paarweise miteinander verglichen.

Der Abschnitt vergleicht FPGAs mit ASICs. Bei ASICs ist die Rechnerarchitektur (digitale Schaltung) fest verdrahtet (VDS[18]). Bei FPGAs hingegen ist die Architektur konfigurierbar (KDS[19]). FPGAs haben gegenüber ASICs folgende Vorteile:

- deutlich geringere Entwicklungskosten (keine Masken mit sehr hohen Fixkosten)

- sehr kurze Implementierungszeiten

- einfach korrigier- und erweiterbar (rekonfigurierbar)

- geprüftes Silizium

- geringeres Designrisiko, da es nicht Monate vor der Hardware-Auslieferung fertig sein muss

Nachteilig ist bei FPGAs:

- hohe Stückzahlen (Wendepunkt[20]), höherer Stückpreis (Konsumer Produkte)

- geringere Taktraten (aktuell verfügbar bis 740 MHz, typisch 20-250 MHz)

- geringere Logikdichte (ca. 5-facher Flächenbedarf (Hard-IPs) gegenüber ASIC gleicher Technologie)

- höherer Leistungsbedarf für gleiche Logik

**hohe Rechenleistung**

**FPGA versus ASIC**

**Vorteile**

**Nachteile**

---

[18]VDS = Verdrahtete Digitale Schaltung
[19]KDS = Konfigurierbare Digitale Schaltung
[20]engl.: Break-Even

- höhere Empfindlichkeit gegen Strahlen und elektromagnetische Wellen

**DSP versus FPGA**

Digitale Signalprozessoren (DSP[21]) sind Mikroprozessoren, deren Architektur und Befehlssatz für die schnelle Verarbeitung von digitalen Signalen optimiert ist. In diesem Segment werden vorzugsweise FPGAs eingesetzt. Im Folgenden werden FPGAs mit DSPs verglichen.

FPGAs haben gegenüber DSPs folgende Vorteile:

- hoher Parallelisierungsgrad (CIS) der Algorithmen möglich

- Echtzeit-Verhalten und zyklengenaue Verarbeitung

- Kundenspezifische Modellierung

- SoC[22]

DSPs haben gegenüber FPGAs folgende Vorteile:

- einfache Programmierung in der Sprache C

- Datenformate: Festkomma- und Fließkomma-Typen

- Leistungsverbrauch: Hohe Kennziffer [MIPS/W]

---

*Beispiele:*

1. DSP: TI C6000 kleinster C6000-Festkomma-DSP TMS320C6201-200 von Texas Instruments über 2 Multiplikation-Akkumulations-Einheiten (MAC) bei einer Taktfrequenz von 200 MHz werden 400 MMACS ausgeführt.

2. FPGA: Xilinx Virtex-7 kleinster Xilinx Virtex-7 Baustein XC7V585T über 582.720 Logik-Zellen und 1.260 MAC bei einer Taktfrequenz von 638 MHz werden 803.88 GMACS ausgeführt.

---

*Aufgabe:* Vergleichen Sie DSPs mit Mikroprozessoren bezüglich dreier Merkmale.

---

Die Vor- und Nachteile ergeben sich also erst aus dem Wechselspiel zwischen

---

[21] DSP = Digital Signal Processor
[22] SoC = System On Chip

- den Leistungsmerkmalen der Rechenmaschine (z. B. spezifizierte elektrische Verlustleistung),

- den technischen Anforderungen (z. B. 1000 komplexe 1024-Punkte-FFTs pro Sekunde) und

- den nichttechnischen Randbedingungen (z. B. Termine, Erfahrungen der Entwickler oder Ausfuhrbeschränkungen).

Sollte sich aus dieser Analyse zeigen, dass manche Teile der Software besser auf einem Mikroprozessor und andere besser auf einem FPGA aufgehoben wären, und dass sich beide Teile durch akzeptablen Kommunikationsaufwand miteinander verbinden lassen, steht der Entwicklung eines hybriden Systems, bestehend aus Mikroprozessoren und FPGAs, nichts mehr im Weg ([GM07], S. 211). **Hybride Systeme**

---

*Merksatz:* **Konkurrenz**
FPGAs stehen aufgrund der hohen parallelen Verarbeitung (CIS) in direkter Konkurrenz zu DSPs. Viele signalverarbeitungsintensive Algorithmen wie Applikationen z. B. aus den Bereichen Radar und Bildverarbeitung werden von DSPs auf FPGAs portiert.

---

*Beispiel:* Applikationen von Mikroprozessoren sind: Steuerungen, Kommunikationstechnik (Software-Protokoll-Stacks ([GK15a], S. 269)). Applikationen von FPGA sind: Telekommunikation, Bildverarbeitung.

---

# 14.2 Software

Der Abschnitt beschreibt Software-Implementierungsprozesse und Grundelemente in C, VHDL. Der Schwerpunkt liegt bei den Rechenmaschinen DSP und FPGA.

## 14.2.1 Implementierungsprozess

Zunächst wird auf den Implementierungsprozess für Mikroprozessoren eingegangen, gefolgt vom Prozess für FPGAs.

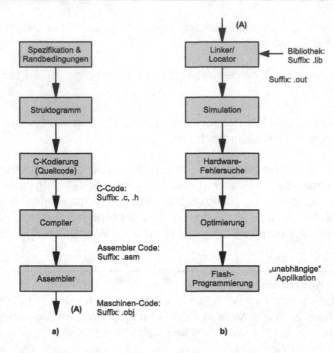

Abbildung 14.2: C-Entwicklungsprozess: Übersetzung und Test

**Mikroprozessoren**

**Übersetzung**

Abbildung 14.2 zeigt auf der linken Seite (Pfad a)) die Übersetzung der Programmiersprache C (für Mikroprozessoren) in den Maschinencode. Das Quellprogramm entsteht aus Entwurfs-Modellen wie Struktogrammen und der Spezifikation mit Randbedingungen.

**Preprozessor**

Am Anfang steht das in der Sprache C geschriebene Quell-Programm (Suffix: „.c"). Ein Preprozessor dient der Vorverarbeitung. Er ist dem Compiler vorgeschaltet und unabhängig von C. Der Preprozessor wird durch das #-Zeichen eingeleitet und endet ohne Semikolon. Als Beispiel ist das Einbinden von Kopfdatei mit #include „Dateinamen.h" (Suffix: „.h") zu nennen.

**Compiler**

Der optimierende[23] Compiler übersetzt die Anweisungen in C als Zwischenstufe zur besseren Testbarkeit in Assembler oder direkt in den Maschinencode[24]. Teilschritte sind u. a. Übersetzung in Maschinensprache mit Syntaxprüfung, die Datenstruktur-Deklaration mit Typprüfung, Funktionen-Deklaration mit Parameterübergaben. Es schließt sich eine mögliche Optimierung mit den Zielen Geschwindigkeit oder Speicherbedarf an.

---

[23] engl.: Optimizer
[24] engl.: Native Code

Der Assembler transformiert die Maschinenbefehle in mnemonischer Darstellung **Assembler**
(Suffix: „.asm") in den Maschinencode (Suffix: „.obj"). Die mnemonische Darstellung dient der besseren Lesbarkeit des Codes und stellt eine „1:1"-Abbildung
des Maschinencodes dar. Maschinencode ist eine Sequenz von CPU-Befehlen
in Binärdarstellung (Zielprogramm). Dem binären Code ist noch keine physikalische Adresse zugeordnet (relokatibel).

Der „Linker" ordnet die erzeugten Module (Suffix: „.obj") im Speicher an und **Linker**
löst gegenseitige Referenzen der Module und Bibliotheken (verschiebbare Ob-
jektdateien, Suffix: „.lib") auf. Der „Locator" weisst dem Code eine physikalische
Adresse zu. „Linker" und „Locator" werden meistens zusammengefasst. Hieraus
entsteht ein lauffähiges Prgramm, genannt Zielprogramm (Suffix: „.out").

Abbildung 14.2 zeigt auf der rechten Seite (Pfad b)) den Test (siehe auch **Test**
Kapitel 11) und die Optimierung gemäß der Randbedingungen. Der Befehls-
Simulator auf dem Entwicklungsrechner[25] ermöglicht die funktionale Verifikati- **Simulator**
on des Programms. Die Fehlersuche kann auf C-Ebene[26] oder Assembler-Ebene
erfolgen. Es folgt der Test auf dem Zielsystem durch Laden in den z. B. Flash- **Zielsystem**
Speicher (ROM).

Der Profiler und weitere Protokolle wie Compiler-Listings (Suffix: .lst) helfen
mögliche Schwachstellen bei der Einhaltung der Randbedingungen zu finden.
Zur Erfüllung der Randbedingungen wie Geschwindigkeit und Speichergröße
werden weitere Optimierungsschritte durchgeführt oder sogar ein handoptimier-
ter Assemblercode geschrieben. Am Ende steht eine autonome Applikation[27]
ohne Entwicklungswerkzeug.

Die einzelnen Werkzeuge werden in einer integrierten Entwicklungsumgebung
(IDE[28]) zusammengefasst.

---

*Beispiel:* Das Code Composer Studio der Firma Texas Instruments ist ein
IDE und ermöglicht die Entwicklung von unterschiedlichen Prozessoren wie
Mikrocontroller, DSPs und Stellaris (ARM-basierter Mikrocontroller) mit-
tels einer einheitlichen Plattform [Ges12b].

---

## FPGA

Der Abschnitt beschreibt einige generelle Punkte, die beim Entwurf von digitalen Schaltungen beachtet werden sollten.

---

[25] engl.: Host PC
[26] engl.: Source Level Debugging
[27] engl.: Standalone Application
[28] IDE = Integrated Development Environment

**Y-Diagramm**

Das Y-Diagramm nach Gajski et al. [GDWL92] ist eine Erweiterung der bislang vereinfacht dargestellten Modelle: Entwurfsmodell (System- bis Logikebene) und Modell der IC-Technolgie (Schaltungs- bis Layoutebene). Im Y-Diagramm

**Wechsel-**
**wirkung**
wird besonders auf die Wechselwirkung der einzelnen Ebenen untereinander Wert gelegt.

Das Y-Diagramm verwendet zur Darstellung einer IC-Entwicklung die drei Sicht-
**Sichtweisen**
weisen:

- Verhalten

- Struktur

- Geometrie

**Fragen**
Die Bedeutung der drei Achsen kann mit den Antworten auf die Fragen Was?, Wie? und Wo? beschrieben werden (siehe Abbildung 14.3). Das Verhalten sagt aus, was die Rechenmaschine macht. Die Struktur stellt dar, wie dieses Verhalten durch Funktionselemente aufgebaut wird. Die Geometrie gibt Auskunft über den physikalischen Ort auf der Rechenmaschine ([Jan01], S. 36 ff.).

**Start & Ziel**
Die Lokalisierung des Starts und Ziels im Y-Diagramm geschieht wie folgt: Der Startpunkt einer Entwicklung ist die Systemebene, die aus der Spezifikation oder dem Pflichtenheft entstanden ist. Der Endpunkt liegt im Zentrum. Bei FPGAs ist ein Ende erreicht, wenn die Konfigurationsdatei vorliegt.

**Handhabung**
**der**
**Komplexität**
Methoden zur Handhabung der Komplexität aus Verhaltenssicht sind (siehe auch Abschnitt 9.1):

- Abstraktion – „so einfach wie möglich und so genau wie nötig"[29]

**Verhalten**
  - Gliederung in überschaubare Entwurfsschritte

  - Schaltung so beschreiben, dass nur für momentanen Entwurfsschritt relevante Information vollständig vorhanden ist, sonst keine!

- Hierarchie – „Teile und herrsche"[30]:

**Top-Down**
  - Zerlege den Gesamtentwurf in Teilaufgaben („Top-Down-Entwurf")

  - Beschreibe jede Teilaufgabe in einem Konkretisierungsschritt unter Berücksichtigung ihrer Abhängigkeit vom Gesamtsystem ([SS03], S. 135 ff.).

Der umgekehrte Prozess zum „Top-Down-Entwurf" ist der „Bottom-Up-Entwurf". Eine Konkretisierung erfolgt hin zum Ursprung und eine Abstraktion in Richtung der Pfeilspitzen.

**Struktur**
Der Wechsel vom Verhalten zur Struktur geschieht durch Strukturierung.

Methoden zur Handhabung der Komplexität aus struktureller und geometrischer Sicht sind:

---

[29]engl.: „Make It As Simple As Possible, But Not Simpler"
[30]engl.: „Divide And Conquer"

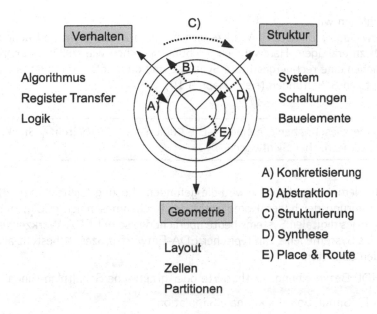

Abbildung 14.3: Y-Diagramm

- Synthese: Übergang der strukturellen in eine untergeordnete Strukturbeschreibung

- Platzieren und Verdrahten[31]: Strukturbeschreibung durch geometrische Anordnung (Gatter/Flip-Flops) und Verdrahtung versetzt **Geometrie**

Bei der Verfeinerung müssen verschiedene technische Randbedingungen gestellt werden an: **Randbedingungen**

- Datenrate

- Ressourcenverbrauch (Gatteranzahl bzw. Chipfläche)

- Verlustleistung

- Testbarkeit

erfüllt werden.

Die Hierarchien der verschiedenen Sichtweisen werden ebenfalls mit Y-Diagramm beschrieben. Konzentrische Ringe stellen hierbei die Abstraktionsebenen dar. Somit kann eine Abstraktionsebene unter verschiedenen Sichtweisen betrachtet werden. Es besteht eine gewisse Freiheit, welcher Weg zwischen Start und Ziel

---

[31]engl.: Place and Route

**EDA**

eingeschlagen wird.

Die Verwendung von EDA[32]-Werkzeugen hat zum Ziel, die untere Ebene automatisch zu erzeugen. Hardwarebeschreibungssprachen wie VHDL oder Verilog ermöglichen eine rechnergestützte Synthese und das Platzieren und Verdrahten von digitalen Schaltungen (siehe Kapitel 10).

> *Aufgabe:* Beschreiben Sie einen 4-Bit-Addierer aus Verhaltens-, Struktur-, und Geometrischer Sichtweise.

In der Implementierungsphase wird die gefundene Lösung (siehe Kapitel 8) umsetzt. Aufgrund der hohen Komplexität der Rechenmaschinen erfolgt die Umsetzung eines digitalen Systems heute überlicherweise mit EDA-Werkzeugen auf RTL[33] bis Systemebene. Ein typischer EDA-Entwurfsprozess[34] besteht aus den folgenden Schritten:

1. HDL Beschreibung: textbasierte oder graphische Schaltplan-Eingabe[35]

2. RTL-Simulation: funktionale Simulation

3. RTL-Synthese

4. Pre-Layout-Timing-Simulation: Simulation auf Gatterebene[36] mit Gatterlaufzeiten

5. Platzieren und Verdrahten[37]

6. Post-Layout-Timing-Simulation: Nachsimulation mit Gatterlauf- und Verbindungslaufzeiten

7. Konfiguration

8. Dokumentation

EDA-Werkzeuge können hierbei ebenfalls den Entwurf von digitalen Schaltungen unterstützen. Abbildung 14.4 zeigt den Implementierungsprozess.

> *Merksatz:* **Xilinx Vivado HL WebPACK**
> „Platzieren und Verdrahten" ist bei der proprietären Entwicklungsumgebung Teil des Prozessschrittes „Implementierung".

**HDL**

Die Umsetzung der Spezifikation erfolgt durch eine HDL[38]-Beschreibung. Die

---

[32] EDA = Electronic Design Automation
[33] RTL = Register Transfer Level *(deutsch: Register-Transfer-Ebene)*
[34] engl.: Design Flow
[35] engl.: Schematic Entry
[36] engl.: Gate Level
[37] engl.: Place And Route
[38] HDL = Hardware Description Language *(deutsch: Hardware-Beschreibungssprache)*

Schaltungsbeschreibung erfolgt in der Regel auf Register-Transfer-Ebene. Bei hierarchischen Designs ist eine Schaltplan-Eingabe hilfreich.

Nach einer syntaktischen Überprüfung folgt die funktionale RTL-Simulation ohne Zeitangaben der Gatter und Verbindungen (Zeitverhalten[39]). **RTL Simulation**

Unter Synthese versteht man eine automatische Methode zur Konvertierung einer Beschreibung von höherer Abstraktionsebene in eine tiefere Ebene. Aktuell verfügbare Synthesewerkzeuge überführen RTL-Beschreibungen in eine Netzliste mit Makrozellen auf Logikebene. Bibliotheken beinhalten Modelle der Zellen für die unterstützte Technologie. Die Synthese beinhaltet die folgenden Teil-Schritte: **RTL Synthese**

1. Übersetzung[40]

2. Optimierung: Strukturierung[41], „Flattening"[42], Redundanz- und Ressourcen-Optimierung

3. Abbildung auf Gatter

Zuerst wird die RTL-Beschreibung in eine nicht optimierte boole'sche Darstellung aus einfachen UND- bzw. ODER-Gattern, Flip-Flops oder Latches überführt (Übersetzung). Es folgt die Optimierung mittels „Flattening" und Strukturierung. „Flattening" erzeugt eine „flache" Schaltungsdarstellung aus einer **„Flattening"** „Und"- sowie „Oder"-Schicht. Auf dieser Darstellung können Optimierungsalgorithmen besser angewandt werden.

---

Beispiel: „Flattening":
a = b and c
b = x or (y and z)
c = q and w
→ a = (x and q) or (q and y and z) or (w and x) or (w and y and z)

---

Ziel der Entwicklung sind schnelle digitale Schaltungen mit geringer Chipfläche[43]. Um die Treiberfähigkeit eines Ausgangs[44] zu reduzieren, werden Bereiche mehrfach genutzt[45]; diesen Vorgang nennt man Strukturierung. Strukturierung ist das Gegenstück zum „Flattening". **Strukturierung**

---

[39]engl.: Timing
[40]engl.: Translate
[41]engl.: Structuring
[42]engl.: To Flat; dt.: flach oder eben machen
[43]engl.: Area
[44]engl.: Fanout
[45]engl.: Sharing

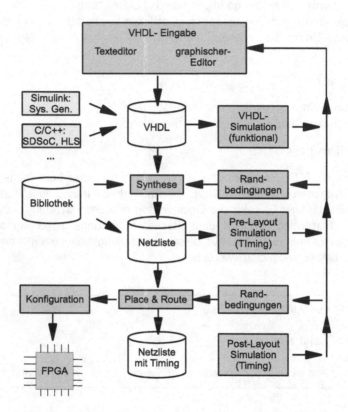

Abbildung 14.4: Rechnergestützter Implementierungsprozess für digitale Schaltungen (Sys. Gen.: System Generator (siehe Abschnitt 10.2.3); SDSoC, HLS (siehe Abschnitt 6.3.1))

> *Beispiel:* Strukturierung:
> x = a and b or a and d
> y = z or b or d
> → x = a and q
> y = z or q
> q = b or d

Die Redundanz-Optimierung entfernt unnötige Teile der logischen Gleichungen. **Optimierung**
Ressourcen-Optimierung bedeutet ein Mehrfachnutzen der Ressourcen zum
Zweck einer verbesserten Gatterausnutzung.

> *Beispiele:*
>
> 1. Redundanz-Optimierung:
>    $Y = A \wedge B \wedge C \vee \overline{A} \wedge B \wedge C$
>    $\rightarrow Y = B \wedge C$
>
> 2. Ressourcen-Mehrfachnutzung:
>    $Y_1 = A_1 + B_1; Y_2 = A_2 + B_2$ (2x Addierer)
>    → (1x Addierer + 2x Multiplexer).

Es folgt die Abbildung auf die Makrozellen (Gatter) mittels einer Technologie-
Bibliothek. Somit entsteht als Ergebnis eine Netzliste, die den Randbedingungen[46] des Entwicklers Rechnung trägt. Randbedingungen werden gestellt an **Contraints**
den Datendurchsatz (engl.: Timing) und an die Gatteranzahl (engl.: Area).
Einige Entwickler verwenden die funktionale Simulation auf Logikebene zur **Gate Level**
schnellen Überprüfung der Syntheseergebnisse. **Simulation**
Beim Platzieren und Verdrahten wird die Netzliste auf einen bestimmten Baustein abgebildet. Hierbei werden die Makrozellen („Primitives") der Netzliste auf **Place and**
den Chip platziert und anschließend verdrahtet. Ein typisches Netzlistenformat **Route**
ist EDIF. Das Werkzeug versucht hierbei, die Vorteile der Baustein-Architektur
auszunutzen, um die geforderten Beschränkungen einzuhalten. Hierbei wird ver- **EDIF**
sucht lange Verbindungen zu minimieren (Laufzeitverzögerungen). Die Platzierung kann bei größeren Schaltungen mittels des „Floorplanning"[47] vorgenommen **Konfigura-**
werden. Das Ergebnis des P&R-Werkzeugs ist eine Konfigurationsdatei. **tionsdatei**
Das Platzieren und Verdrahten erzeugt zwei Dateien für die Post Layout Timing-Simulation: Zum einen eine VHDL-Netzliste und zum anderen eine SDF[48]- **Post Layout**
**Simulation**

---

[46]engl.: Constraints – Beschränkungen
[47]Einteilung des ICs

**SDF**

**VITAL**

**kritischer
Pfad**

Datei mit den zeitlichen Informationen. Diese Dateien und eine VITAL-Bibliothek werden für den VITAL-Simulator benötigt. Der Grund für die Entwicklung von VITAL war, dass VHDL über keine standardisierte Methode verfügt, um zeitliches Verhalten zu beschreiben.

Eine statistische Zeitanalyse[49] stellt eine Alternative zur Post Layout Timing-Simulation dar. Sie wird bei großen Designs (>100.000 Gatter), oder wenn keine Testmuster zur Verfügung stehen, eingesetzt. Das Analyse-Werkzeug überprüft alle Pfade in Abhängigkeit der Taktflanken und der Eingangssignale. Die ermittelten Daten werden dann in einem Bericht dokumentiert und geben Auskunft über den längsten bzw. kritischen Pfad (siehe Abbildung 9.24 in Abschnitt 9.2.7) ([Per02], S. 283 ff., 250 ff., 396 ff.).

---

*Einstieg:* **Vivado HL WebPACK**
Das kostenlose Vivado HL WebPACK[a] stellt alle benötigten Werkzeuge für den Implementierungsprozess zur Verfügung (siehe auch Abbildung 14.4). Die Software ist bausteine-limitiert.

---

[a]URL: `https://www.xilinx.com/products/design-tools/vivado/vivado-webpack.html`

---

*Beispiel:* Abbildung 14.5 zeigt den Implementierungsprozess von Mikroprozessoren im Vergleich zu FPGAs.

---

*Merksatz:* **ASIC[a]-Entwicklung**
mit VHDL verläuft analog zur FPGA-Entwicklung (siehe Abbildung 14.4). Anstatt der Konfiguration entsteht dann eine Netzliste zur Chip-Fertigung. FPGAs werden häufig als Prototyp für eine ASIC-Entwicklung eingesetzt.

---

[a]ASIC = **A**pplication **S**pecific **I**ntegrated **C**ircuit *(deutsch: Anwendungsspezifische Integrierte Schaltung)*

---

*Merksatz:* **Board-Entwicklung**
In Analogie zum FPGA ist das Platzieren und Verdrahten[a] beim Entwurf von Platinen zu nennen. Der Hauptunterschied liegt darin, dass die gesamte Funktionalität ins IC wandert und rekonfigurierbar ist. ([Per02], S. 200) zeigt die Analogie zur Board-Entwicklung.

---

[a]engl.: Place and Route

---

[48]SDF = **S**tandard **D**elay **F**ormat
[49]engl.: Static Timing Analyse

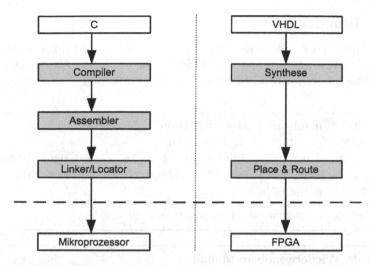

Abbildung 14.5: Software-Entwicklung im Vergleich mit der Schicht IC-Technologie. Als Beispiel wird die Programmiersprache C und die
Hardware-Beschreibungsprache VHDL verwendet.

*Aufgaben:*

1. Vergleichen Sie den Entwurfsprozess für FPGAs mit dem für Mikroprozessoren.

2. Vergleichen Sie technische Randbedingungen an beiden Rechenmaschinen.

Weiterführende Literatur findet man unter [Jan01].

*Aufgabe:* Vergleichen Sie den C-Implementierungsprozess mit VHDL. Zeigen Sie dabei Analogien auf.

*Einstieg:*
Eine Checkliste für einen guten Stil beim Entwurf von digitalen Schaltungen
findet man unter ([HRS94], S. 35).

## 14.2.2 Grundelemente

Der Abschnitt stellt oft verwendete Grundelemente bei der Implementierung von Mikroprozessoren und FPGAs vor. Sie dienen dazu, das Wesen der jeweiligen Technik zu vergleichen und zur einfacheren Portierung.

**Portierung**

---

*Merksatz:* **Kontroll- und Datenstrukturen**

Programm= Algorithmus + Datenstruktur[a]

Algorithmen = Kontrollstrukturen + (Ausdrücke, Zuweisungen, Prozeduren...). In Analogie hierzu bestehen Rechnerarchitekturen aus Kontroll- und Datenpfaden (siehe Abbildung 14.1).

---

[a]Niklas Wirth, „Algorithmen und Datenstrukturen"

---

*Merksatz:* **Wiederwendbare Module**[a]

Die Grundelemente werden auf Systemebene durch komplexere Funktionen (wie FFT, FIR), sogenannte IPs[b], abgelöst. Die Firma Xilinx stellt hierfür das Werkzeug Core-Generator und Texas Instruments Bibliotheken wie StellarisWare mit API[c] zur Verfügung [Ges12b].

---

[a]engl.: Re-use
[b]IP = Intellectual Property
[c]API = Application Programming Interface *(deutsch: Programmierschnittstelle)*

---

**Mikroprozessoren**

**Kontroll-
strukturen**

Der Abschnitt stellt häufig eingesetzte Grundelemenente der Sprache C vor:

- Anweisungen: Befehl1; Befehl2; Befehl3;

- Abfragen: if ... else ..., switch ... case ...

- Schleifen: for ..., while ..., do ... while

Zunächst wird die allgemeine Definition gezeigt, gefolgt von einem Beispiel. Hierbei sind Anweisungen mit „instr"[50] und Bedingungen mit „cond"[51] abgekürzt.

Quellcode 14.1 zeigt ein Beispiel für Anweisungen, die in einem Block zusammengefasst sind.

---

[50]engl.: Instruction
[51]engl.: Condition

Quellcode 14.1: Anweisungen

```
1 {          //Allgemein
2            {instr1; instr2; instr3;}
3            //Beispiel
4            ergebnis= 1;
5            ergebnis= ergebnis * i;
6 }
```

Die Quellcodes 14.2 und 14.3 zeigen Beispiele für Abfragen.          **Abfragen**

Quellcode 14.2: Abfragen: if else

```
1  {          //Allgemein
2             if (cond)
3                     instr
4             else
5                     instr
6             //Beispiel
7             if (a==0)
8                     y=0;
9             else
10                    y=1;
11 }
```

Quellcode 14.3: Abfragen: switch case

```
1  {          //Allgemein
2             switch (n) {
3                     case cond1: instr1;
4                     case cond2: instr2;
5                     default: instr3; }
6             //Beispiel
7             switch (n) {
8                     case 1: y=x;
9                     case 2: y=x^2;
10                    default: y=0; }
11 }
```

Die Quellcodes 14.4, 14.5 und 14.6 zeigen Beispiele für Schleifen.          **Schleifen**

Quellcode 14.4: Schleifen: for

```
1 {          \\Allgemein
2            for (init; cond; incr)
3                    instr
4            \\Beispiel
5            for (i=0;i<5;i++)
6                    {y=y+1;}
7 }
```

Quellcode 14.5: Schleifen: while

```
1  {         \\ Allgemein
2            while (cond)
3                   instr
4            \\ Beispiel
5            while (a>0)
6                   y++;
7  }
```

Quellcode 14.6: Schleifen: do while

```
1  {         \\ Allgemein
2            do
3                   intr
4            while (cond)
5            \\ Beispiel
6            do
7                   y++;
8            while (a<0)
9  }
```

**Daten-**
**strukturen**
Die Datenstrukturen werden durch die Kontrollstrukturen mittels eines Algorithmus verändert.
Einige wichtige Begriffe sind:

- Variable: (variable) Speicherplätze mit Werten eines Datentyps

- Zuweisung: weist einer Variablen einen Ausdruck zu. Dieser besteht aus
  mit Operatoren verknüpften Operanden.

Operatoren sind:

- arithmetrische: +, -, *, /

- relationale: > (größer), < (kleiner), == (gleich), != (ungleich)

- logische: and, or, not

Datentypen sind:

- Ganzzahlige Typen[52]

      Char: ASCII, 8 Bit; Short: 8 Bit; Int: 16 Bit; Long: 32 Bit

- Fließkomma-Typen

      Float: 32 Bit; Double: 64 Bit; Long double: 80 Bit

---

[52]Compiler und architektur-spezifische Identifier

*Beispiel:* Felder[a] in C: int adc_val [5] = 1,2,3,4,5;

[a]engl.: Arrays

*Beispiel:* Der Quellcode 14.7 zeigt die Implementierung der Fakultät-Berechnung.

Quellcode 14.7: C-Funktion zur Berechnung der Fakultät einer Zahl.

```
int berechneFakultaet(int x)
{
        int i, ergebnis;
        ergebnis = 1;
        for(i=1;i<=x; i++)
        {
                ergebnis = ergebnis * i;
        }
        return ergebnis;
}
```

*Merksatz:* **Analogie**
Funktionen in C lassen sich mit Modulen in VHDL vergleichen.

*Aufgabe:* Stellen Sie die Analogie zum C-Konstrukt:

```
    if(a<1)
      flag= 1;
    else
      flag= 0;
```

in VHDL her.
Wie nennt man dieses Grundelement?

*Aufgabe:* Implementieren Sie die Funktion des Quellcodes 14.8 in VHDL.

Quellcode 14.8: For-Schleife in C

```
1  for  ( i =0; i <8; i ++){
2  a ++;
3  }
```

---

*Merksatz:* **Ausführbare Spezifikation**

Der C-Code kann als ausführbare Spezifikation (Verhaltens-Modell, Referenz[a]) zur VHDL-Implementierung und zum Test genutzt werden (siehe HLS[b] in Kapitel 16).

---

[a]engl.: Golden Design
[b]HLS = High Level Synthesis

---

**FPGA**

Dieser Abschnitt stellt häufig eingesetzte kombinatorische und sequentielle Grundelemente der Digitalen Schaltungstechnik vor.

**Kombinatorische Elemente**

Kombinatorische Elemente sind (siehe Abbildung 14.6 und 14.7):

- Logik: realisiert eine logische Funktion $Y=f(X_1, X_2)$.

- Multiplexer: selektiert in Abhängigkeit von $Sel_0$ bis $Sel_{(logm)}$ einen Eingang von $X_0$ bis $X_{(m-1)}$ (sichtbar am Ausgang Y) aus. Der Logarithmus (log m) stellt einen Logarithmus zur Basis 2 ($log_2$) dar.

- Decoder: wandelt den binären Eingangsvektor X in einen binären Ausgangsvektor Y. Hierbei ist zu jedem Zeitpunkt nur ein Ausgang aktiv[53].

- Addierer: bildet die Summe (S) und den Übertrag (C) aus zwei Operanden $(X_0, X_1)$.

- Komparator: vergleicht zwei Operanden $(X_0, X_1)$ miteinander und liefert die Ergebnisse (kleiner (Kl), gleich (Gl) und größer (Gr)).

- ALU[54]: Einheit zur arithmetischen und logischen Verknüpfung Y zweier Operanden $(X_0, X_1)$ in Abhängigkeit von $Sel_0$ bis $Sel_{(logm)}$.

**Logik**

Die Funktion eines Logik-Gatters lässt sich in Pseudocode (siehe Kapitel 9) schreiben:

$$Y= X_1 \text{ op } X_2$$
$$\text{op } \{and, or, not, ...\}$$

---

[53]engl.: One Hot
[54]ALU = **A**rithmetical **L**ogical **U**nit *(deutsch: Arithmetische Logische Einheit)*

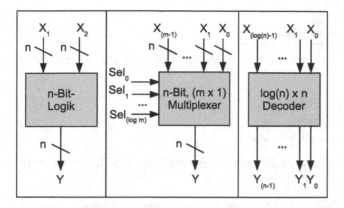

Abbildung 14.6: Kombinatorische Grundelemente I. Der Logarithmus stellt einen Logarithmus zur Basis 2 ($log_2$) dar ([VG02], S. 34).

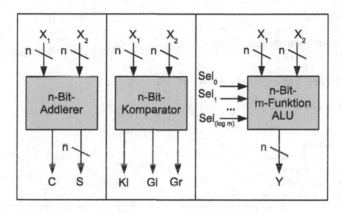

Abbildung 14.7: Kombinatorische Grundelemente II ([VG02], S. 34)

Der VHDL-Code 14.9 zeigt ein Beispiel für die VHDL-Implementierung eines Logik-Gatters.

Quellcode 14.9: entity und architecture eines Gatters

```
 1 library IEEE;
 2 use IEEE.std_logic_1164.all;
 3
 4 entity logik is
 5 port(x1, x2: in std_logic,
 6 y: out std_logic);
 7 end logik;
 8 architecture dataflow_view of logik is
 9 begin
```

309

```
10    y <= x1 and x2;
11 end dataflow_view;
```

**Multiplexer**    Die Funktion eines n-Bit, mx1-Multiplexers lässt sich in Pseudocode schreiben:

$$Y=$$
$$X_0 \text{ if Sel=0...00}$$
$$X_1 \text{ if Sel=0...01}$$
$$X_{(m-1)} \text{ if Sel=1...11}$$

Der VHDL-Code 14.10 zeigt ein Beispiel für die VHDL-Implementierung eines (einfachen) Multiplexers.

Quellcode 14.10: entity und architecture eines Multiplexers

```
1 library IEEE;
2 use IEEE.std_logic_1164.all;
3
4 entity mux is
5 port(x0, x1: in std_logic;
6 sel: in std_logic;
7 y: out std_logic);
8 end mux;
9 architecture behavioral_view of mux is
10 begin
11    mux1: process (x0, x1, sel)
12    begin
13            case sel is
14              when '0' => y <= x0;
15              when others => y <= x1;
16            end case;
17    end process mux1;
18 end behavioral_view;
```

**Decoder**    Die Funktion eines $log_2(n)$xn Decoders lässt sich als Pseudocode schreiben:

$$Y_0= 1 \text{ if X} = 0...00$$
$$Y_1= 1 \text{ if X} = 0...01$$
$$...$$
$$Y_{n-1}= 1 \text{ if X} = 1...11$$

Der VHDL-Code 14.11 zeigt ein Beispiel für die VHDL-Implementierung eines Decoders.

Quellcode 14.11: entity und architecture eines Decoder

```
1 library IEEE;
2 use IEEE.std_logic_1164.all;
3
4 entity decoder is
5 port(x: in std_logic_vector(1 downto 0);
6 y: out std_logic_vector(3 downto 0));
```

```
7  end decoder;
8  architecture behavioral_view of decoder is
9  begin
10   process (x)
11   begin
12        case x is
13          when "00" => y <="0001";
14          when "01" => y <="0010";
15          when "10" => y <="0100";
16          when "11" => y <="1000";
17          when others => y <="0000";
18        end case;
19   end process;
20 end behavioral_view;
```

*Aufgabe:* Implementieren Sie den Decoder aus Quellcode 14.11 in C.

Die Funktion eines n-Bit-Addierers lässt sich in Pseudocode schreiben: **Addierer**

$$S = X_1 + X_2$$
$$(\text{n Bit})$$
$$C = (\text{n+1}) \text{ Bit}$$
$$\text{von } X_1 + X_2$$

Der VHDL-Code 14.12 zeigt ein Beispiel für die VHDL-Implementierung eines Addieres.

Quellcode 14.12: entity und architecture eines Addierers

```
1  library IEEE;
2  use IEEE.std_logic_1164.all;
3  use IEEE.std_logic_arith.all;
4  use IEEE.std_logic_unsigned.all;
5
6  entity add is
7  port(x1, x2: in std_logic_vector(3 downto 0);
8  y: out std_logic_vector(4 downto 0));
9  end add;
10 architecture dataflow_view of add is
11 begin
12   y < ('0' & x1) + ('0' & x2);
13 end dataflow_view;
```

Die Funktion eines n-Bit-Komparators lässt sich in Pseudocode schreiben: **Komparator**

$$Kl(\text{einer}) = 1 \text{ if } X_1 < X_2$$
$$Gl(\text{eich}) = 1 \text{ if } X_1 = X_2$$
$$Gr(\text{ößer}) = 1 \text{ if } X_1 > X_2$$

311

Der VHDL-Code 14.13 zeigt ein Beispiel für die VHDL-Implementierung eines Komparators.

Quellcode 14.13: entity und architecture eines Komparators

```
 1 library IEEE;
 2 use IEEE.std_logic_1164.all;
 3
 4 entity komp is
 5 port(x1, x2: in std_logic_vector(3 downto 0);
 6 y4: out std_logic); -- y1, y2, y3: out std_logic);
 7 end komp;
 8 architecture behavioral_view of komp is
 9 begin
10   process(x1, x2)
11   begin
12    -- y1 <= x1 > x2;  -- größer
13    -- y2 <= x1 < x2;  -- kleiner
14    -- y3 <= x1 >= x2;  -- größer gleich
15    if (x1 <= x2) then  -- kleiner gleich
16     y4 <= '1';
17    else
18     y4 <= '0'
19    end if;
20   end process;
21 end behavioral_view;
```

**ALU**

Die Funktion einer arithmetischen logischen Einheit lässt sich in Pseudocode schreiben:

$Y = X_1$ opcode $X_2$
opcode {Funktions-Auswahl}
durch Sel

Der VHDL-Code 14.14 zeigt ein Beispiel für die VHDL-Implementierung einer ALU.

Quellcode 14.14: entity und architecture einer ALU

```
 1 library IEEE;
 2 use IEEE.std_logic_1164.all;
 3 use IEEE.std_logic_arith.all;
 4 use IEEE.std_logic_unsigned.all;
 5
 6 entity alu is
 7 port(x1, x2: in std_logic_vector(3 downto 0);
 8 opcode: in std_logic_vector(1 downto 0);
 9 y: out std_logic_vector(7 downto 0));
10 end alu;
11
12 architecture dataflow_view of alu is
13 begin
14   process (x1, x2, opcode)
15   begin
```

```
16    case opcode is
17         when "00" => y <= "000" &('0' & x1) + ('0' & x2);
18         when "01" => y <= "0000" & (x1 - x2);
19         when "10" => y <= "0000" & (x1 / x2);
20         when "11" => y <= x1 * x2;
21         when others => y <="00000000";
22       end case;
23    end process;
24  end dataflow_view;
```

Sequentielle Elemente mit Speicher sind (siehe Abbildung 14.8):     **Sequentielle Elemente**

- Register: speichert Eingangs-Daten X (sichtbar am Ausgang Y) im Takt „Clk" mit Freischaltungs- („Enable") und Lösch- („Reset")Funktion.

- Schiebe-Register: verschiebt Eingangs-Daten X (sichtbar am Ausgang Y) im Takt „Clk" in Abhängigkeit von „Shift".

- Zähler: inkrementiert Daten im Takt „Clk" mit Freischaltungs- („Enable") und Lösch- („Reset")Funktion.

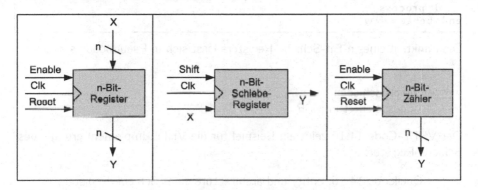

Abbildung 14.8: Sequentielle Grundelemente ([VG02], S.35)

Die Funktion eines n-Bit-Registers lässt sich in Pseudocode schreiben:     **Register**

Y=
    0 if löschen= 1
    X if (freischalten=1 und Takt= 1)
    Y sonst

Der VHDL-Code 14.15 zeigt ein Beispiel für eine VHDL-Implementierung eines Registers mit asynchronem Reset.

Quellcode 14.15: entity und architecture eines Registers

```
1  library IEEE;
2  use IEEE.std_logic_1164.all;
3
4  entity reg is
5  port(x: std_logic_vector(3 downto 0);
6  clk, reset, enable: in std_logic;
7  y: out std_logic_vector (3 downto 0));
8  end reg;
9
10 architecture behav_view of reg is
11 begin
12  process(clk, reset)
13  begin
14         if (reset = '0') then
15   elsif (clk'event and clk='1') then
16   if enable='1' then
17    y <= '0';
18   else
19    y <= x;
20   end if;
21   end if;
22  end process;
23 end behav_view;
```

**Schiebe-
Register**

Die Funktion eines n-Bit-Schiebe-Registers lässt sich in Pseudocode schreiben:

> y= LSB
> Inhalt schieben
> x gespeichert in MSB

Der VHDL-Code 14.16 zeigt ein Beispiel für die VHDL-Implementierung eines Schiebe-Registers.

Quellcode 14.16: entity und architecture eines Schiebe-Registers

```
1  library IEEE;
2  use IEEE.std_logic_1164.all;
3
4  entity sftreg is
5  port(x: std_logic_vector(3 downto 0);
6  clk: in std_logic;
7  y: out std_logic_vector (3 downto 0));
8  end reg;
9
10 architecture behav_view of sftreg is
11 begin
12  process(clk, x)
13  begin
14   if (clk'event and clk='1') then
15    y <= x(1 downto 0) & "10"; -- links schieben
16    -- y <= "10" & x(3 downto 2); -- rechts schieben
17   end if;
```

314

```
18  end process;
19 end behav_view;
```

Die Funktion eines n-Bit-Zählers lässt sich in Pseudocode schreiben:          **Zähler**

Y=
   0 if löschen= 1
   Y(vorher)+1 if (freischalten= 1 und Takt= 1)

Der VHDL-Code 14.17 zeigt ein Beispiel für die VHDL-Implementierung eines Zählers.

Quellcode 14.17: entity und architecture eines Zählers

```
 1 library IEEE;
 2 use IEEE.std_logic_1164.all;
 3
 4 entity zaehler is
 5 port(clk, reset: in std_logic,
 6 y: out std_logic_vector (3 downto 0));
 7 end zaehler;
 8
 9 architecture behav_view of zaehler is
10 signal. zaehler_i : std_logic_vector (3 dwonto 0);
11 begin
12   process (clk, reset)
13   begin
14     if (reset='1') then
15       zaehler_i <= (others => '0');
16     elsif (clk'event and clk='1') then
17       zaehler_i <= zaehler_i + '1';
18   end process;
19   y <= zaehler_i;
20 end behav_view;
```

*Merksatz:* **Automaten**
sind eine Kombination aus kombinatorischer und sequentieller Logik. Abschnitt 10.1.3 zeigt den Quellcode 10.17 eines Zustandsautomaten (allgemein).

*Aufgabe:* Implementieren Sie einen Moore-Automaten allgemein in C.

Einige wichtige Operationen sind:          **Operationen**

- arithmetische: +, -, *, /

- relationale: > (größer), < (kleiner), = (gleich), /= (ungleich)

- logische: and, or, not

**Datentypen**  Im Folgenden wichitge Datentypen:

- skalar: std_logic

- Vektor: std_logic_vector

Der VHDL-Code 14.18 zeigt eine VHDL-Datenstruktur ([SD02], S. 145 ff.).
Der Typ „std_logic" ist ein Unter-Typ von „std_ulogic".

Quellcode 14.18: Package std_logic_1164

```
 1 Package std_logic_1164 is
 2 -----------------------------------------------
 3 -- logic state system (unresolved)
 4 -----------------------------------------------
 5 type std_ulogic is (
 6 'U', -- Uninitailized
 7 'X', -- Forcing Unknown
 8 '0', -- Forcing 0
 9 '1', -- Forcing 1
10 'Z', -- High Impedance
11 'W', -- Weak Unknown
12 'L', -- Weak 0
13 'H', -- Weak 1
14 '-'); -- Don't care
15 type std_ulogic_vector
16 is array (natural range <>) of std_ulogic;
```

Weitere Details zu VHDL siehe Abschnitt 10.1.3.

---

*Aufgaben:*

1. Erläutern Sie den Begriff „ALU". Implementieren Sie eine ALU mit generischen Wortbreiten mittels VHDL.

2. Erklären Sie den den Begriff „Timer". Realisieren Sie einen Timer in VHDL.

*Zusammenfassung[a]:*

1. Der Leser ist in der Lage, die unterschiedlichen Rechnerarchitekturen anzuwenden.

2. Er kennt die Implementierungsprozesse für Mikroprozessoren und FPGAs.

3. Der Leser kennt die Grundelemente in C und VHDL und kann sie anwenden.

[a]mit der Möglichkeit zur Lernziele-Kontrolle

# 15 Fallstudien

*Lernziele:*

1. Das Kapitel zeigt durchgängige Fallstudien von den Entwicklungs-Phasen Analyse zum Test.

2. Zum Einsatz kommen beide Rechenmaschinen – Mikroprozessor und FPGA.

3. Als Fallstudien dienen Digitale Filter und Neuronale Netze.


## 15.1 Einleitung

Kapitel 8 zeigt den Entwicklungsprozess mit den Phasen Analyse, Entwurf, Implementierung und Test. Diese Phasen werden durchgängig für die beiden Rechenmaschinen Mikroprozessor und FPGA diskutiert.

Die Fragestellungen der einzelnen Phasen sind (siehe auch Kapitel 8.1.4):  **Phasen**

- Analyse: „Das Problem verstehen lernen"

- Entwurf: „Eine Lösung finden"

- Implementierung: „Die Lösung umsetzen"

- Test: „Die Lösung verifizieren"

Als Fallstudien[1] dienen digitale Filter (FIR[2]-Filters) und neuronale Netze.

Abbildung 15.1 zeigt als Zusammenfassung die Varianten zur Vertiefung und  **Vertiefung**
zum Selbststudium der vorgestellten Algorithmen.

## 15.2 Digitale Filter

Am Anfang steht die Aufgabenstellung mit Randbedingungen. In der Analyse-Phase steht Verstehen der Aufgabe im Vordergrund. Der FIR-Filter kann wie  **Analyse**

---

[1]engl.: Case Study
[2]FIR = Finite Impulse Response (filter) *(deutsch: Filter mit endlicher Impulsantwort)*

319

© Springer Fachmedien Wiesbaden GmbH, ein Teil von Springer Nature 2020
R. Gessler, *Entwicklung Eingebetteter Systeme*,
https://doi.org/10.1007/978-3-658-30549-9_15

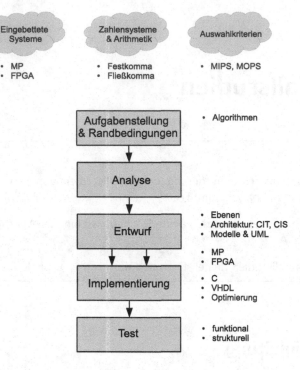

Abbildung 15.1: Entwicklungs-Varianten

folgt geschrieben werden (siehe Abschnitt 3.2.4):

$$y(n) = \underbrace{\sum_{k=0}^{N-1} a(k) * x(n-k)}_{MAC} \tag{15.1}$$

Hierbei stellen die Koeffizienten „a" dar. Die Koeffizienten legen die Art des Filters (Tiefpass-, Bandpass-, Hochpass-Filter) fest. Hingegen repräsentiert „x" die Abtastwerte. Die Koeffizienten für die jeweilige Filterart können z. B. einfach mit dem FDA[3]-Werkzeug in Matlab/Simulink generiert werden.

Weitere Fragen, die es im Rahmen der Analyse-Phase zu klären gilt, sind: Filter-Art, -Grad („N") und Abtastfrequenz ($f_a$). Nach Rücksprache mit dem Kunden fällt die Wahl auf einen Tiefpassfilter mit der Bandbreite $B = f_a/4$ mit 11 Koeffizienten (siehe [Rop06]). Die Abtastfrequenz beträgt $f_a = 50$ MHz. Die bedeutet, dass der Algorithmus die Zeit von $t_a = 1/f_a = 20$ ns zur Berechnung hat, bis ein neuer Abtastwert vorliegt.

**Entwurf**  In der Entwicklungsphase „Entwurf" steht das Finden von Lösungen im Vorder-

---

[3]engl.: Filter Design and Analysis

grund (siehe auch Kapitel 9). Im Folgenden werden die Architekturen für die beiden Rechemaschinen vorgestellt.

Abschnitt 9.2.3 zeigt den prinzipiellen Aufbau (siehe Abbildung 9.8) und das **Mikro-** Struktogramm (siehe Abbildung 9.9) einer Mikroprozessor-Lösung. **prozessor**

Grundlage für den Entwurf von digitalen Schaltungen sind die beiden Architekturen CIT[4] und CIS[5] (siehe Abbildung 15.2). Des Weiteren besteht die Architektur **FPGA**

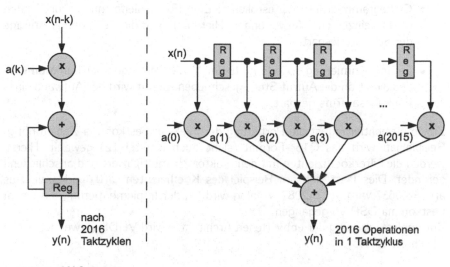

a) Single-MAC-Einheit    b) Multiple-MAC-Einheit

Abbildung 15.2: FIR: a) CIT, b) CIS

aus Kontroll- und Datenpfad (siehe Abbildung 14.1).

*Aufgabe:* Ermitteln Sie die Maßzahlen MOPS und FLOPS (siehe Kapitel 13).

Kapitel 10 zeigt die Implementierungs-Phase im Allgemeinen. Quellcode 3.2 **Implemen-** stellt die C-Programmierung (siehe Abschnitt 3.2.4) auf Basis des Fluss- bzw. **tierung** Struktogramms vor. Die Rechemaschine ist eine Fließkomma-DSP.

Im Folgenden werden einige Möglichkeiten der Optimierung zur Erhöhung der **Optimierung** Datenrate aufgezeigt [Rop06]:

---

[4]CIT = Computing In Time
[5]CIS = Computing In Space

- Koeffizient mit Null. Beim vorliegenden Halbband-Filter[6] ist jeder zweite Koeffizient Null. Somit können Multiplikationen mit Null weggelassen werden.

- Symmetrie: Aufgrund der Symmetrie der Koeffizienten können ebenfalls Multiplikationen reduziert werden.

- C-Programmierung – „Ausrollen"[7]: Eine For-Schleife mit n Durchläufen wird zu einzelnen n Anweisungen. Hierdurch wird die Bedingungs-Abfrage der Schleife gespart.

- C-Programmierung –„Code-Einfügung"[8]: Anweisungen der Funktion werden direkt an die Aufruf-Stelle geschrieben. Somit wird der Aufwand eines Funktionsaufrufs gespart.

Zur Implementierung ist die Portierung der Fließ- in Festkomma-Zahlen nötig. Beispielhaft wird das Q15[9]-Format (siehe auch Kapitel 12) gewählt. Hierzu werden die Filterkoeffizienten mit dem Faktor $2^{15}$ multipliziert und anschließend gerundet. Dies lässt sich am Beispiel des Koeffizienten „a(0)" erklären. Aus a(0)=0,0637 wird a(0)=2087. Analog wird bei der Implementierung auf einem Festkomma-DSP vorgegangen.

**FPGA**    Zur Implementierung der entworfenen Architektur wird VHDL verwendet (siehe Abschnitt 10.1.3).

---

*Aufgaben:*

1. Schreiben Sie den Quellcode 3.2 des FIR-Filters für einen Ringpuffer[a] um.

2. Führen Sie eine Portierung der Fließ- in Festkomma-Zahlen durch.

3. Implementieren Sie die CIS-Architektur als Struktur und als generisches Modell in VHDL.

---

[a]engl.: Circular Buffer

---

**Test**    In der Test-Phase (siehe auch Kapitel 11) steht die Überprüfung der Lösung im Fokus. Dies kann z. B. mittels eines funktionalen Tests erfolgen. Hierzu wird beispielsweise die Impulsantwort bestimmt. Als Ergebnis (Antwort) erscheinen

---

[6]Grenzfrequenz liegt in der Mitte ($f_a/4$) des Frequenzbandes ($0 \leq f \leq f_a/2$)
[7]engl.: Unrolling
[8]engl.: Inlining
[9]Q- oder Q.m-Format: engl.: Quantity Of Fractional Bits

die einzelnen Filterkoeffizienten.

---

*Aufgaben:*

1. Bestimmen Sie die Impulsantwort des FIR-Filters.

2. Bestimmen Sie die Sprungantwort des Filters.

3. Entwerfen Sie einen VHDL-Testbench. Der C-Algorithmus des Filters soll hierbei als Referenz-Modell genutzt werden.

---

# 15.3 Neuronale Netze

Künstliche Neuronale Netze[10] sind ein Teilbereich von Künstlicher Intelligenz. Neuronale Netze simulieren die Arbeitsweise des Gehirns und erlauben eine biologische Informationsverarbeitung. Anwendungsbereiche sind unter anderem Modellbildung (Prognose, Kennlinien), Bildverarbeitung (Mustererkennung), Automatisierung (Qualitätskontrolle) und Medizin (Diagnostik).

**Theorie**

**Künstliche Intelligenz**

Ein neuronales Netz sammelt Wissen aus Daten[11]. In der Vergangenheit wurden derartige Systeme durch Algorithmen und Formalisierungen beschrieben, dies ist kompliziert bei kognitiven Aufgaben.

**Neuronale Netze**

Neuronale Netze in der Biologie beziehen sich auf Strukturen des Gehirns von Tieren und Menschen. Neuronen sind eine bestimmte Art von Nervenzellen, aus denen Strukturen des Gehirns aufgebaut sind.

Abbildung 15.3 zeigt den Aufbau eines einfachen künstlichen neuronalen Netzes[12]. Das neuronale Netz ist ein gerichteter, bewerteter Graph und ist schichtartig aufgebaut. Hierbei verbindet eine bewertete Kante („w")zwei Neuronen aus unterschiedlichen Schichten. Das neuronale Netz besteht aus Eingangs-, Zwischen-[13] und Ausgangs-Schicht.

Das Neuron verknüpft mathematisch die Eingangswerte „x" mit den Gewichten „w". Es entsteht eine gewichtete Summe. Diese kann noch durch einen Schwellwert „b"[14] ergänzt werden (siehe Abbildung 15.4). Als Ergebnis entsteht die Zwischensumme „z". Die abschließende Aktivierungsfunktion „f" bestimmt, wann das Neuron „feuert", also aktiviert wird und „z" zum Ergebnis

**Neuron**

---

[10]KNN = Künstliches Neuronales Netz
[11]engl.: Big Data
[12]engl.: Feed Forward NN
[13]engl.: Hidden Layer
[14]engl.: Bias

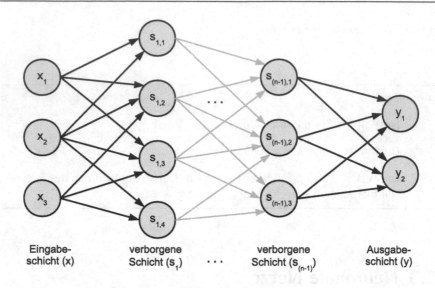

Abbildung 15.3: Aufbau: künstliches neuronales Netz

beiträgt. Die Funktion „f" ist z. B. eine lineare, binäre Schwellenwertfunktion oder Sigmoid-Funktion. Die gewichtete Summe wird in der Fallstudie als Matrix-Multiplikation/-Addition verallgemeinert.

**Gewichte** Die Gewichte „w" enthalten das Wissen und werden „gelernt". Man unterscheidet deshalb zwischen der Trainings- und Test-Phase. Hieraus ergeben sich die Begriffe maschinelles Lernen und künstliche Intelligenz.

„Tiefgehendes Lernen"[15] ist eine spezielle Klasse von Optimierungsmethoden von künstlichen neuronalen Netzwerken. Der entscheidende Unterschied liegt in der Komplexität der Zwischenschichten.

---

*Einstieg:* **Neuronale Netze**
im Rahmen des Projektlabors [EK20a] wurde ein Versuchsaufbau zur Erkennung handschriftlicher Ziffern realisiert. Hierzu wurde ein ein neuronales Netz nach [Ras17] programmiert und erfolgreich getestet.

---

Weiterführende Literatur zum Thema „Künstliche Intelligenz" findet man unter [Ras17], [Red18].

## 15.3.1 Entwicklung

**Matrix-Multi-plikation/-Addition** Für die Untersuchung dient als exemplarisch der rechenintensive Teil des neuronalen Netzes - die Matrix-Multiplikation/-Addition. Gleichung 15.2 zeigt die

---

[15]engl.: Deep Learning

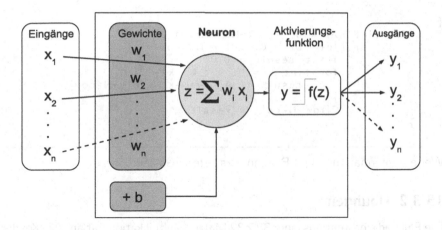

Abbildung 15.4: Aufbau: Neuron

mathematische Funktion des elementaren Algorithmus für neuronale Netze. Die Matrix-Operation entsteht durch die Formalisierung des neuronalen Netzes (siehe Abbildungen 15.3, 15.4).

$$\begin{pmatrix} w_{1,1} & w_{1,2} & w_{1,3} \\ w_{2,1} & w_{2,2} & w_{2,3} \\ w_{3,1} & w_{3,2} & w_{3,3} \end{pmatrix} \cdot \begin{pmatrix} x_1 \\ x_2 \\ x_3 \end{pmatrix} + \begin{pmatrix} b_1 \\ b_2 \\ b_3 \end{pmatrix} = \begin{pmatrix} y_1 \\ y_2 \\ y_3 \end{pmatrix} \qquad (15.2)$$

Die Entwicklung erfolgt auf dem Zynq Ultrascale+ MPSoC mit SDSoC (siehe auch Kapitel 6).

Der Ausgangspunkt der Algorithmen-Implementierung erfolgt in der Sprache C/C++ und auf dem Prozessor-Teil (PS-Teil). Zu beschleunigende Algorithmen wie hier z. B. Multiplikation und Addition werden als Funktionen realisiert. Hierbei werden Optimierungen und Schnittstellen-Konfigurationen mittels diverser Pragmas im Quellcode eingestellt.

Die Fallstudie besteht aus einer 32 x 32 Matrix-Multiplikation mit anschliessender Addition. Die Matrix-Multiplikation und -Addition werden zunächst im Prozessor-Teil (PS-Teil) ausgeführt und die Ausführungs-Zyklen gemessen. Es schließen sich die Auslagerung der Multiplikation und die Addition in den FPGA-Teil (PL-Teil) an.

Der Quellcode 15.1 ([Xil20], SDSoC) zeigt das Referenz-Modell[16] der Matrix-Multiplikation in C/C++.

Quellcode 15.1: Matrix-Multiplikation in C

```
1 ...
2 void mmult_golden(float *A, float *B, float *C)
```

[16]engl.: Golden Design

```
 3 {
 4       for (int row = 0; row < N; row++) {
 5            for (int col = 0; col < N; col++) {
 6                 float result = 0.0;
 7                 for (int k = 0; k < N; k++) {
 8                      result += A[row*N+k] * B[k*N+col];
 9                 }
10                 C[row*N+col] = result;
11 } } }
12 ...
```

Weitere Informationen und Benchmarks liefert [Ges19].

## 15.3.2 Übungen

**Spezifikation**  Die Fallstudie besteht aus einer 32 x 32 Matrix-Multiplikation mit anschließender Addition (in Analogie zu Gleichung 15.2). Der ADC[17] arbeitet mit $f_a$ = 200 MHz. Die Eingangsdaten „x", wie auch die Gewichte „w" und die Schwellwerte „b" sind vom Datentyp „long".
Kapitel 14.2.2 liefert die Basis mit Grundelementen in C/C++ und VHDL zur Bearbeitung der Aufgaben.

*Aufgaben:*

1. Nennen Sie drei Anwendungen für „Neuronale Netze".

2. Zeichnen Sie das neuronale Netz für Gleichung 15.2.

*Aufgaben:*

1. Ermitteln Sie den Speicherbedarf.

2. Bestimmen Sie die MOPS[a] und MIPS[b].

3. Welche Sub-Operationen sehen Sie?

[a]MOPS = Million Operations Per Second
[b]MIPS = Million Instructions Per Second

---

[17]ADC = Analog Digital Converter *(deutsch: Analog-Digital-Wandler)*

*Aufgaben:*

1. Nennen und beschreiben Sie die Entwicklungs-Phasen für Mikroprozessoren.

2. Nennen und beschreiben Sie die Entwicklungs-Phasen für FPGAs.

---

*Aufgaben:*

1. Zeichnen Sie ein Struktogramm zur Funktion „Matrix-Addition" (siehe
   Quellcode 15.1).

2. Implementieren Sie die Funktion „Matrix-Addition" in C/C++ in Analogie zum Quellcode 15.1.

---

*Aufgaben:*

1. Zeigen Sie Möglichkeiten zur Parallelisierung der Funktion „Matrix-
   Multiplikation/-Addition" (siehe Gleichung 15.2) auf.

2. Entwicklen Sie ein Blockdiagramm zur Funktion „Matrix-
   Multiplikation/-Addition" (siehe Gleichung 15.2).

3. Implementieren Sie einen Multiplizierer in VHDL.

---

*Aufgaben:*

1. Entwickeln Sie ein Test-Konzept für die Funktion „Matrix-
   Multiplikation/-Addition".

2. Implementieren Sie einen VHDL-Testbench.

# 15.4 Übungen

**Algorithmen**   Im Folgenden beispielhaft weitere Algorithmen mit Aufgaben aus verschiedenen Fachgebieten der „Elektrotechnik und Informatik" (inklusive Mathematik):

- Signalverarbeitung: Fallstudie „Digitale Filter" (Abschnitt 15.2)

- Nachrichten- und Kommunikationstechnik: Hamming-Code, Huffman-Code, UART[18]

- Regelungstechnik: PID-Regler (Abschnitt 3.2.4)

- Mathematik (allgemein): Matrizen-Multiplikation (Fallstudie „Neuronale Netze" Abschnitt 15.3), Standardfunktionen (Abschnitt 12.2.3), Dividierwerk

- Schaltungstechnik: ALU, CPU, Zustandsautomat, kombinatorische Logik

**Nachrichten- und Kommunikationstechnik**

**Hamming-Code**   Hamming-Codes gehören zur Kanalcodierung(siehe auch [GK15a]). Exemplarisch wird im Folgenden der lineare (7,4)-Code diskutiert. Der Code hat einen Hamming-Abstand von drei und kann somit Einfachfehler korrigieren.

**Prüfung**   Der (7,4)-Code nutzt die nachfolgende Prüfmatrix H zur Fehler-Erkennung/-Korrektur:

$$H = \begin{pmatrix} 0 & 0 & 0 & 1 & 1 & 1 & 1 \\ 0 & 1 & 1 & 0 & 0 & 1 & 1 \\ 1 & 0 & 1 & 0 & 1 & 0 & 1 \end{pmatrix} \tag{15.3}$$

Das Syndrom „s" liefert die Position des Einfachfehlers in Binärdarstellung:

$$s = r \cdot H^T \tag{15.4}$$

$$r = c \oplus e \tag{15.5}$$

Hierbei ist „r" das Codewort am Empfänger. Gleichung 15.4 entspricht einer „Modulo-2-Addition". Hierbei wurde „x" mittels des Fehlervektors „e" verfälscht.

**Kontruktion**   Bei der Konstruktion des Codewortes „c" werden zunächst die Bitpostionen $2^i$ für Paritätsbits reserviert (siehe Abbildung 15.5). Die verbleibenden restlichen Positionen werden durch das Informationswort „i" belegt. Die Paritätsbits „p" werden so gesetzt, dass jeder der drei Bereiche die Parität Null hat.

**Implementierung**   Quellcode 15.2 zeigt die Implementierung des Hamming-Codes in C. Hierbei werden die Modulo-2-Addition schaltungtechnisch durch XOR[19]-Gatter implementiert.

---

[18]UART = Universal Asynchronous Receiver Transmitter
[19]Exklusiv-Oder

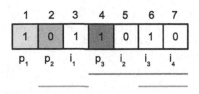

Abbildung 15.5: Konstruktion des Codewortes für das Informationswort
i = (1 0 1 0)

Quellcode 15.2: Hamming-Code in C [Sca20]

```c
#include <stdio.h>
#include <conio.h>
void main() {
        int c[8],r[8],i,s[4],s2;

        //Eingabe Infowort i
        printf("Eingabe␣i␣(4␣Bit):\n");
        scanf("%d%d%d%d",&c[3],&c[5],&c[6],&c[7]);

        //Konstruktion Codewort c
        c[4]=c[5]^c[6]^c[7]; //p3
        c[2]=c[3]^c[6]^c[7]; //p2
        c[1]=c[3]^c[5]^c[7]; //p1

        printf("\n␣Codewort␣c:\n");
        for (i=1;i<8;i++) {
                printf("%d␣",c[i]);
        }

        //Eingabe Empfangswort r
        printf("\n␣Eingabe␣x␣(7␣Bit):\n");
        for (i=1;i<8;i++) {
                scanf("%d",&r[i]);
        }

        //Prüfung Empfangswort r
        //Bestimmung Syndrom s, s2
        s[3]=r[4]^r[5]^r[6]^r[7];
        s[2]=r[2]^rec[3]^r[6]^r[7];
        s[1]=r[1]^r[3]^r[5]^r[7];
        s2=s[3]*4+s[2]*2+s[1];

        if(s2==0) {
                printf("\n␣Fehlerfrei:\n"); }
        else {
                printf("\n␣Fehler␣bei␣Position:␣%d␣", s2)
                if(r[s2]==0)
                        r[s2]=1;
                else
                        r[s2]=0;
```

```
41          for  ( i =1; i <8; i++)  {
42                  printf("\n␣Richtige␣Nachricht:");
43                  printf("%d␣",r[i]);
44          }
45      }
46      getch();
47 }
```

Zur weiteren Vertiefung dient [Lan20].

---

*Aufgaben:*

1. Das Informationswort i = (0 1 0 1). Konstruieren Sie das Codewort c zum obigen (7,4)-Code.

2. Vergleichen Sie Ihr Ergebnis mit der Implementierung von Quellcode 15.2.

3. Das Empfangs-Codewort r = (1 0 1 1 0 1 1). Ermitteln Sie das Syndrom s zum obigen (7,4)-Code.

4. Vergleichen Sie Ihr Ergebnis mit der Implementierung von Quellcode 15.2.

---

*Aufgaben:*

1. Implementieren Sie die Konstruktion des Codewortes c (7,4)-Code in VHDL.

2. Implementieren Sie den VHDL-Testbench.

*Beispiel:* Der Hamming-Code gehört zur Kanalcodierung. Sie dient zur Fehlererkennung und -korrektur (siehe [GK15a], S. 31 ff.).

Mathematisch wird hier der Datenvektor $D = [D_3, D_2, D_1, D_0]$ mit einer Generatormatrix G Modulo-2[a] multipliziert. Das Ergebnis der Multiplikation ist der Codevektor C:

$C = [P_2, P_1, P_0, D_3, D_2, D_1, D_0]$.

$C = D \cdot G$ mit

$$G = \begin{bmatrix} 1 & 0 & 1 & 1 & 0 & 0 & 0 \\ 1 & 1 & 1 & 0 & 1 & 0 & 0 \\ 1 & 1 & 0 & 0 & 0 & 1 & 0 \\ 1 & 1 & 1 & 0 & 0 & 0 & 1 \end{bmatrix}$$

[a]Modulo-2: Ex-Or-Funktion

*Aufgabe.* Hamming-Code:

1. Entwerfen Sie eine CIS-Architektur.

2. Abbildung 15.6 zeigt die Architektur eines seriellen Hamming-Code-Generators. Erläutern Sie die Funktionsweise. Welches Ergebnis erhält man für den Startwert von D=[0 1 0 1].

3. Erstellen Sie ein Struktogramm für den Algorithmus (Entwurf).

4. Beschreiben Sie das Struktogramm mit dem entsprechenden UML-Modell (Entwurf).

5. Implementieren Sie den Hamming-Code in C.

6. Erstellen Sie eine „Black-Box"-Sequenz (Test).

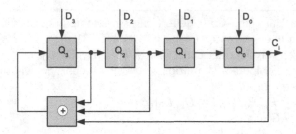

Abbildung 15.6: Architektur eines seriellen Hamming-Code-Generators

---

*Beispiel:* Ein UART-Modul besteht aus Sende- und Empfangseinheit. Die Daten (hier ein Byte) werden parallel geladen. Die Sendeeinheit hat folgende Eigenschaften:

- Ausgangszustand: Datenausgang $d_{aus}$ konstant logisch „1"

- Steuersignal „frei" ($s_{frei}$): bereit für Datenaufnahme („0")

- Steuersignal „schreiben" ($s_{schreiben}$): byteparallel laden von $d_{ein}[7...0]$ in das Zwischenregister[a]; Signal $s_{frei}$ geht auf „1".

- Beim darauffolgenden Takt werden die Daten vom Zwischenregister ins Schieberegister[b] geladen.

- Es erfolgt das bitserielle Senden der Daten ($d_{aus}$).

---
[a]THR = Transmit-Hold-Register
[b]TSR = Transmit-Shift-Register

---

*Aufgabe:* UART:

1. Entwerfen Sie ein Blockdiagramm für die Sendeeinheit.

2. Erstellen Sie ein Zustandsdiagramm.

3. Beschreiben Sie das Zustandsdiagramm mit dem entsprechenden UML-Modell.

4. Skizzieren Sie ein Blockdiagramm für die Empfangseinheit.

*Beispiel:* Den Huffman-Code (Quellencodierung) in C findet man unter ([Sca20], Huffman-Code). Weitere Details liefert [GK15a].

**Mathematik**

*Beispiel:* Matrix-Multiplikation (allgemein):

$$C = A \cdot B$$
$$= (a_1, a_2, a_3) \cdot \begin{pmatrix} b_{1,1} & b_{1,2} & b_{1,3} \\ b_{2,1} & b_{2,2} & b_{2,3} \\ b_{3,1} & b_{3,2} & b_{3,3} \end{pmatrix}$$

*Aufgabe:* Diskutieren Sie analog zur Fallstudie „Digitale Filter" (siehe Abschnitt 15.2) für die einzelnen Entwicklungsphasen.

*Aufgabe:* Matrix-Multiplikation:

1. Entwerfen Sie eine CIT- und CIS-Architektur.

2. Entwerfen Sie ein Blockdiagramm für die CIS-Architektur.

3. Beschreiben Sie das Blockdiagramm mit dem entsprechenen UML-Modell.

4. Erstellen Sie eine „Black-Box"-Sequenz (Test).

*Beispiel:* Exponential-Reihe

$$e^x = 1 + \frac{x}{1!} + \frac{x^2}{2!} + ... + \frac{x^k}{k!} + ... \tag{15.6}$$

*Aufgaben:*

1. Schreiben Sie die Exponential-Reihe für 3 Glieder.

2. Vergleichen Sie das Ergebnis der Reihe mit dem Taschenrechner für den Wert x=1.

3. Fassen Sie MAC-Funktionen zur weiteren Verarbeitung mit einem DSP zusammen.

4. Implementieren Sie den Algorithmus in C.

*Aufgaben:*

1. Entwerfen Sie eine CIT- und eine CIS-Architektur für die Exponential-Reihe.

2. Entwerfen Sie ein Blockdiagramm für ein FPGA-System mit Speicher und Peripherie nach Abbildung 2.14.

3. Erstellen Sie eine „Black-Box"-Sequenz (Test).

*Beispiel:* Fiboncacci-Algorithmus

$$f(0) = 1; f(1) = 1 \tag{15.7}$$

$$f(n) = f(n-1) + f(n-2) \tag{15.8}$$

*Aufgabe:* Modellieren Sie für den Fiboncacci-Algorithmus mit Hilfe eines Pseudocodes, Programmablaufplans und Struktogramms.

*Beispiel:* „Fakultät"-Algorithmus

$$n! = 1 \cdot 2 \cdot 3 \cdot \ldots \cdot (n-1) \cdot n \qquad (15.9)$$

$$0! = 1; 1! = 1 \qquad (15.10)$$

*Aufgabe:* Modellieren Sie für den „Fakultät"-Algorithmus mit Hilfe eines Pseudocodes, Programmablaufplans und Struktogramms.

*Beispiel:* Abbildung 12.2 zeigt den Aufbau eines Dividierwerks.

*Aufgabe:* Entwerfen Sie ein Flussdiagramm und implementieren Sie den Algorithmus in C.

*Merksatz:*
Abschnitt 12.2.3 zeigt die Implementierung von Standardfunktionen.

## Schaltungstechnik

*Aufgaben:*

1. Implementieren Sie die ALU[a] nach Abbildung 3.5 in C/C++.

2. Implementieren Sie die ALU nach Abbildung 3.5 in VHDL.

[a]ALU = **A**rithmetical **L**ogical **U**nit *(deutsch: Arithmetische Logische Einheit)*

*Aufgaben:*

1. Implementieren Sie die CPU[a] nach Abbildung 3.5 als Struktur-Modell in VHDL.

[a]CPU = Central Processing Unit *(deutsch: Zentrale Verarbeitungseinheit)*

*Beispiel:* Abbildung 9.11 zeigt einen 2-Bit-Zähler mit Reset-Funktion.

*Aufgaben:*

1. Implementieren Sie den 2-Bit-Zähler in C.

2. Implementieren Sie den Zähler in VHDL.

*Beispiel:* Abschnitt 9.2.7 zeigt die Implementierung der kombinatorischen Schaltungen.

*Aufgabe:* Zeigen Sie anhand des Beispiels in Abbildung 9.21 die Realisierung von Kombinatorischer Logik mittels Festwertspeicher und Multiplexer.

*Beispiel:* Weitere Algorithmen liefern [AFH12] und [WTSG13].

*Einstieg:* **Algorithmen**
Zur weiteren Vertiefung dient [WTVF07].

*Einstieg:* **Algorithmen**
Die Implementierung von Algorithmen in C/C++ zeigen [Lan12], [Sca20].

*Zusammenfassung[a]:*

1. Der Leser ist in der Lage, Entwicklungen auf Basis von Mikroprozessoren und FPGAs gegeneinander abzuwägen.

2. Der Leser kann Künstliche Intelligenz, insbesondere Neuronale Netze zuordnen.

3. Er kann einen FIR-Filter in C/C++ implementieren.

[a]mit der Möglichkeit zur Lernziele-Kontrolle

# 16 Trends

Das vorliegende Kapitel stellt einige für den Autor wichtige Entwicklungs-Trends bezüglich Hardware und Software vor und fasst die Ergebnisse zusammen.

**Zusammenfassung**

Bisher lag der Fokus auf rechenintensiven[1] Applikationen. Hierzu zeigt Kapitel 6 die Entwicklung auf System-Ebene mit hybriden MPSoC[2] und Kapitel 15 den Einsatz neuronaler Netze mit eingebetteten Systemen.

Weitere wichtige Begriffe für Trends im Bereich Eingebetteter Systeme sind: Digitalisierung, Industrie 4.0, Cloud- und Edge-Computing, IoT[3], Künstliche Intelligenz und Neuronle Netze, Computer und Embedded Vision.

**Eingebetteter Systeme**

## 16.1 Digitalisierung und Industrie 4.0

Der Begriff Digitalisierung ist mehrdeutig. Zum Einen sind damit die digitale Wandlung von Signalen bzw. die darauf basierenden Eingebetteten Systeme gemeint (siehe Abschnitt 2.4.3). Zum Anderen ist mit dem Begriff Digitalisierung die digitale Revolution, auch dritte Revolution oder „Computerisierung" gemeint. Im Folgenden liegt der Schwerpunkt in der Computerisierung.

**Digitalisierung**

Im 20. Jahrhundert diente die Informationstechnologie[4] vor allem der Automatisierung und Optimierung. Es wurden Arbeitsplätze und Privathaushalte modernisiert, Computernetze geschaffen und Softwareprodukte wie z. B. Büro-Programme eingeführt.

Seit Beginn des 21. Jahrhunderts stehen hingegen disruptive Technologien, innovative Geschäftsmodelle sowie Autonomisierung, Flexibilisierung und Individualisierung in der Digitalisierung im Vordergrund.

Dies mündet in die „vierte industrielle Revolution", die auch als „Industrie 4.0" bezeichnet wird.

Industrie 4.0 in Verbindung mit „intelligenten Fabriken"[5] zeichnet sich durch moderne Prozessketten und Roboter-Typen aus. Hierdurch werden Entwicklungen wie das Internet der Dinge[6] und der 3D-Druck vorangebracht. Arbeitsgebie-

**Industrie 4.0**

---

[1] engl.: Number Cruncher
[2] MPSoC = Multi Processor SoC
[3] IoT = Internet Of Things
[4] IT = InformationsTechnik
[5] engl.: Smart Factory
[6] IoT = Internet Of Things

© Springer Fachmedien Wiesbaden GmbH, ein Teil von Springer Nature 2020
R. Gessler, *Entwicklung Eingebetteter Systeme*,
https://doi.org/10.1007/978-3-658-30549-9_16

te wie die Künstliche Intelligenz[7], „Big Data"[8] und Cloud Computing erlauben bisher nicht dagewesene Analysen und Aktivitäten. Datenbrillen bzw. Brillen für die Virtuelle Realität mit Gesten-Steuerung transformieren Büroraum und Werkbank [Ben20].

---

*Definition:* **Industrie 4.0**
Grundsätzlich bezeichnet der Begriff der Industrie 4.0 die intelligente und dauerhafte Verknüpfung und Vernetzung von Maschinen und maschinell betriebenen Abläufen in der Industrie [Hof18].

---

*Definition:* **Internet der Dinge (IoT[a])**
ist ein nicht standardisierter Begriff. Aus diesem Grund wird er oft unterschiedlich eingesetzt. Vereinfacht gesagt, geht es darum, dass nicht mehr nur Menschen das Internet verwenden und dort Daten hoch- und runterladen, sondern auch Geräte[b], Schalter und Sensoren, die mit dem Web[c] verbunden — es so zum Teil ganz ohne menschlichen Eingriff vollautomatisch nutzen.
Das Buch [GK15a] liefert weitere Informationen und die Möglichkeit zur Vertiefung.

---

[a]IoT = Internet Of Things
[b]engl.: Embedded Systems
[c]WWW = World Wide Web

---

*Merksatz:* **Fach-Begriffe und Trends**
einen guten Überblick über aktuelle Begriffe und Trends liefern [GW20] und [IT20].

---

## 16.2 Künstliche Intelligenz

Die Künstliche Intelligenz mit Technologien wie Maschinelles Lernen und „Deep Learning" hat in den letzten Jahren große Fortschritte gemacht (siehe auch Abbildung 16.1). Das Anwendungsspektrum erweitert sich rasant vom Cloud-Markt, der sich hauptsächlich auf den IT-Bereich konzentriert, hin zum Embedded-System-Markt, wie z. B. autonome Fahrzeuge (Serviceroboter).
Während für KI in der Cloud nahezu unbegrenzt Rechenleistung zur Verfügung steht, ist Embedded-KI durch eher performance- und ressourcenschwache Prozessoren gekennzeichnet [Nor18].

**Fallstudie**     Abschnitt 15.3 zeigt eine Fallstudie zu neuronalen Netzen. Die Fallstudie zeigt

---

[7]KI = Künstliche Intelligenz
[8]Analyse von grossen Datenmengen

die „Embedded-Software-Entwicklung für Künstliche Intelligenz" und den Einsatz „Automatischer Software-Beschleuniger in programmierbarer Logik" [Ges19].

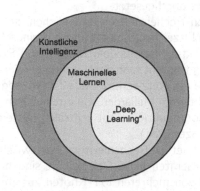

Abbildung 16.1: Überblick: Künstliche Intelligenz

---

*Merksatz:* **Computer und Embedded Vision[a]**
Computer Vision stellt ein Teilgebiet der künstlichen Intelligenz dar. Ziel ist die Extraktion von Informationen aus visuellen Daten. Hierbei werden Objekte in Bildern identifiziert, lokalisiert und klassifiziert.
Embedded Vision ist ein Teilbereich von Computer Vision. Das Eingebettete System kann hierbei „sehen" und „Bilder verarbeiten".

---
[a]dt.: Sehkraft

---

*Einstieg:* **ReVision Stack**
Xilinx ReVision Stack beinhaltet ein breites Spektrum von Entwicklungs-Ressourcen für Plattformen, Algorithmen und Applikationen. Dies umfasst auch die Unterstützung von weit verbreiteten neuronalen Netzwerke wie AlexNet, GoogLeNet, SqueezeNet, SSD und FCN [Ger17], ([Xil20], ReVision Stack).

## 16.3 Edge- und Cloud-Computing

Unter Cloud-Computing[9] versteht man eine IT[10]-Infrastruktur, die z. B. über das Internet verfügbar gemacht wird. Sie beinhaltet in der Regel Speicherplatz, Rechenleistung oder Anwendungssoftware als Dienstleistung ([Wik20],

---
[9]dt.: Rechner- bzw. Datenwolke
[10]IT = InformationsTechnik

Cloud-Computing). Abbildung 16.2 gibt einen Überblick zu Edge- und Cloud-Computing.

**Cloud-Computing**

Cloud-Computing in den Varianten SaaS[11], PaaS[12] und IaaS[13] haben sich in vielen Bereichen bereits durchgesetzt.

Große Server in großen Rechenzentren ermöglichen eine weltweite Bereitstellung der Dienste: der Nutzer benötigt oftmals nur einen Browser (SaaS). Viele Unternehmen denken aktuell bereits über Multi-Cloud-Szenarien nach.

**Edge-Computing**

Unter Edge-Computing versteht man die Nutzung der verteilten Rechenleistung von Geräten am Rande des Netzwerks („Edge"[14]). Im sogenannten Internet der Dinge IoT sind perspektivisch Milliarden von intelligenten Geräten am Rand des Netzwerks aktiv und kommunizieren mit zentralen Systemen (oder untereinander in Peer-to-Peer[15]-Szenarien).

**Fog-Computing**

Fog-Computing bezeichnet die Rechenleistung, die zwischen den zentralen Systemen und den Edge-Geräten liegt. Beispielhaft sind hierfür IoT-Gateways[16] zu nennen, die Daten von mehreren IoT-Knoten zusammenfassen und an die zentralen Systeme weiter übermitteln [Hös18].

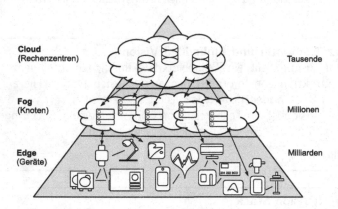

Abbildung 16.2: Überblick: Cloud-Computing [Hös18]

## 16.4 Entwicklung

Der Abschnitt stellt Entwicklungs-Trends sowohl bezüglich der Hardware als auch der Software vor.

---

[11]engl.: Software-As-A-Service
[12]engl.: Platform-As-A-Service
[13]engl.: Infrastructure-As-A-Service
[14]dt.: Rand
[15]Rechner-Rechner-Verbindung
[16]„Vermittler" zwischen Systemen, die unterschiedliche Protokolle einsetzen

## 16.4.1 Hardware

Die Transistoranzahl von integrierten Schaltungen[17] hat sich in den letzten Jahrzehnten im Durchschnitt alle 18 Monate verdoppelt. Diese Gesetzmäßigkeit wurde bereits 1965 vom Mitbegründer der Firma Intel, Gordon Moore, mit dem Moore'schen Gesetz prognostiziert (siehe auch Kapitel 2).

Dies zeigt sich besonders im rasanten Anstieg der Integration bei Mikroprozessoren[18], FPGAs und Hybriden Rechenmaschinen. Die Vorteile im Vergleich zu einer Multi-Chip-Lösung sind: der günstigere Preis, die Energie-Einsparung, Inter-Chip-Komunikation, mehr Raum auf der Platine und Verbesserung des EMV[19]-Verhaltens auf der Platine.

**Vorteile**

> *Beispiel:* Tabelle 3.7 in Abschnitt 3.3 zeigt die Xilinx-Virtex-7-Familie.

> *Beispiel:* Abschnitt 3.2.4 zeigt Multi-DSP-Lösungen der Firma Texas Instruments.

Die Architektur von Hybriden Rechenmaschinen besteht in einer Kombination von CPU und digitaler Schaltung[20]. Die nutzt die Vorteile beider Technologien wie beispielsweise Einsatz von Betriebssystemen und Peripherie (CPU) bei hoher Rechenleistung durch CIS[21] (digitale Schaltung). Das Buch ([GM07], S. 213 ff.) liefert hierzu weitere Details.

**Hybride Rechenmaschinen**

Bei der neuen Zynq-MPSoC-Familie von Xilinx handelt es sich um eine Hybride Rechenmaschine. Ein einzelner Chip beinhaltet einen CPU-Teil („PS") inklusive Peripherie, sowie einen konfigurierbaren FPGA-Teil („PL"). Somit werden die Vorteile beider Technologien, CPU und digitaler Schaltungstechnik, genutzt. Weitere Details liefert Abschnitt 6.2.

**Zynq MPSoC**

### Peripherie

Als Schnittstelle zwischen dem CPU-Teil und dem DS-Teil kommt AXI[22] zum Einsatz. Die AXI-Schnittstelle ist kein Bus, sondern eine Schnittstellen-Definition

---

[17]IC = Integrated Circuit *(deutsch: Integrierter Schaltkreis)*
[18]engl.: Multi-Cores
[19]EMV = ElektroMagnetische Verträglichkeit
[20]DS* = Digitale Schaltungen (aus VDS und KDS) ohne CPU
[21]CIS = Computing In Space
[22]AXI = Advanced EXtensible Interface

(ARM AMBA[23] Spezifikation). Anstatt eines typischen Busses wird ein nachgeschalteter Switch[24] verwendet. Hierdurch werden Leistungsfähigkeit und Flexibilität im DS-Teil verbessert. Beispielsweise sind zwei oder mehr „Master"[25] in der Lage, auf verschiedene „Slaves" zuzugreifen.

Ein entscheidender Vorteil der Zynq-Familie ist die Möglichkeit, Peripherie selbst zu definieren. Dies ermöglicht die Implementierung von fehlenden Komponenten des CPU-Teils oder spezieller Anwendungen. Dazu gehören auch die nachträgliche Erweiterungen von Funktionen nach Marktänderungen oder nach Wünschen des Endkunden.

Zynq-Evaluation-Boards lassen sich gut an spezielle Applikationen mit Schnittstellen wie FMC[26] oder Pmod[27] anpassen. Die Pmod-Schnittstelle wurde von der Firma Digilent entworfen und hat den Fokus auf kleineren und einfachen Anwendungen wie AD/DA-Wandlung oder Bluetooth bzw. WLAN-Schnittstellen.

---

*Beispiel:* Verfügbare Evaluation Boards sind:

- Ultra96-V2-URL[a]: Xilinx Zynq UltraScale+ MPSoC

- Zed-Board-URL[b]: Xilinx Zynq-7000

---

[a]URL: http://zedboard.org/product/ultra96-v2-development-board
[b]URL: http://zedboard.org/product/zedboard

---

*Beispiel:* PicoZed ist ein flexibles und robustes SOM[a], basierend auf Xilinx Zynq-7000 SoC.

---

[a]SOM = System On Module

---

*Einstieg:* **Zynq-Familie**
Zur weiteren Vertiefung dient [KSBB13].

---

Weitere Details zum Thema Zynq-Familie liefert [Sch12].

---

[23]AMBA = Advanced Microcontroller Bus Architecture
[24]engl.: Interconnect
[25]Master-Slave: Bus-Zugriffsverfahren
[26]FMC = FPGA Mezzanine Card
[27]Pmod = Peripheral Modules

**Entwicklungsprozesse**

Die Software-Entwicklung (CPU-Teil) und der digitale Schaltungsentwurf (DS-Teil) erfolgen vollständig entkoppelt (siehe Kapitel 14). Der Schaltungs-Entwickler konfiguriert die komplette Zynq-Plattform. Der Software-Entwickler benutzt dann die Plattform, als wäre sie ein ganz normaler Mikrocontroller oder DSP[28] (siehe Abbildung 16.3 mit Einsatz von IPs[29]). Für die Programmierung des

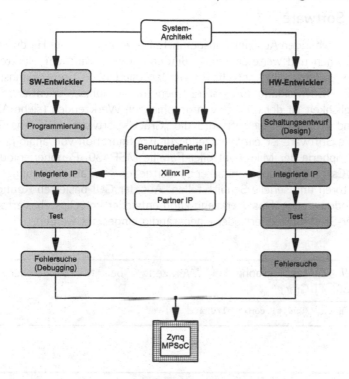

Abbildung 16.3: Zynq: Entwicklungsprozess

CPU-Teils liefert Xilinx ein SDK[30]. Das Werkzeug ist basiert auf Eclipse[31] mit GNU[32] C/C++-Compiler und Debugger. Zudem wird auch die Verwendung von Werkzeugen anderer Hersteller und Betriebssysteme unterstützt.
Der digitale Schaltungsentwurf kann wie bisher von der Synthese bis zur Konfigurationsdatei[33] mit dem Xilinx Vivado HL WebPACK erfolgen.

---

[28]DSP = Digital Signal Processor
[29]IP = Intellectual Property
[30]SDK = Software Development Kit
[31]dt.: Sonnenfinsternis
[32]Unix-ähnliches Betriebssystem
[33]engl.: Bitfile

> *Einstieg:* **Vivado HL WebPACK**
>
> Das kostenlose Vivado HL WebPACK[a] stellt alle benötigten Werkzeuge für den CPU- und DS-Teil zur Verfügung. Die Software ist bausteine-limitiert.
>
> ---
> [a]URL: `https://www.xilinx.com/products/design-tools/vivado/vivado-webpack.html`

## 16.4.2 Software

Um die im vorherigen Abschnitt ausgeführte Entwicklung in der Hardware besser zu beherrschen und weiteren Randbedingungen wie schnellem Markteintritt[34] oder höherer Flexibilität gerecht zu werden, sind neue Entwicklungsprozesse notwendig – Entwicklung auf System-Ebene und graphisch orientiert.

**graphische Werkzeuge**

Eine Möglichkeit ist der Einsatz von graphischen Werkzeugen (siehe Abschnitte 9.3 und 10.2). Beispielhaft wird die „Grace"-Software der Firma TI[35] genannt. Die Software ist ein Werkzeug zur Konfiguration von analoger und digitaler Peripherie der Mikrocontroller-Familie MSP430. Peripheriemodule sind z. B. ADCs[36], Operationsverstärker[37], Zeitgeber[38], Takterzeugung, GPIO[39], Komparatoren und serielle Schnittstellen. Aus der GUI-basierten Konfiguration wird C-Code erzeugt. Das Werkzeug kann entweder im eclipse-basierten Code-Composer-Studio integriert oder eigenständig eingesetzt werden.

**Grace**

> *Beispiel:* Einsatz graphischer Werkzeuge bei Mikrocontroller-Familie MSP430: TI-Grace[a]
>
> ---
> [a]URL: `http://www.ti.com/tool/GRACE`

> *Merksatz:* **Code Composer Studio**[a]
>
> ist eine IDE[b]. Sie unterstützt bei der Software-Entwicklung bei Mikrocontroller und Eingebettete Prozessoren von TI.
> Das Werkzeug als auch als „Cloud"-Version verfügbar[c].
>
> ---
> [a]URL: `http://www.ti.com/tool/CCSTUDIO`
> [b]IDE = Integrated Development Environment
> [c]URL: `https://dev.ti.com/`

---

[34]engl.: Time To Market
[35]Texas Instruments
[36]ADC = **A**nalog **D**igital **C**onverter *(deutsch: Analog-Digital-Wandler)*
[37]engl: OPAmps
[38]engl.: Timer
[39]GPIO = **G**eneral **P**urpose In-/Output

Bei graphischen Werkzeugen spielt die Wiederverwendbarkeit[40] von Software-Modulen eine entscheidende Rolle. In der digitalen Schaltungstechnik spricht man von IPs[41] (siehe auch Abschnitt 10.2.3).

Der folgende Abschnitt zeigt Trends auf der Systeme-Ebene. **Systemebene**

---

*Beispiel:* Die Bibliothek „StellarisWare" stellt einfach Funktionalität für die ARM-basierte Stellaris-Mikrocontroller-Familie zur Verfügung [Ges12b].

---

*Merksatz:* **Energia**

Energia[a] ist eine „Open Source" und von der Gemeinschaft geleitete IDE[b] und Software-Rahmen. Die Umgebung stellt zum Einen eine intuitive Programmierumgebung und zum Anderen einen robusten Rahmen zur einfachen Nutzung von APIs[c](von Funktionen) und Bibliotheken zur Mikrocontroller-Programmierung zur Verfügung. Energia ist eine „Arduino"-Schnittstelle zu TI-Bausätzen.

[a]URL: http://www.ti.com/tool/ENERGIA
[b]IDE = Integrated Development Environment
[c]API = Application Programming Interface *(deutsch: Programmierschnittstelle)*

---

Die HLS[42] mit der Xilinx Vivado Design Suite nutzt höhere Abstraktionsebenen zur Beherrschung der steigenden Komplexität von digitalen Schaltungen (FPGAs). Ausgangpunkt für die HLS (siehe auch Kapitel Implementierung) ist die funktionale Spezifikation auf Basis von C, C++ und SystemC. Hieraus wird über mehrere Transformationen RTL generiert. Vorteile der HLS sind: **HLS**

- Reduzierung der Simulationszeit durch Einsatz von funktionalem C-Code und frühzeitige Entdeckung von Design-Fehlern

- Verkürzung des manuellen RTL-Entwurfs und Vermeidung von Übersetzungsfehler aus der funktionalen Spezifikation durch automatische Code-Generierung.

- HLS automatisiert die Optimierung der RTL-Architektur durch einfache und schnelle Evaluation von multiplen Architekturen.

Das Werkzeug „HLS" richtet sich besonders an Software-Entwickler. Vorhandene DSP-Algorithmen können mit einem realtiv geringen Aufwand auf FPGAs portiert werden (siehe [HW13]). **Zielgruppe**

---

[40]engl.: Re-Use
[41]IP = Intellectual Property
[42]HLS = High Level Synthesis

> *Einstieg:* **HLS**
> Zur weiteren Vertiefung dient [Ges13a].

**UML**  UML (siehe Abschnitt 9.3) stellt Modelle für einen ganzheitlichen Software-Ansatz für Mikroprozessor-, FPGA-Systeme oder beides (Hybride Architektur) bereit.
UML in Verbindung mit MDSD[43] (siehe Abschnitt 10.2) liefert Ansätze zur automatischen Code-Generierung sowohl für Mikroprozessoren- als auch FPGA-Lösungen (siehe [GW13]).

---

[43]MDSD = Model Driven Software Development

# Erratum zu: Entwicklung Eingebetteter Systeme

**Erratum zu:**
**R. Gessler, *Entwicklung Eingebetteter Systeme*,**
**https://doi.org/10.1007/978-3-658-30549-9**

Aufgrund eines technischen Fehlers, fehlten in der zunächst veröffentlichten Fassung mathematische Inhalte und Gleichungen. Diese wurde korrigiert. Wir bitten unsere Leser um Entschuldigung.

Die aktualisierte Version des Buches finden Sie unter
https://doi.org/10.1007/978-3-658-30549-9

© Springer Fachmedien Wiesbaden GmbH, ein Teil von Springer Nature 2020
R. Gessler, *Entwicklung Eingebetteter Systeme*,
https://doi.org/10.1007/978-3-658-30549-9_17

# Literaturverzeichnis

[AA20]      Android-Authority:        *What    is    an    SoC?    Every-*
            *thing   you   need   to   know   about   smartphone   chip-*
            *sets.*                `https://www.androidauthority.com/`
            `what-is-an-soc-smartphone-chipsets-explained-1051600/`,
            2020

[AEM06]     AEM: *Abteilung Allgemeine Elektrotechnik und Mikroelektronik,*
            *Universität Ulm.* `http://mikro.e-technik.uni-ulm.de/vhdl.`
            `com`, 2006

[AFH12]     Albrecht, Markus; Frey, Tobias; Hermann, Stefan: *Rapid Prototy-*
            *ping von Eingebetteten Systemen (Modul I: FPGA).* Abschlussbe-
            richt Interdisziplinäres Projektlabor, Hochschule Heilbronn, Campus
            Künzelsau, 2012

[Ard20]     Arduino: *Homepage Arduino.* `https://www.arduino.cc`, 2020

[ARM12]     ARM: *ARM Processors and Architectures, A Comprehensive Over-*
            *view.* ARM University Program; September 2012, 2012

[ARM20]     ARM: *Homepage ARM.* `http://www.arm.com`, 2020

[Ayn05]     Aynsley, John: Standards für die Transaction-Level-Modellierung in
            SystemC. In: *Elektronik Sonderheft SoC 2/2005*, 2005

[BB99]      Brian, Adrian; Breiner, Moshe: *Matlab 5 für Ingenieure.* Addision-
            Wesley, 1999

[BDT10]     BDTi: *The AutoESL AutoPilot High-Level Synthesis Tool.* Home-
            page BDTi `http://www.BDTI.com`, 2010

[Bea20]     Beagleboard: *Homepage Beagleboard.* `https://beagleboard.`
            `org/black`, 2020

[Bec05]     Beckwith, Bill: *Middleware for DSPs and FPGAs.* OMG Realti-
            me and Embedded Workshop 2005 `http://www.omg.org/news/`
            `meetings/workshops/RT_2005/06-2_Beckwith.pdf`, 2005

[BEM04]     Bäsig, Jürgen; Ebenbeck, Sebastian; Mültner, Bernhard: Imple-
            mentierung von Protokollen und Algorithmen mit SystemC. In:
            *Elektronik 21/2004*, 2004

© Springer Fachmedien Wiesbaden GmbH, ein Teil von Springer Nature 2020
R. Gessler, *Entwicklung Eingebetteter Systeme*,
https://doi.org/10.1007/978-3-658-30549-9

[Ben20]     Bendel,   Oliver:     *Definition:   Was   ist   Digitalisierung?*
            `https://wirtschaftslexikon.gabler.de/definition/`
            `digitalisierung-54195`, 2020

[BG19]      Benkert, Frank; Gerstl, Sebastin:   *Einsatz und Auswahl eines*
            *Embedded-Betriebssystems für Mikrocontroller.* `https://www.`
            `embedded-software-engineering.de`, 2019

[BH01]      Beierlein, Thomas; Hagenbruch, Olaf:   *Taschenbuch der Mikro-*
            *prozessortechnik.* Fachbuchverlag Leipzig, 2001. – ISBN 3–446–
            21686–3

[BHK06]     Bollow, Friedrich; Homann, Matthias; Köhn, Klaus-Peter:   *C und*
            *C++ für Embedded Systems.* mitp, 2006. – ISBN 3–8266–1618–9

[Bog04]     Bogomolow, Sergej: *FPGA Synthese aus Matlab.* Seminarvortrag,
            2004

[Bre96]     Breymann, Ulrich:   *C++, Eine Einführung.*   Carl Hanser Verlag,
            1996. – ISBN 3–446–18498–8

[Car03]     Carter, Nicholas P.:   *Computerarchitektur.*   mitp-Verlag, 2003. –
            ISBN 3–8266–0907–7

[CNR+19]    Crockett, Louise; Northcote, David; Ramsay, Craig; Fraser; Ste-
            wart, Robinson B.: *Exploring Zynq MPSoC.* Department of Elec-
            tronic & Electrical Engineering, University of Strathclyde Glasgow,
            Scotland, UK; Xilinx, 2019

[Dar10]     Darscht, Richard: *Unified Modeling Language für Eingebettete Sys-*
            *teme.* Bachelorthesis, Hochschule Heilbronn, Campus Künzelsau,
            2010

[Dem01]     Dembowski, Klaus:   *Computerschnittstellen und Bussysteme.*
            Hüthig-Verlag, 2001

[Dev20]     Developer, ARM:   *Homepage ARM Developer.*   `https://`
            `developer.arm.com`, 2020

[DGKS20]    Dierolf, Daniel; Grötsch, Stefan; Kraft, Marvin; Sanwald, Niklas:
            *Interdisziplinäres Projektlabor: Bilderkennung und Bildverarbeitung*
            *mit Pynq.* Hochschule Heilbronn, Campus Künzelsau, 2020

[Die06]     Diepold, Klaus: *Grundlagen der Informatik, Zahlendarstellung und*
            *Arithmetik.* `www.ldv.ei.tum.de/media/files/lehre/gi/2005/`
            `vorlesung/GDI_02_Arithmetik.pdf`, 2006

[DP12]     Dressler, Falko; Podlipnig, Stefan: *Einführung in die Technische Informatik: Arithmetik*. 2012

[DZ07]     Dussa-Zieger, Klaudia: *Testen von Software-Systemen – Dynamischer Test*. `https://www2.cs.fau.de/teaching/SS2007/TSWS/index.html`, 2007

[EK20a]    Ecklmaier, Sonja; Kopp, Lena: *Aufbau eines neuronalen Netzes zur Erkennung von handschriftlichen Zahlen*. Projektarbeit MEE, Hochschule Heilbronn, Campus Künzelsau, 2020

[EK20b]    Elektronik-Kompendium: *Homepage Elektronik-Kompendium*. `https://www.elektronik-kompendium.de`, 2020

[Fey01]    Fey, Dietmar: *Vorlesungsskript: Rechnerarchitektur 1 und 2*. `http://uni-skripte.lug-jena.de/`, 201

[Frö06]    Fröstl, Michael: Model-based Design evolution by specific support for application areas and the development process. In: *Embedded World 2006, Vol. 2*, 2006

[FS20]     Feinauer, Pascal; Schellmann, Julien: *Interdisziplinäres Projektlabor: Künstliche neuronale Netze mit Python*. Hochschule Heilbronn, Campus Künzelsau, 2020

[Fur02]    Furber, Steve: *ARM-Architekturen für System-on-Chip-Design*. MITP-Verlag, 2002. – ISBN 3–8266–0854–2

[GDWL92]  Gajski, Daniel D.; Dutt, Nikil D.; Wu, Allen C-H; Lin, Steve Y-L: *High-Level Synthesis: Introduction to Chip and System Design*. Klüwer Academic Publishers, 1992

[Ger17]    Gerstl, Sebastian: *Xilinx liefert Software-Stack für videogestütztes maschinelles Lernen*. `https://www.elektronikpraxis.vogel.de`, 2017

[Ges00]    Gessler, Ralf: *Ein portables System zur subkutanen Messung und Regelung der Glukose bei Diabetes mellitus Typ-I*. Shaker Verlag, 2000. – ISBN 3–8265–7814–7

[Ges04]    Gessler, Ralf: Comparison of system design tools using signal processing algorithms. In: *Embedded World 2004 Nürnberg*, 2004

[Ges12a]   Gessler, Ralf: *Einführung Xilinx System Generator für DSP-Anwendungen*. Seminar, Silica, Stuttgart-Vaihingen, 2012

[Ges12b]   Gessler, Ralf: *Stellaris Teaching ROM*. Texas Instruments, 2012

[Ges13a]   Gessler, Ralf: *Einführung Xilinx High-Level Synthesis (HLS) für DSP-Applikationen*. Seminar, Silica, Stuttgart-Vaihingen, 2013

[GES13b]   Grüb, Christian; Ernst, Nikolai; Strecker, Timo: *Bidirektionale Funkverbindungen und Betriebssystem RTOS*. Abschlussbericht Interdisziplinäres Projektlabor (MEE), Hochschule Heilbronn, Campus Künzelsau, 2013

[Ges16a]   Gessler, Ralf: *Entwicklung von High-Speed Algorithmen mit SDSoC und ZYNQ*. FPGA-Kongress, München, 2016

[Ges16b]   Gessler, Ralf: *SDSoC - eine C/C++ FPGA Entwicklungsumgebung für Software-Entwickler*. Seminar, Silica, Stuttgart-Vaihingen, 2016

[Ges19]   Gessler, Ralf: *Embedded-Software-Entwicklung für Künstliche Intelligenz - Automatischer Software-Beschleuniger in programmierbarer Logik*. Embedded Software Engineering Kongress; Sindelfingen, 2019

[Git20]   GitHub: *Homepage GitHub*. https://github.com, 2020

[GK06]   Golze, Ulrich; Klingauf, Wolfgang: *Hardware-Software-Codesign mit SystemC*. Praktikum, 2006

[GK15a]   Gessler, Ralf; Krause, Thomas: *Wireless-Netzwerke für den Nahbereich*. 2. Auflage, Springer Verlag, 2015

[GK15b]   Grimm, Nils; Kutzera, Christoph: *Das passende Embedded-Betriebssystem*. https://www.elektroniknet.de, 2015

[GKH15]   Gessler, Ralf; Krause, Jochen; Hecht, Martin: *Comparison of System Level Design Flows for FPGAs*. Embedded World Conference, Nürnberg, 2015

[GKM92]   Grüner, Uwe; Kaiser, Rajk; Müller, Anreas: *Praktikumsanleitung zur VHDL-Schaltungs- und Systemsimulation*. Technische Universität Chemnitz-Zwickau, Fachbereich Elektrotechnik, Lehrstuhl für Schaltungs- und Systementwurf, 1992

[GM07]   Gessler, Ralf; Mahr, Thomas: *Hardware-Software-Codesign*. Vieweg Verlag, 2007

[GMW04]   Gessler, Ralf; Mahr, Thomas; Wörz, Markus: Modern Hardware-Software Co-design for Radar Signal Processing. In: *ISSSE 2004, Linz*, 2004

[Gra10]   Graphics, Mentor: *Catapult C Synthesis*. Homepage Catapult-http://www.mentor.com/catapult, 2010

[GS98]     Geppert, L.; Sweet, R.: Technology 1998, Analysis and Forecast. In: *IEEE Spectrum, January 1998*, 1998

[GS14]     Gessler, Ralf; Sichtig, Andreas: *Entwicklung Eingebetteter Systeme mit High-Level Synthesis - Portierung von DSP-Applikationen auf Systemebene für FPGAs*. Embedded Software Engineering Kongress, Sindelfingen, 2014

[GW13]     Gessler, Ralf; Weber, Rudolf: *Model-Driven-Architecture (MDA)*. Seminar, ISS AG, Ravensburg, 2013

[GW20]     Gabler-Wirtschftslexikon:    *Homepage Gabler-Wirtschftslexikon.* `https://wirtschaftslexikon.gabler.de`, 2020

[Hah06]    Hahmann, Torsten: *Models of Software Development*. 2006

[Has05]    Hascher, Wolfgang: Mitwachsen an der Technologie. In: *Elektronik 13/2005*, 2005

[Hau02]    Hauser, Franz: *Entwicklung komplexer DSP Schaltungen mit Xilinx FPGAs*. PLC2-Seminar, 2002

[Hof99]    Hoffmann, Josef: *Matlab und Simulink*. Addision-Wesley, 1999. – ISBN 3–8273–1454–2

[Hof18]    Hofmann, Benedikt:    *Digitalisierung - Industrie 4.0 verständlich erklärt.*    `https://www.maschinenmarkt.vogel.de/industrie-40-verstaendlich-erklaert-a-762257/`, 2018

[HRS94]    Heusinger, Peter; Ronge, Karlheinz; Stock, Gerhard: *PLDs und FPGAs*. Franzis-Verlag, 1994

[Hös18]    Höss, Oliver: *Cloud Computing, Edge Computing und Fog Computing - Unterschiede kurz erklärt.* `https://innovative-trends.de`, 2018

[Hus03]    Huss, Sorin A.: *Rekonfigurierbare Architekturen*. Vorlesungsskript, 2003

[HW13]     Hofner, Tobias; Wüst, Marcel:    *Untersuchung des High-Level-Synthese-Werkzeugs Vivado HLS*. Abschlussbericht Interdisziplinäres Projektlabor , Hochschule Heilbronn, Campus Künzelsau, 2013

[Hwa79]    Hwang, Kai: *Computer Arithmetic*. John Wiley & Sons, 1979

[IAI06]    IAIK: *Schwebende Punkte*. `http://www.iaik.tugraz.at/`, 2006

[II14]      IT-Infothek: *Homepage IT-Infothek.* `http://www.it-infothek.de/`, 2014

[Inf14]     Informatik, KI; Friedrich-Alexander-Universität Erlangen-Nürnberg Institut f.: *Skript: Prozess-Modelle.* `http://wwwdh.cs.fau.de/IMMD8/Lectures/SS03/algo2/AlgII.FAU.SS03.Kap21_1.pdf`, 2014

[Ins93]     Instruments, Texas: *TMS320C5x User's Guide.* Texas Instruments, 1993

[Ins06a]    Instruments, Texas: Intelligent Power Management for battery operated DSP Applications. In: *Embedded World 2006, Vol. 2,* 2006

[Ins06b]    Instruments, Texas: *MSP430.* `http://www.ti.com/msp430`, 2006

[Ins13]     Instruments, Texas: *MSP430x4xx Family, User's Guide.* 2013

[Ins20]     Instruments, Texas: *Homepage Texas Instruments.* `https://www.ti.com`, 2020

[IT06]      Informatik Technische, Tübingen U.: *Homepage Technische Informatik.* `http://www-ti.informatik.uni-tuebingen.de/~systemc/`, 2006

[IT20]      Innovative-Trends: *Innovative-Trends-Homepage.* `https://innovative-trends.de`, 2020

[ITW20]     ITWissen: *Homepage ITWissen.* `https://www.itwissen.info`, 2020

[Jan01]     Jansen, Dirk: *Handbuch der Electronic Design Automation.* Carl Hanser Verlag, 2001. – ISBN 3–446–21288–4

[JR05]      Janssen, Sven; Rit, Hans-Martin: Model-Based Design Conference. In: *MBDC05,,* 2005

[Jup20]     Jupyter: *Homepage Jupyter.* `https://jupyter.org`, 2020

[Kar07]     Karl, Wolfgang: *Skript Rechnerstrukturen.* 2007

[Kes12]     Kesel, Frank: *Modellierung von digitalen Systemen mit SystemC; Von der RTL- zur Transaction-Level-Modellierung.* Oldenbourg Wissenschaftsverlag, 2012. – ISBN 978–3–486–70581–2

[KHU07]     Kupka, Judith; Heer, Fabian; Utz, Andreas: *Automatsiche C-Code-Generierung aus Matlab/Simulink für DSPs.* Abschlussbericht Interdisziplinäres Projektlabor, Hochschule Heilbronn, Campus Künzelsau, 2007

[Kor08]     Korff, Andreas: *Modellierung von eingebetteten Systemen mit UML und SysML*. Spektrum Akademischer Verlag, 2008. – ISBN 978–3–8274–1690–2

[Krü05]     Krüger, Tilmann: *Mikrocontroller MSP430*. Hochschule Mannheim, 2005

[KSBB13]   Kleinheinz, Oliver; Schlegel, Daniel; Baun, Christian; Baumann, Benjamin: *Untersuchung und Einarbeitung in die Zynq-Technologie*. Abschlussbericht Interdisziplinäres Projektlabor, Hochschule Heilbronn, Campus Künzelsau, 2013

[KYH06]    Knapp, Tilo; Yelisseyev, Alexander; Hess, Tobias: *Design flow für Matlab Simulink TI DSP (TMS320F2808)*. Abschlussbericht Interdisziplinäres Projektlabor, Hochschule Heilbronn, Campus Künzelsau, 2006

[Lan12]     Lang, Hans W.: *Algorithmen in Java*. Oldenbourg Verlag, 2012. – ISBN 978–3–486–71406–7

[Lan20]     Lang, Hans W.: *Codierungsteorie: Hamming-Code*. `https://www.inf.hs-flensburg.de/lang/algorithmen/code/hamming.htm`, 2020

[Mat05]     Mathworks: *Embedded Target for TI TMS320 C2000 DSP Platform 1.1*. Mathworks, 2005

[Mat13]     Mathworks: *Homepage Mathworks*. `http://www.mathworks.de`, 2013

[Mey09]    Meyer, Matthias: *Entwurf digitaler Systeme*. Institut für Kommunikationsnetze und Rechnersysteme (IKR), Universität Stuttgart, 2009

[MG10]     Munassar, Nabil Mohammed A.; Govardhan, A.: *A Comparison Between Five Models of Software Engineering*. In: *IJCSI, Vol. 7, Issue 5, September 2010*, 2010

[Mik13]     Mikrocontroller.net: *Homepage Mikrocontroller.net*. `http://www.mikrocontroller.net/`, 2013

[Mül05]     Müller, Kai: *Elektronik und Prozessmesstechnik*. `http://www1.hs-bremerhaven.de/kmueller/Skript/epm.pdf`, 2005

[Neu05]     Neuber, Matthias: *Untersuchung eines System-Level-Design-Flows für programmierbare Logik*. Diplomarbeit HS Heilbronn, Standort Künzelsau, 2005

[Nöl98]    Nöllke, Matthias: *Kreativitätstechniken*. STS Verlag, 1998. – ISBN 3–86027–192–X

[Noa05]    Noack, Karsten: *Kreativitätstechniken*. Cornelsen Verlag, 2005. – ISBN 3–589–21956–4

[Nor18]    Norman, Steve:   *KI auf Mikrocontrollern*.   `https://www.elektroniknet.de/elektronik/halbleiter/ki-auf-mikrocontrollern-159193.html`, 2018

[Oes01]    Oestereich, Bernd: *Objektorientierte Software-Entwicklung*. Oldenbourg Wissenschaftsverlag, 2001. – ISBN 3–446–22584–6

[Oes09]    Oestereich, Bernd: *Die UML-Kurzreferenz 2.3 für die Praxis*. Oldenbourg Wissenschaftsverlag, 2009. – ISBN 978–3–486–59051–7

[OV06]     Oberschelp, Walter; Vossen, Gottfried: *Rechneraufbau und Rechnerstrukturen*. Oldenbourg Wissenschaftsverlag, 2006

[Per02]    Perry, Douglas L.: *VHDL:programming by example*. McGraw-Hill, 4th ed., 2002. – ISBN 0–07–140070–2

[Pl05]     Platzner, Marco; Ihmor, Stefan: *VHDL-Einführung*. Universität Paderborn, 2005

[Pyn20]    Pynq: *Homepage Pynq: What is PYNQ?* `http://www.pynq.io`, 2020

[Pyt20]    Python: *Homepage Python*. `http://www.python.org`, 2020

[Ras17]    Rashid, Tariq: *Neuronale Netze selbst programmieren*. O'Reilly, 2017

[Ras20]    Raspberrypi:   *Homepage Raspberrypi*.   `https://www.raspberrypi.org`, 2020

[Red18]    Redaktion iX: *Machine Leraning - Verstehen, verwenden, verifizieren*. Heise Medien, 2018

[RLT96]    Razi Lotfi-Tabrizi, J.W. Goethe Universität Frankfurt am M.: *Systemspezifikation mit Verilog HDL*. `http://www.uni-frankfurt.de/`, 1996

[RO19]     Rüdiger, Ariane; Ostler, Ulrike:   *Was ist ein Embedded-Betriebssystem?* `https://www.datacenter-insider.de`, 2019

[Rom01]    Rommel, Thomas: *Programmierbare Logikbausteine*. Vorlesungsskript, TUI, 2001

[Rop06]    Roppel, Carsten: *Begleitmaterial zum Buch: Grundlagen der digitalen Kommunikationstechnik.* Fachbuchverlag Leipzig, 2006

[RS12]     Reichenbach, Marc; Schmidt, Michael: *VHDL - CORDIC Verfahren.* Universität Erlangen Nürnberg, 2012

[Ruf03]    Ruf, Jürgen: Systembeschreibungssprachen. In: *WS0203*, 2003

[Sai05]    Saini, Milan: Embedded-Prozessoren testen FPGAs. In: *Elektronik Sonderheft SoC 2/2005*, 2005

[SBS11]    Sneed, Harry M.; Baumgartner, Manfred; Seidl, Richard: *Der Systemtest; Von den Anforderungen zum Qualitätsnachweis.* Hanser-Fachbuch-Verlag, 2011. – ISBN 978–3–446–42692–4

[Sca20]    Scanftree: *C Course.* `https://scanftree.com/programs/c/implementation-of-hamming-code/`, 2020

[Sch02]    Schütz, Markus: *VHDL Seminar.* 2002

[Sch08]    Schmietendorf, Andreas: *Software Engineering, Produktqualität – Dynamische Testverfahren.* 2008

[Sch12]    Schmitz, Dirk: *Xilinx Zynq - Dual-Core-Cortex-A und FPGA-Logik vereint.* 2012

[Sci20]    Scilab: *Homepage Scilab.* `https://www.scilab.org/`, 2020

[SD02]     Sikora, Axel; Drechsler, Rolf: *Software-Engineering und Hardware-Design.* Carl Hanser Verlag, 2002. – ISBN 3–446–21861–0

[Sei90]    Seifert, Manfred: *Digitale Schaltungen.* 4. Auflage. Verlag Technik, 1990

[Sei94]    Seifert, Manfred: *Analoge Schaltungen.* 4. Auflage. Verlag Technik, 1994

[SG01]     Standish-Group: *Extreme Chaos.* `http://www.quarrygroup.com/wp-content/uploads/art-standishgroup-CHAOSOreport.pdf`, 2001

[Sik04a]   Sikora, Axel: Der DSP-Report 2004. In: *Elektronik 7/2004*, 2004

[Sik04b]   Sikora, Axel: Der Mikrocontroller-Report 2004. In: *Elektronik 3/2004*, 2004

[Sim14]    Simon, Informatik F.: *Homepage Infforum.* `http://www.infforum.de/`, 2014

[Ska96]     Skahill, Kevin: *VHDL for Programmable Logic*. Addision-Wesley, 1996. – ISBN 0–201–89573–0

[Som07]     Sommerville, Ian: *Software-Engineering*. Pearson Studium, 2007. – ISBN 978–3–8273–7257–4

[SPD11a]    Schneider, Alex; Pommer, Christian; Darscht, Richard: *High-Level-Synthese-Tools - Teil1*. Abschlussbericht Interdisziplinäres Projektlabor (MEE), Hochschule Heilbronn, Campus Künzelsau, 2011

[SPD11b]    Schneider, Alex; Pommer, Christian; Darscht, Richard: *High-Level-Synthese-Tools - Teil2*. Abschlussbericht Interdisziplinäres Projektlabor (MEE), Hochschule Heilbronn, Campus Künzelsau, 2011

[SPH+10]    Schneider, Alex; Pommer, Christian; Hartmann, Philipp; Fenner, Heinrich; Darscht, Richard: *Automatische VHDL- und C-Code-Generierung mittels Matlab/Simulink für FPGAs und DSPs*. Abschlussbericht Interdisziplinäres Projektlabor , Hochschule Heilbronn, Campus Künzelsau, 2010

[Spr06]     Sprectrum, Digital: *Homepage Digital Sprectrum*. http://www.spectrumdigital.com, 2006

[SS03]      Siemers, Christian; Sikora, Axel: *Taschenbuch Digitaltechnik*. Fachbuchverlag Leipzig, 2003

[Ste04]     Stelzer, Gerhard: Der 8 Bit Mikrocontroller Report. In: *Elektronik 21/2004*, 2004

[Str05]     Strey, Alfred: *Computer-Arithmetik: Kapitel 2 Integer-Arithmetik*. 2005

[Stu04]     Stutz, Daniel: Vorlesung Rechnerstrukturen. In: *Zusammenfassung SS04, Prof. W. Karl*, 2004

[Stu06]     Sturm, Matthias: *Mikrocontrollertechnik*. Fachbuchverlag Leipzig, Hanser, 2006. – ISBN 3–446–21800–9

[SW04]      Schneider, Uwe; Werner, Dieter: *Taschenbuch der Informatik*. Fachbuchverlag Leipzig, 2004. – ISBN 3–446–22584–6

[Sys06]     SystemC: *Homepage SystemC*. http://www.systemc.org, 2006

[TAM03]     TAMS: *Homepage Technische Informatik 3, Universität Hamburg*. http://tams-www.informatik.uni-hamburg.de/lehre/ws2003/vorlesungen/t3/v02.pdf, 2003

[Tan09]     Tanenbaum, Andrew S.: *Moderne Betriebssysteme*. Pearson Studium IT, Deutsch, 3. Auflage, 2009

[TO98]       Tischler, Margit; Oertel, Klaus: *FPGAs und CPLDs*. Hüthig-Verlag, 1998

[USG12a]    Usinger, Alexander; Schnell, Marco; Gorynin, Alex: *Entwurf Einge-betteter Systeme aus FPGAs und DSPs auf System-Ebene - Teil1*. Abschlussbericht Interdisziplinäres Projektlabor (MEE), Hochschule Heilbronn, Campus Künzelsau, 2012

[USG12b]    Usinger, Alexander; Schnell, Marco; Gorynin, Alex: *Entwurf Einge-betteter Systeme aus FPGAs und DSPs auf System-Ebene - Teil2*. Abschlussbericht Interdisziplinäres Projektlabor (MEE), Hochschule Heilbronn, Campus Künzelsau, 2012

[VG00]       Vahid, Frank; Givargis, Tony: *Embedded Systems Design: A Uni-fied Hardware/Software Introduction*. `http://esd.cs.ucr.edu/`, 2000

[VG02]       Vahid, Frank; Givargis, Tony: *Embedded System Design*. John Wiley & Sons, Inc., 2002. – ISBN 0–471–38678–2

[Vor01]      Vorländer, M.: *Elektronische Grundlagen für Informatiker*. `http://www.s-inf.de/Skripte/EGfI.2001-WS-ITA.(ita).Skript.pdf`, 2001

[Wei91]      Weiser, M.: The Computer of the 21th Century. In: *Scientific American*, 1991

[WF13a]      Weka-Fachmedien: *Homepage Design und Elektronik*. `http://www.weka-fachmedien.de/print-DESIGN-und-ELEKTRONIK.html`, 2013

[WF13b]      Weka-Fachmedien: *Homepage Elektronik*. `http://www.weka-fachmedien.de/print-Elektronik.html`, 2013

[WF13c]      Weka-Fachmedien: *Homepage Kongress Embedded World*. `http://www.embedded-world.de/`, 2013

[Wik07]      Wikipedia: *IP-Core*. `http://de.wikipedia.org/wiki/IP-Core`, 2007

[Wik08]      Wikipedia: *Homepage Wikipedia*. `http://de.wikipedia.org/`, 2008

[Wik20]      Wikipedia: *Homepage Wikipedia*. `https://en.wikipedia.org/wiki/Main_Page`, 2020

[Wil06]      Williams, Laurie: *Testing Overview and Black-Box Testing Techni-ques*. `http://www.openseminar.org/se/`, 2006

[Wir03]    Wirsing, Martin:  *Methoden des Software-Engineering*.  Ludwig-Maximilians-Universität München (LMU), 2003

[Wir13]    Wirtschaftsinformatik,  Peter  F.  d.:      *UML-basierte Modellierung*.    Homepage   Online-Lexikon   `http://www.enzyklopaedie-der-wirtschaftsinformatik.de`, 2013

[Wit00]    Witzak, Michael P.:  *Echtzeit-Betriebssysteme*.  Franzis Verlag, 2000. − ISBN 3−7723−4293−0

[WMN07]   Wolz, Mario; Moschinsky, Thomas; Naundorf, Lutz:  *Automatische VHDL-Code-Generierung aus Matlab/Simulink für FPGAs*. Abschlussbericht Interdisziplinäres Projektlabor, Hochschule Heilbronn, Campus Künzelsau, 2007

[Woh08]    Wohlrab, Karl: *Betriebssysteme: Eine allgemeine Einführung*. Vorlesungsskript, 2008

[Wor14]    Worthman, Ernest:   *It's all IP in an SoC*.    `https://semiengineering.com/its-all-ip-in-an-soc/`, 2014

[Woy92]    Woytkowiak, R.: *Kurzeinführung in die Hardwarebeschreibungssprache VHDL*. Technische Universität Chemnitz-Zwickau, Fachbereich Elektrotechnik, Lehrstuhl für Schaltungs- und Systementwurf, 1992

[Wüs20]    Wüst, Klaus: *Skriptum: Mikroprozessortechnik*. Technische Hochschule Mittelhessen (THM), Campus Gießen, 2020

[WTSG13] William, Cyrille; Tagne, Kedje; Stephanie, Elise; Guemafouo, Sonkoue:  *Rapid Prototyping von Eingebetteten Systemen (Modul I: FPGA)*.  Abschlussbericht Interdisziplinäres Projektlabor, Hochschule Heilbronn, Campus Künzelsau, 2013

[WTVF07] William, H.; Teukolsky, Saul A.; Vetterling, T. W.; Flannery, Brian P.: *Numerical Recipes: The Art of Scientific Computing (3rd ed.) (C++ code)*. Cambridge University Press, 2007. − ISBN 978−0−521−88068−8

[Xil06a]    Xilinx: *Coolrunner II - CPLD Family*. Xilinx, 2006

[Xil06b]    Xilinx:     *Systemgenerator*.     `http://www.xilinx.com/systemgenerator_dsp`, 2006

[Xil13]    Xilinx: *Homepage Virtex-7 FPGA Family*. `http://www.xilinx.com/products/silicon-devices/fpga/virtex-7/`, 2013

[Xil20]    Xilinx: *Homepage Xilinx*. `https://www.xilinx.com`, 2020

[Zed20]    ZedBoard:  *Homepage ZedBoard.*  `http://www.zedboard.org`, 2020

[ZH04]    Zimmerschitt-Halbig, Peter:  Filter flexibel und universell wie nie zuvor. In: *Elektronik 12/2004*, 2004

# Stichwortverzeichnis

© Springer Fachmedien Wiesbaden GmbH, ein Teil von Springer Nature 2020
R. Gessler, *Entwicklung Eingebetteter Systeme*,
https://doi.org/10.1007/978-3-658-30549-9

# Abbildungsverzeichnis

© Springer Fachmedien Wiesbaden GmbH, ein Teil von Springer Nature 2020
R. Gessler, *Entwicklung Eingebetteter Systeme*,
https://doi.org/10.1007/978-3-658-30549-9

# Tabellenverzeichnis

© Springer Fachmedien Wiesbaden GmbH, ein Teil von Springer Nature 2020
R. Gessler, *Entwicklung Eingebetteter Systeme*,
https://doi.org/10.1007/978-3-658-30549-9

Printed in the United States
by Booksurge, LLC

Printed in the United States
By Bookmasters